LINEAR ALGEBRA

for Economics and Management

线性代数

（经管类）

阮小军 主编

司华斌 孙媛媛 吴问娣 郭 玲 编著

图书在版编目 (CIP) 数据

线性代数：经管类 / 阮小军主编．—北京：北京大学出版社，2019. 1
ISBN 978-7-301-30182-1

Ⅰ. ①线… Ⅱ. ①阮… Ⅲ. ①线性代数—高等学校—教材 Ⅳ. ① O151.2

中国版本图书馆 CIP 数据核字 (2018) 第 293401 号

书　　名　线性代数(经管类)
XIANXING DAISHU
著作责任者　阮小军　主编　司华斌　孙媛媛　吴问娣　郭玲　编著
责 任 编 辑　尹照原
标 准 书 号　ISBN 978-7-301-30182-1
出 版 发 行　北京大学出版社
地　　址　北京市海淀区成府路 205 号　100871
网　　址　http://www.pup.cn　新浪微博：@ 北京大学出版社
电 子 信 箱　zpup@pup.cn
电　　话　邮购部010-62752015　发行部010-62750672　编辑部010-62752021
印 刷 者　北京市科星印刷有限责任公司
经 销 者　新华书店
787 毫米×1092 毫米　16 开本　10 印张　237 千字
2019 年 1 月第 1 版　2023 年 1 月第 3 次印刷
定　　价　39.00 元

内容简介

本书依照教育部非数学类专业数学基础课程教学指导委员会制定的经济和管理类本科线性代数课程的教学基本要求，结合我校一线教师多年来教学过程中的经验和实践，结合经济和管理类师生的具体要求，围绕教学大纲，注重突出数学概念的实际背景与几何直观的引入，认真筛选例题，习题安排也由易到难。全书共分五章：行列式、矩阵、向量、线性方程组、矩阵的特征值与二次型。

本书可作为综合性大学非数学专业经管类、理工类、医药类等专业的线性代数课程教材，也可供自学者阅读及有关人员参考。

前言

线性代数是理工类及经管类等非数学本科专业学生的一门必修的公共基础课。线性代数课程在高等学校课程体系中占有重要的地位，是许多专业的学科基础课程，也是许多专业的考研必考课程。它不但为学生的许多后继课程 和日后工作提供必需的基础和工具，而且对于训练和培养数学素养、理性思维、逻辑推理能力、基本计算能力及运用所学知识来分析和解决实际问题的能力起着不可替代的作用。

本书依照教育部非数学类专业数学基础课程教学指导委员会制定的经济和管理类本科线性代数课程的教学基本要求，结合我校一线教师多年来教学过程中的经验总结和具体实践探索，以及经济和管理类师生的具体情况编写而成。编者在编写本书时，严格围绕教学大纲，注重突出数学概念的实际背景与几何直观的引入，认真筛选例题，并在每章配有习题(A)和(B)，书末附有习题的参考答案。全书教学时数大约40课时。

全书共分五章：第一章行列式、第二章矩阵、第三章向量、第四章线性方程组、第五章矩阵的特征值与二次型。第一章由司华斌编写，第二章由孙媛媛编写，第三章由郭玲编写，第四章由阮小军编写，第五章由吴问娣编写，全书由阮小军负责统稿定稿。

本书在编写过程中，参考了国内外许多教材，北京大学出版社的领导和编辑们对本书的出版给予了大力支持和帮助，南昌大学教务处、理学院、数学系及公共教研室对本书的出版也给予鼎力资助和大力支持，本书还获得了南昌大学教材出版资助，在此一并表示深深的谢意。

本书可作为综合性大学非数学专业经管类、理工类、医药类等专业的线性代数课程教材，也可供自学者阅读及有关人员参考。

由于编者水平有限和时间仓促，本书中一定存在不妥之处，希望专家、同行、读者批评指正，使得本书能不断完善。

编　者

2019年1月

目　　录

第一章 行列式

本章数字资源

行列式(determinant)是线性代数中的基本概念,它最早出现在解线性方程组的过程中.其概念的提出可以追溯到17世纪,最初的雏形由日本数学家关孝和(约1642—1708)与德国数学家戈特弗里德·威廉·莱布尼茨(Gottfried Wilhelm Leibniz,1646—1716)各自独立得出,在他们的著作中已经使用行列式来确定线性方程组解的个数以及形式.18世纪,行列式开始作为独立的数学对象被研究.19世纪以后,其理论得到了进一步的发展和完善.时至今日,行列式理论已经不仅限于方程组的求解问题,还在许多领域(例如统计学,运筹学,数值分析,计算机算法,大数据分析等)都逐渐显现出重要的意义和作用.

本章将主要介绍行列式的概念、性质和计算,这也是我们深入学习后续章节的基础.

§1.1 二、三阶行列式

一、二阶行列式

为了清晰了解行列式这一数学概念,我们不妨回溯历史长河,从线性方程组的求解出发,探究行列式概念出现的自然性和历史必然性.

我们在中学阶段就学习过一元、二元、三元甚至四元线性方程组的求解方法——消元法:

例如,求解含有未知量 x_1,x_2 的二元线性方程组

$$\begin{cases} a_{11}x_1+a_{12}x_2=b_1, \\ a_{21}x_1+a_{22}x_2=b_2 \end{cases} \tag{1.1}$$

为消去未知量 x_2,以 a_{22} 乘方程组(1.1)的第1式各项,可得

$$a_{22}a_{11}x_1+a_{22}a_{12}x_2=a_{22}b_1; \tag{1.2}$$

再用 a_{12} 乘第2式各项,可得

$$a_{12}a_{21}x_1+a_{12}a_{22}x_2=a_{12}b_2; \tag{1.3}$$

然后将(1.2)式减(1.3)式并消去 x_2 可得

$$(a_{11}a_{22}-a_{12}a_{21})x_1=b_1a_{22}-b_2a_{12}.$$

当 $a_{11}a_{22}-a_{12}a_{21}\neq0$ 时,可得 $x_1=\dfrac{b_1a_{22}-b_2a_{12}}{a_{11}a_{22}-a_{12}a_{21}}$.

同理,在方程组(1.1)中以 a_{21} 乘第1式各项,再用 a_{11} 乘第2式各项,

然后相减,当 $a_{11}a_{22}-a_{12}a_{21}\neq 0$ 时,可得 $x_2=\dfrac{b_2a_{11}-b_1a_{21}}{a_{11}a_{22}-a_{12}a_{21}}$.

综上可知,对于二元线性方程组 $\begin{cases}a_{11}x_1+a_{12}x_2=b_1,\\a_{21}x_1+a_{22}x_2=b_2,\end{cases}$ 当 $a_{11}a_{22}-a_{12}a_{21}\neq 0$ 时,有

$$\begin{cases}x_1=\dfrac{b_1a_{22}-b_2a_{12}}{a_{11}a_{22}-a_{12}a_{21}},\\[2ex]x_2=\dfrac{b_2a_{11}-b_1a_{21}}{a_{11}a_{22}-a_{12}a_{21}}.\end{cases}$$

这就是一般二元线性方程组的公式解.

观察该公式可知,公式中的分子、分母是方程组中未知量的 4 个系数和 2 个常数项按一定规律分别相乘再相减而得. 虽然有了公式,就可以套用公式解答一般的二元线性方程组了,但是该公式符号较多、难于记忆且容易记错,应用时并不方便. 因此,当我们尝试引进容易记忆和书写的方式来表示这个结果时,就有了行列式概念的萌芽.

我们把二元线性方程组 $\begin{cases}a_{11}x_1+a_{12}x_2=b_1,\\a_{21}x_1+a_{22}x_2=b_2\end{cases}$ 中未知量的 4 个系数按它们在方程组中的位置,排成二行二列(横排称行、竖排称列)的数表

$$\begin{matrix}a_{11} & a_{12}\\ a_{21} & a_{22}\end{matrix}$$

然后在数表两端分别加上一条竖线,形如 $\begin{vmatrix}a_{11} & a_{12}\\ a_{21} & a_{22}\end{vmatrix}$,表示数值 $a_{11}a_{22}-a_{12}a_{21}$,即

$$\begin{vmatrix}a_{11} & a_{12}\\ a_{21} & a_{22}\end{vmatrix}=a_{11}a_{22}-a_{12}a_{21},$$

称其为**二阶行列式**(second-order determinant). 其中的数 $a_{ij}\,(i=1,2;\ j=1,2)$ 称为行列式的元素. 元素 a_{ij} 的第一个下标 i 称为行标,表明该元素位于第 i 行;第二个下标 j 称为列标,表明该元素位于第 j 列. 位于第 i 行第 j 列的元素称为行列式的 (i,j) 元.

二阶行列式的定义,可以使用对角线法则来记忆. 如下图所示:

$$\begin{vmatrix}a_{11} & & a_{12}\\ & \times & \\ a_{21} & & a_{22}\end{vmatrix}$$

把 a_{11} 到 a_{22} 的连线称为主对角线,a_{12} 到 a_{21} 的连线称为副对角线,则二阶行列式即为主对角线上两元素之积减去副对角线上两元素之积所得的差.

此时利用二阶行列式的定义,可以进一步得到

$$b_1a_{22}-b_2a_{12}=\begin{vmatrix}b_1 & a_{12}\\ b_2 & a_{22}\end{vmatrix},\quad b_2a_{11}-b_1a_{21}=\begin{vmatrix}a_{11} & b_1\\ a_{21} & b_2\end{vmatrix}.$$

记

$$D=\begin{vmatrix}a_{11} & a_{12}\\ a_{21} & a_{22}\end{vmatrix},\quad D_1=\begin{vmatrix}b_1 & a_{12}\\ b_2 & a_{22}\end{vmatrix},\quad D_2=\begin{vmatrix}a_{11} & b_1\\ a_{21} & b_2\end{vmatrix}$$

若 $D\neq 0$,则方程组 $\begin{cases}a_{11}x_1+a_{12}x_2=b_1,\\a_{21}x_1+a_{22}x_2=b_2\end{cases}$ 的解

$$\begin{cases} x_1=\dfrac{b_1a_{22}-b_2a_{12}}{a_{11}a_{22}-a_{12}a_{21}}, \\ x_2=\dfrac{b_2a_{11}-b_1a_{21}}{a_{11}a_{22}-a_{12}a_{21}} \end{cases}$$

可以表示成

$$x_1=\frac{D_1}{D}=\frac{\begin{vmatrix} b_1 & a_{12} \\ b_2 & a_{22} \end{vmatrix}}{\begin{vmatrix} a_{11} & a_{12} \\ a_{21} & a_{22} \end{vmatrix}},\quad x_2=\frac{D_2}{D}=\frac{\begin{vmatrix} a_{11} & b_1 \\ a_{21} & b_2 \end{vmatrix}}{\begin{vmatrix} a_{11} & a_{12} \\ a_{21} & a_{22} \end{vmatrix}}.$$

这里的分母 D 是由方程组中未知量的 4 个系数所确定的二阶行列式(通常称为系数行列式),x_1 的分子 D_1 是用方程组中的常数项 b_1,b_2 替换 D 中第 1 列的元素 a_{11},a_{21} 所得的二阶行列式,x_2 的分子 D_2 是用常数项 b_1,b_2 替换 D 中第 2 列的元素 a_{12},a_{22} 所得的二阶行列式．可以看出,使用二阶行列式来表示二元线性方程组的公式解,形式上更加简洁整齐、易于记忆．

例 1.1 使用二阶行列式解二元线性方程组 $\begin{cases} 2x_1+4x_2=1, \\ x_1+3x_2=2. \end{cases}$

解 方程组的系数行列式为

$$D=\begin{vmatrix} 2 & 4 \\ 1 & 3 \end{vmatrix}=2\times3-4\times1=2\neq0,\quad D_1=\begin{vmatrix} 1 & 4 \\ 2 & 3 \end{vmatrix}=1\times3-4\times2=-5,$$

$$D_2=\begin{vmatrix} 2 & 1 \\ 1 & 2 \end{vmatrix}=2\times2-1\times1=3.$$

因此,方程组的解为 $x_1=\dfrac{D_1}{D}=\dfrac{-5}{2},x_2=\dfrac{D_2}{D}=\dfrac{3}{2}.$

二、三阶行列式

在中学我们还讨论过三元一次线性方程组

$$\begin{cases} a_{11}x_1+a_{12}x_2+a_{13}x_3=b_1, \\ a_{21}x_1+a_{22}x_2+a_{23}x_3=b_2, \\ a_{31}x_1+a_{32}x_2+a_{33}x_3=b_3 \end{cases}$$

的求解．与二元线性方程组类似,可使用消元法求得它的公式解,但其表达式比二元线性方程组的公式解复杂得多．类似地,我们不妨引入三阶行列式的概念来表示其解．

设有 9 个数排成三行三列的数表

$$\begin{matrix} a_{11} & a_{12} & a_{13} \\ a_{21} & a_{22} & a_{23} \\ a_{31} & a_{32} & a_{33} \end{matrix}$$

在数表两端分别加上一条竖线,表示数值

$$a_{11}a_{22}a_{33}+a_{12}a_{23}a_{31}+a_{13}a_{32}a_{21}-a_{13}a_{22}a_{31}-a_{12}a_{21}a_{33}-a_{11}a_{32}a_{23},$$

即

$$\begin{vmatrix} a_{11} & a_{12} & a_{13} \\ a_{21} & a_{22} & a_{23} \\ a_{31} & a_{32} & a_{33} \end{vmatrix} = a_{11}a_{22}a_{33} + a_{12}a_{23}a_{31} + a_{13}a_{32}a_{21} - a_{13}a_{22}a_{31} - a_{12}a_{21}a_{33} - a_{11}a_{32}a_{23}.$$

称其为**三阶行列式**(third-order determinant).

三阶行列式是六项的代数和,每项均为不同行不同列的三个元素的乘积再冠以正负号.这六项的和也可用对角线法则来记忆,如下图所示:

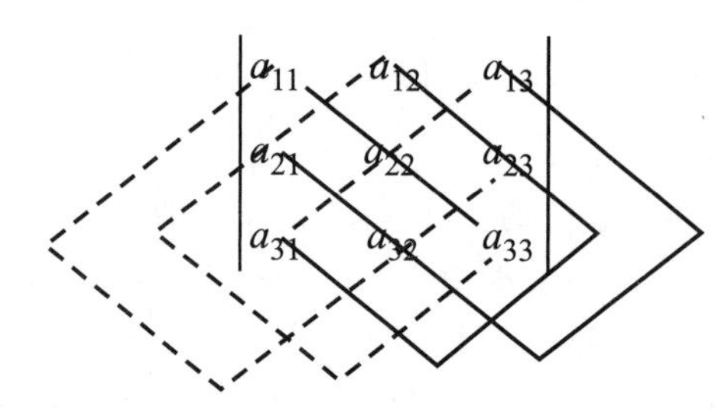

图中有三条实线,每条实线上的三个元素相乘再冠以正号;图中有三条虚线,每条虚线上的三个元素相乘再冠以负号.

例 1.2 计算三阶行列式 $D=\begin{vmatrix} 2 & 1 & 2 \\ -4 & 3 & 1 \\ 2 & 3 & 5 \end{vmatrix}$.

解 使用对角线法则,可得

$$\begin{aligned} D &= 2\times3\times5+1\times1\times2+2\times3\times(-4)-2\times3\times2-1\times(-4)\times5-2\times3\times1 \\ &= 30+2-24-12+20-6=10. \end{aligned}$$

有了三阶行列式的定义,就可以将三元一次线性方程组的公式解用三阶行列式表示出来.

此时,考察三元一次线性方程组

$$\begin{cases} a_{11}x_1+a_{12}x_2+a_{13}x_3=b_1, \\ a_{21}x_1+a_{22}x_2+a_{23}x_3=b_2, \\ a_{31}x_1+a_{32}x_2+a_{33}x_3=b_3. \end{cases}$$

令

$$D=\begin{vmatrix} a_{11} & a_{12} & a_{13} \\ a_{21} & a_{22} & a_{23} \\ a_{31} & a_{32} & a_{33} \end{vmatrix}, \quad D_1=\begin{vmatrix} b_1 & a_{12} & a_{13} \\ b_2 & a_{22} & a_{23} \\ b_3 & a_{32} & a_{33} \end{vmatrix},$$

$$D_2=\begin{vmatrix} a_{11} & b_1 & a_{13} \\ a_{21} & b_2 & a_{23} \\ a_{31} & b_3 & a_{33} \end{vmatrix}, \quad D_3=\begin{vmatrix} a_{11} & a_{12} & b_1 \\ a_{21} & a_{22} & b_2 \\ a_{31} & a_{32} & b_3 \end{vmatrix}.$$

若 $D\neq0$,则方程组的解可以简单地表示成 $x_1=\frac{D_1}{D}, x_2=\frac{D_2}{D}, x_3=\frac{D_3}{D}$.

例 1.3 已知三阶行列式 $\begin{vmatrix} a & b & 0 \\ -b & a & 0 \\ 1 & 0 & 1 \end{vmatrix}=0$,问 a,b 应满足什么条件?(其中 a,b 均为实

数).

解 计算可得，$\begin{vmatrix} a & b & 0 \\ -b & a & 0 \\ 1 & 0 & 1 \end{vmatrix}=a^2+b^2$. 欲使 $a^2+b^2=0$,则 a 与 b 同时等于零．因此，当 $a=0$ 且 $b=0$ 时给定行列式等于零．

有了二阶和三阶行列式,我们还可以进一步类似地给出四阶及更高阶行列式的符号记法．但需要注意的是,对角线法则只适用于二阶和三阶行列式,四阶及更高阶行列式的定义和计算有赖于学习了排列的知识后才能给出．

§1.2 n阶行列式

本节先介绍排列的一些相关基本知识,有了这些知识,我们就可以进一步研究 n 阶行列式的定义和计算．

一、排列与逆序

定义 1.1 由 n 个自然数 $1,2,\cdots,n$ 组成的一个有序数组称为一个 n 级**排列**(permutation).

例如,2431 是一个 4 级排列;45321 是一个 5 级排列,但 12451 不是一个 5 级排列．由定义 1.1 可知所有的 3 级排列为 123,132,213,231,312,321. 进一步,所有不同的 n 级排列的总数是 $P_n=n\cdot(n-1)\cdot\ \cdots\ \cdot 3\cdot 2\cdot 1=n!$,即 n 的阶乘．

对于 n 个不同的数字,规定由小到大为标准次序,则称数字由小到大的 n 级排列 $123\cdots n$ 为自然排列．而其他的 n 级排列中,总有一对或多对数字的先后次序与标准次序不同．

定义 1.2 在一个排列中,如果一对数的前后位置与标准次序相反,即前面的数大于后面的数,那么它们就称为一个**逆序**(inverse order)。一个排列中逆序的总数就称为这个排列的逆序数．通常排列 $j_1j_2\cdots j_n$ 的逆序数记 $\tau(j_1j_2\cdots j_n)$.

例如,在 4 级排列 3412 中,31,32,41,42 各构成一个逆序数,所以,排列 3412 的逆序数为 $\tau(3412)=4$. 同样可计算排列 52341 的逆序数为 $\tau(52341)=7$.

容易看出,自然排列 $123\cdots n$ 的逆序数为 0.

下面给出排列逆序数的一种计算方法：

设 $j_1j_2\cdots j_n$ 为一个 n 级排列,考虑元素 $j_i(i=1,2,\cdots,n)$,若比 j_i 大的且排在 j_i 前面的元素有 t_i 个,则称 j_i 这个元素的逆序数是 t_i,此时全体元素的逆序数之和 $\tau=t_1+t_2+\cdots+t_n=\sum_{i=1}^{n}t_i$ 即为该排列的逆序数．

定义 1.3 逆序数为奇数的排列称为**奇排列**(odd permutation);逆序数为偶数的排列称为**偶排列**(even permutation).

例如:排列 3412 是偶排列;排列 52341 是奇排列;自然排列 $123\cdots n$ 是偶排列．

定义 1.4 把一个排列中某两数的位置互换,而其余数不动,得到另一排列,这种作出新排列的过程称为一个**对换**(transposition). 特别地,将相邻两个数对调,称为相邻对换．

例如,在排列 3412 中,将 4 与 2 对换,得到新的排列 3214. 并且容易发现:偶排列 3412

经过 4 与 2 的对换后,变成了奇排列 3214. 反之,奇排列 3214 经过 2 与 4 的对换后,变回成偶排列 3412.

一般地,有如下结果:

定理 1.1 任一排列经过一次对换后,其奇偶性改变.

证 首先讨论对换相邻两个数的情况:

设该排列为 $a_1a_2\cdots a_la\ bb_1b_2\cdots b_m$,将相邻两个数 a 与 b 对换,则排列变为 $a_1a_2\cdots a_lb\ ab_1b_2\cdots b_m$. 显然 $a_1,a_2,\cdots a_l;b_1,b_2,\cdots b_m$ 这些元素的逆序数经过对换后并没有改变,而 a 与 b 两元素的逆序数发生了改变:当 $a<b$ 时,经对换后,a 的逆序数增加 1 而 b 的逆序数不变;当 $a>b$ 时,经对换后,a 的逆序数不变而 b 的逆序数减少 1. 所以对换相邻两数后,排列必改变奇偶性.

再讨论一般情况:

设排列为 $a_1a_2\cdots a_lab_1b_2\cdots b_mbc_1c_2\cdots c_n$,将它作 m 次相邻对换,变成 $a_1a_2\cdots a_labb_1b_2\cdots b_mc_1c_2\cdots c_n$,再作 $m+1$ 次相邻对换,变成 $a_1a_2\cdots a_lbb_1b_2\cdots b_mac_1c_2\cdots c_n$.

总之,经过 $2m+1$ 次相邻对换,排列 $a_1a_2\cdots a_lab_1b_2\cdots b_mbc_1c_2\cdots c_n$ 变成排列 $a_1a_2\cdots a_lbb_1b_2\cdots b_mac_1c_2\cdots c_n$,由前面的证明知,排列的奇偶性改变了 $2m+1$ 次,而 $2m+1$ 为奇数,因此,不相邻的两数 a 与 b 经过对换后得到的排列与原排列的奇偶性相反. □

推论 1.1 奇排列(偶排列)可经过一系列对换变成自然排列,并且所作对换的个数为奇数(偶数).

证 由定理 1 知对换的次数就是排列奇偶性的变化次数,而自然排列是偶排列(逆序数为 0),从而可知推论成立. □

二、n 阶行列式

有了前面的基础,下面我们来给出 n 阶行列式的一般定义.

先回顾二阶和三阶行列式的定义:

$$\begin{vmatrix} a_{11} & a_{12} \\ a_{21} & a_{22} \end{vmatrix} = a_{11}a_{22} - a_{12}a_{21};$$

$$\begin{vmatrix} a_{11} & a_{12} & a_{13} \\ a_{21} & a_{22} & a_{23} \\ a_{31} & a_{32} & a_{33} \end{vmatrix} = a_{11}a_{22}a_{33} + a_{12}a_{23}a_{31} + a_{13}a_{21}a_{32} - a_{13}a_{22}a_{31} - a_{12}a_{21}a_{33} - a_{11}a_{23}a_{32}.$$

容易看出它们的共同点为:

- 展开式每项均是行列式中一些元素乘积的代数和;
- 每项均由行列式中位于不同行和不同列的元素构成;
- 展开式恰由所有这种可能的乘积组成.

例如,三阶行列式展开式中项的一般形式为 $a_{1j_1}a_{2j_2}a_{3j_3}$,其中 $j_1j_2j_3$ 是一个 3 级排列. 这样的排列共有 6 种,对应的展开式中共含 6 项. 进一步观察可知,当 $j_1j_2j_3$ 是奇排列时,对应项带负号;当 $j_1j_2j_3$ 是偶排列时,对应项带正号.

此时,三阶行列式可以写为

$$\begin{vmatrix} a_{11} & a_{12} & a_{13} \\ a_{21} & a_{22} & a_{23} \\ a_{31} & a_{32} & a_{33} \end{vmatrix} = \sum_{j_1j_2j_3}(-1)^{\tau(j_1j_2j_3)}a_{1j_1}a_{2j_2}a_{3j_3},$$

其中 $\tau(j_1j_2j_3)$ 为排列 $j_1j_2j_3$ 的逆序数，$\sum\limits_{j_1j_2j_3}$ 表示对所有三级排列 $j_1j_2j_3$ 取和．

仿照这种形式，我们将其推广为 n 阶行列式的定义：

定义 1.5 由排成 n 行 n 列的 n^2 个数 $a_{ij}(i,j=1,2,\cdots,n)$ 组成的符号

$$\begin{vmatrix} a_{11} & a_{12} & \cdots & a_{1n} \\ a_{21} & a_{22} & \cdots & a_{2n} \\ \vdots & \vdots & & \vdots \\ a_{n1} & a_{n2} & \cdots & a_{nn} \end{vmatrix}$$

称为 n **阶行列式**(n-order determinant)．

它是 $n!$ 项的代数和，每一项均是取自不同行和不同列的 n 个元素的乘积．各项前的符号取法为：每一项中各元素的行标排成自然排列，若列标的排列为奇排列时，则该项取负号；若列标的排列为偶排列时，则该项取正号，即

$$\begin{vmatrix} a_{11} & a_{12} & \cdots & a_{1n} \\ a_{21} & a_{22} & \cdots & a_{2n} \\ \vdots & \vdots & & \vdots \\ a_{n1} & a_{n2} & \cdots & a_{nn} \end{vmatrix} = \sum_{j_1j_2\cdots j_n}(-1)^{\tau(j_1\cdots j_n)}a_{1j_1}a_{2j_2}\cdots a_{nj_n},$$

其中 $\sum\limits_{j_1j_2\cdots j_n}$ 表示对所有 n 级排列 $j_1j_2\cdots j_n$ 取和．该式称为 n 阶行列式按行标自然顺序排列的展开式，$(-1)^{\tau(j_1\cdots j_n)}a_{1j_1}a_{2j_2}\cdots a_{nj_n}$ 称为行列式的**一般项**．n 阶行列式常简记为 $\det(a_{ij})$ 或 $|a_{ij}|$，其中数 a_{ij} 为行列式的第 i 行第 j 列处元素，i 称为**行指标**，j 称为**列指标**．

当 $n=2,3$ 时，这样定义的二阶、三阶行列式与前面§1.1中用对角线法则给出的定义是一致的．当 $n=1$ 时，一阶行列式为 $|a_{11}|=a_{11}$，这里注意不要与绝对值符号相混淆．

例 1.4 计算四阶行列式 $\begin{vmatrix} 1 & 0 & 0 & 0 \\ 0 & 2 & 0 & 0 \\ 0 & 0 & 3 & 0 \\ 0 & 0 & 0 & 4 \end{vmatrix}$.

解 由定义，四阶行列式为取自不同行、不同列的4个元素的乘积，共有 $4!=24$ 项，但是除去项 $a_{11}a_{22}a_{33}a_{44}$ 外，其余项的元素中至少有一个为0，所以乘积不为零的只有一项 $a_{11}a_{22}a_{33}a_{44}$，此时

$$\begin{vmatrix} 1 & 0 & 0 & 0 \\ 0 & 2 & 0 & 0 \\ 0 & 0 & 3 & 0 \\ 0 & 0 & 0 & 4 \end{vmatrix} = (-1)^{\tau(1234)}a_{11}a_{22}a_{33}a_{44}=24.$$

主对角线以下和以上的元素均为0的行列式通常称为对角形行列式．而主对角线以下(上)的元素均为0的行列式通常称为上(下)三角形行列式．

例 1.5 计算上三角形行列式 $D=\begin{vmatrix} a_{11} & a_{12} & \cdots & a_{1n} \\ 0 & a_{22} & \cdots & a_{2n} \\ \vdots & \vdots & & \vdots \\ 0 & 0 & \cdots & a_{nn} \end{vmatrix}$.

解 由 n 阶行列式的定义,应有 $n!$ 项,其一般项为 $(-1)^{\tau(j_1\cdots j_n)}a_{1j_1}a_{2j_2}\cdots a_{nj_n}$. 但由于上三角形行列式 D 中有许多元素为零,故只需求出上述一般项中不为零的项即可.

在 D 中,第 n 行元素除 a_{nn} 外,其余均为 0,所以不为零的项 $a_{1j_1}a_{2j_2}\cdots a_{nj_n}$ 中必有 $j_n=n$;在第 $n-1$ 行中,除 $a_{n-1,n-1}$ 和 $a_{n-1,n}$ 外,其余元素都是零,因而 j_{n-1} 只取 $n-1$、n 这两个可能,又由于 a_{nn} 和 $a_{n-1,n}$ 位于同一列,而 $j_n=n$,所以只有 $j_{n-1}=n-1$. 这样依次向上推断,不难看出,在展开式中只有 $a_{11}a_{22}\cdots a_{nn}$ 一项不等于零,而这项的列标所组成的排列 $12\cdots n$ 的逆序数是 $\tau(12\cdots n)=0$,故该项取正号.

因此,最终可得行列式 $D=a_{11}a_{22}\cdots a_{nn}$,即上三角形行列式的值等于主对角线上各元素的乘积. 同理可得,下三角形行列式

$$\begin{vmatrix} a_{11} & 0 & \cdots & 0 \\ a_{21} & a_{22} & \cdots & 0 \\ \vdots & \vdots & & \vdots \\ a_{n1} & a_{n2} & \cdots & a_{nn} \end{vmatrix}=a_{11}a_{22}\cdots a_{nn}.$$

特别地,n 阶对角形行列式

$$\begin{vmatrix} a_{11} & 0 & \cdots & 0 \\ 0 & a_{22} & \cdots & 0 \\ \vdots & \vdots & & \vdots \\ 0 & 0 & \cdots & a_{nn} \end{vmatrix}=a_{11}a_{22}\cdots a_{nn}.$$

在 n 阶行列式的定义中,要求每一项的 n 个元素的行标排成自然顺序,然后按其列标排列的奇偶性确定该项的符号. 但是由于数的乘法是可以交换顺序的,因而 n 阶行列式的一般项 n 个不同行不同列元素之积也可以写成

$$a_{i_1j_1}a_{i_2j_2}\cdots a_{i_nj_n}, \tag{1.4}$$

其中 $i_1,i_2,\cdots,i_n$ 和 $j_1,j_2,\cdots,j_n$ 是两个 n 级排列. 此时,我们可以证明上式前面所带的符号是

$$(-1)^{\tau(i_1i_2\cdots i_n)+\tau(j_1j_2\cdots j_n)}. \tag{1.5}$$

事实上,由行列式的定义来确定(1.4)式所带的符号的话,就是要将(1.4)式中各因子作适当对换,使得它的行标变成自然顺序,即

$$a_{1j_1'}a_{2j_2'}\cdots a_{nj_n'}, \tag{1.6}$$

此时上式前面所带的符号为

$$(-1)^{\tau(j_1'j_2'\cdots j_n')}. \tag{1.7}$$

现在我们来证明(1.5)与(1.7)式是一样的. 由定理 1.1 可知,将(1.4)式中两个因子每作一次对换,此时行标的排列 $i_1i_2\cdots i_n$ 与列标的排列 $j_1j_2\cdots j_n$ 都同时作一次对换时,$\tau(i_1i_2\cdots i_n)$ 与 $\tau(j_1j_2\cdots j_n)$ 都同时改变奇偶性,因此它们的和

$$\tau(i_1i_2\cdots i_n)+\tau(j_1j_2\cdots j_n)$$

的奇偶性不变．这表明，对(1.4)式作一次两个因子的对换不改变(1.5)式的值．所以经过有限次因子对换后(1.4)式变成为(1.6)式，同时，$\tau(i_1i_2\cdots i_n)+\tau(j_1j_2\cdots j_n)$与$\tau(12\cdots n)+\tau(j_1'j_2'\cdots j_n')$有相同的奇偶性，故

$$(-1)^{\tau(i_1i_2\cdots i_n)+\tau(j_1j_2\cdots j_n)}=(-1)^{\tau(12\cdots n)+\tau(j_1'j_2'\cdots j_n')}=(-1)^{\tau(j_1'j_2'\cdots j_n')},$$

即(1.5)与(1.7)式是一样的．

我们把上面的讨论总结成如下定理：

定理 1.2 n 阶行列式 $D=|a_{ij}|$ 的一般项也可以记作 $(-1)^{\tau(i_1\cdots i_n)+\tau(j_1\cdots j_n)}a_{i_1j_1}a_{i_2j_2}\cdots a_{i_nj_n}$.

例如，$a_{21}a_{32}a_{14}a_{43}$ 是 4 阶行列式的一项，其行标排列的逆序数 $\tau(2314)=2$，列标排列的逆序数 $\tau(1243)=1$，由定理 1.2 知该项所带的符号为 $(-1)^{2+1}=-1$，即带负号．若把该项写成行标排列是自然顺序形式 $a_{14}a_{21}a_{32}a_{43}$，其符号为 $(-1)^{\tau(4123)}=(-1)^3=-1$，同样是带负号．

推论 1.2 n 阶行列式 $D=\begin{vmatrix} a_{11} & a_{12} & \cdots & a_{1n} \\ a_{21} & a_{22} & \cdots & a_{2n} \\ \vdots & \vdots & & \vdots \\ a_{n1} & a_{n2} & \cdots & a_{nn} \end{vmatrix}=\sum\limits_{j_1j_2\cdots j_n}(-1)^{\tau(j_1\cdots j_n)}a_{j_11}a_{j_22}\cdots a_{j_nn}$.

为了区别该推论与行列式的定义式，我们将定义式称为行列式按行的自然顺序的展开式，而该推论 1.2 可称为行列式按列的自然顺序的展开式．

§1.3 行列式的性质

由 n 阶行列式的定义，理论上可计算任意行列式了．但 n 阶行列式的展开式共有 $n!$ 项，当行列式的阶数 n 较大时，直接根据定义求解行列式的值计算量较大．本节将介绍行列式的性质，以便使用这些性质将复杂的行列式转化为较简单的行列式(例如上三角形行列式)再进行计算．

定义 1.6 将行列式 D 的行列互换但不改变各行(列)的顺序得到的行列式称为行列式 D 的**转置行列式**(transposed determinant).

通常把 D 的转置行列式记作 D^{T}. 即若 $D=\begin{vmatrix} a_{11} & a_{12} & \cdots & a_{1n} \\ a_{21} & a_{22} & \cdots & a_{2n} \\ \vdots & \vdots & & \vdots \\ a_{n1} & a_{n2} & \cdots & a_{nn} \end{vmatrix}$，则

$$D^{\mathrm{T}}=\begin{vmatrix} a_{11} & a_{21} & \cdots & a_{n1} \\ a_{12} & a_{22} & \cdots & a_{n2} \\ \vdots & \vdots & & \vdots \\ a_{1n} & a_{2n} & \cdots & a_{nn} \end{vmatrix}.$$

反之，行列式 D 也是行列式 D^{T} 的转置行列式，即行列式 D 与行列式 D^{T} 互为转置行列式．

性质 1.1 行列式 D 与它的转置行列式 D^{T} 的值相等．

证 将行列式

$$D=\begin{vmatrix} a_{11} & a_{12} & \cdots & a_{1n} \\ a_{21} & a_{22} & \cdots & a_{2n} \\ \vdots & \vdots & & \vdots \\ a_{n1} & a_{n2} & \cdots & a_{nn} \end{vmatrix}$$

按行的自然顺序展开得

$$D=\sum_{j_1j_2\cdots j_n}(-1)^{\tau(j_1\cdots j_n)}a_{1j_1}a_{2j_2}\cdots a_{nj_n}.$$

另一方面,设 $b_{ij}=a_{ji}(i,j=1,2,\cdots,n)$,则

$$D^{\mathrm{T}}=\begin{vmatrix} a_{11} & a_{21} & \cdots & a_{n1} \\ a_{12} & a_{22} & \cdots & a_{n2} \\ \vdots & \vdots & & \vdots \\ a_{1n} & a_{2n} & \cdots & a_{nn} \end{vmatrix}=\begin{vmatrix} b_{11} & b_{12} & \cdots & b_{1n} \\ b_{21} & b_{22} & \cdots & b_{2n} \\ \vdots & \vdots & & \vdots \\ b_{n1} & b_{n2} & \cdots & b_{nn} \end{vmatrix}.$$

将 D^{T} 按列的自然顺序展开得

$$\begin{aligned} D^{\mathrm{T}} &=\sum_{j_1j_2\cdots j_n}(-1)^{\tau(j_1\cdots j_n)}b_{1j_1}b_{2j_2}\cdots b_{nj_n}=\sum_{j_1j_2\cdots j_n}(-1)^{\tau(j_1j_2\cdots j_n)}a_{j_11}a_{j_22}\cdots a_{j_nn} \\ &=\sum_{j_1j_2\cdots j_n}(-1)^{\tau(j_1\cdots j_n)}a_{1j_1}a_{2j_2}\cdots a_{nj_n} \\ &=D. \end{aligned}$$

□

这一性质表明,行列式中的行、列的地位是对等的,即对于“行”成立的性质,对“列”也同样成立,反之亦然.

性质 1.2 交换行列式的两行(列),行列式变号.

证 设行列式

$$D=\begin{vmatrix} a_{11} & a_{12} & \cdots & a_{1n} \\ \vdots & \vdots & & \vdots \\ a_{i1} & a_{i2} & \cdots & a_{in} \\ \vdots & \vdots & & \vdots \\ a_{k1} & a_{k2} & \cdots & a_{kn} \\ \vdots & \vdots & & \vdots \\ a_{n1} & a_{n2} & \cdots & a_{nn} \end{vmatrix}\begin{matrix} \\ \\ (\text{第 } i \text{ 行}) \\ \\ (\text{第 } k \text{ 行}) \\ \\ \\ \end{matrix},$$

交换其第 i 行与 k 行($1\leqslant i<k\leqslant n$)后得到的行列式为

$$D_1=\begin{vmatrix} a_{11} & a_{12} & \cdots & a_{1n} \\ \vdots & \vdots & & \vdots \\ a_{k1} & a_{k2} & \cdots & a_{kn} \\ \vdots & \vdots & & \vdots \\ a_{i1} & a_{i2} & \cdots & a_{in} \\ \vdots & \vdots & & \vdots \\ a_{n1} & a_{n2} & \cdots & a_{nn} \end{vmatrix}=\begin{vmatrix} b_{11} & b_{12} & \cdots & b_{1n} \\ \vdots & \vdots & & \vdots \\ b_{i1} & b_{i2} & \cdots & b_{in} \\ \vdots & \vdots & & \vdots \\ b_{k1} & b_{k2} & \cdots & b_{kn} \\ \vdots & \vdots & & \vdots \\ b_{n1} & b_{n2} & \cdots & b_{nn} \end{vmatrix}\begin{matrix} \\ \\ (\text{第 } i \text{ 行}) \\ \\ (\text{第 } k \text{ 行}) \\ \\ \\ \end{matrix}.$$

于是

$$D_1=\sum_{j_1j_2\cdots j_n}(-1)^{\tau(j_1\cdots j_i\cdots j_k\cdots j_n)}b_{1j_1}\cdots b_{ij_i}\cdots b_{kj_k}\cdots b_{nj_n}$$

$$
\begin{aligned}
&=\sum_{j_1j_2\cdots j_n}(-1)^{\tau(j_1\cdots j_i\cdots j_k\cdots j_n)}a_{1j_1}\cdots a_{kj_i}\cdots a_{ij_k}\cdots a_{nj_n}\\
&=\sum_{j_1j_2\cdots j_n}(-1)^{\tau(j_1\cdots j_i\cdots j_k\cdots j_n)}a_{1j_1}\cdots a_{ij_k}\cdots a_{kj_i}\cdots a_{nj_n}\\
&=-\sum_{j_1j_2\cdots j_n}(-1)^{\tau(j_1\cdots j_k\cdots j_i\cdots j_n)}a_{1j_1}\cdots a_{ij_k}\cdots a_{kj_i}\cdots a_{nj_n}\\
&=-D.
\end{aligned}
$$
□

推论 1.3 若行列式有两行(列)的元素分别对应相等,则此行列式的值等于零.

证 将行列式 D 中对应元素相同的两行互换,得到的行列式仍为 D,再由性质 1.2 可知 $D=-D$,故 $D=0$. □

性质 1.3 行列式某一行(列)所有元素的公因子可提到行列式记号的外面,即

$$
\begin{vmatrix}
a_{11} & a_{12} & \cdots & a_{1n}\\
\vdots & \vdots & & \vdots\\
ka_{i1} & ka_{i2} & \cdots & ka_{in}\\
\vdots & \vdots & & \vdots\\
a_{n1} & a_{n2} & \cdots & a_{nn}
\end{vmatrix}
=k
\begin{vmatrix}
a_{11} & a_{12} & \cdots & a_{1n}\\
\vdots & \vdots & & \vdots\\
a_{i1} & a_{i2} & \cdots & a_{in}\\
\vdots & \vdots & & \vdots\\
a_{n1} & a_{n2} & \cdots & a_{nn}
\end{vmatrix}.
$$

证 由行列式的定义可得:

$$
\begin{aligned}
\text{等式左端}&=\sum_{j_1j_2\cdots j_n}(-1)^{\tau(j_1\cdots j_n)}a_{1j_1}\cdots(ka_{ij_i})\cdots a_{nj_n}\\
&=k\sum_{j_1j_2\cdots j_n}(-1)^{\tau(j_1\cdots j_n)}a_{1j_1}\cdots a_{ij_i}\cdots a_{nj_n}=\text{右端}.
\end{aligned}
$$
□

此性质也可表述为:行列式的某一行(列)的所有元素都乘同一个数 k,等于用数 k 乘此行列式.

推论 1.4 若行列式中有两行(列)的对应元素成比例,则此行列式的值等于零.

证 由性质 1.3 和性质 1.2 的推论可知

$$
D=
\begin{vmatrix}
a_{11} & a_{12} & \cdots & a_{1n}\\
\vdots & \vdots & & \vdots\\
a_{i1} & a_{i2} & \cdots & a_{in}\\
\vdots & \vdots & & \vdots\\
ka_{i1} & ka_{i2} & \cdots & ka_{in}\\
\vdots & \vdots & & \vdots\\
a_{n1} & a_{n2} & \cdots & a_{nn}
\end{vmatrix}
=k
\begin{vmatrix}
a_{11} & a_{12} & \cdots & a_{1n}\\
\vdots & \vdots & & \vdots\\
a_{i1} & a_{i2} & \cdots & a_{in}\\
\vdots & \vdots & & \vdots\\
a_{i1} & a_{i2} & \cdots & a_{in}\\
\vdots & \vdots & & \vdots\\
a_{n1} & a_{n2} & \cdots & a_{nn}
\end{vmatrix}
=k\cdot 0=0.
$$
□

性质 1.4 若行列式的某一行(列)的各元素都是两个数的和,则此行列式等于两个相应的行列式的和,即

$$
\begin{vmatrix}
a_{11} & a_{12} & \cdots & a_{1n}\\
\vdots & \vdots & & \vdots\\
b_{i1}+c_{i1} & b_{i2}+c_{i2} & \cdots & b_{in}+c_{in}\\
\vdots & \vdots & & \vdots\\
a_{n1} & a_{n2} & \cdots & a_{nn}
\end{vmatrix}
=
\begin{vmatrix}
a_{11} & a_{12} & \cdots & a_{1n}\\
\vdots & \vdots & & \vdots\\
b_{i1} & b_{i2} & \cdots & b_{in}\\
\vdots & \vdots & & \vdots\\
a_{n1} & a_{n2} & \cdots & a_{nn}
\end{vmatrix}
+
\begin{vmatrix}
a_{11} & a_{12} & \cdots & a_{1n}\\
\vdots & \vdots & & \vdots\\
c_{i1} & c_{i2} & \cdots & c_{in}\\
\vdots & \vdots & & \vdots\\
a_{n1} & a_{n2} & \cdots & a_{nn}
\end{vmatrix}.
$$

证 由行列式的定义可知:

$$\text{等式左端} = \sum_{j_1 j_2 \cdots j_n} (-1)^{\tau(j_1 \cdots j_n)} a_{1j_1} \cdots (b_{ij_i} + c_{ij_i}) \cdots a_{nj_n}$$

$$= \sum_{j_1 j_2 \cdots j_n} (-1)^{\tau(j_1 \cdots j_n)} a_{1j_1} \cdots b_{ij_i} \cdots a_{nj_n} + \sum_{j_1 j_2 \cdots j_n} (-1)^{\tau(j_1 \cdots j_n)} a_{1j_1} \cdots c_{ij_i} \cdots a_{nj_n}$$

$$= \begin{vmatrix} a_{11} & a_{12} & \cdots & a_{1n} \\ \vdots & \vdots & & \vdots \\ b_{i1} & b_{i2} & \cdots & b_{in} \\ \vdots & \vdots & & \vdots \\ a_{n1} & a_{n2} & \cdots & a_{nn} \end{vmatrix} + \begin{vmatrix} a_{11} & a_{12} & \cdots & a_{1n} \\ \vdots & \vdots & & \vdots \\ c_{i1} & c_{i2} & \cdots & c_{in} \\ \vdots & \vdots & & \vdots \\ a_{n1} & a_{n2} & \cdots & a_{nn} \end{vmatrix} = \text{右端}. \quad \square$$

注 若 n 阶行列式 D 每个元素均可表示成两数之和,则反复使用性质 1.4 可将 D 分解成 2^n 个行列式的和. 例如,二阶行列式

$$\begin{vmatrix} a_1 + a_2 & b_1 + b_2 \\ c_1 + c_2 & d_1 + d_2 \end{vmatrix} = \begin{vmatrix} a_1 & b_1 + b_2 \\ c_1 & d_1 + d_2 \end{vmatrix} + \begin{vmatrix} a_2 & b_1 + b_2 \\ c_2 & d_1 + d_2 \end{vmatrix}$$

$$= \begin{vmatrix} a_1 & b_1 \\ c_1 & d_1 \end{vmatrix} + \begin{vmatrix} a_1 & b_2 \\ c_1 & d_2 \end{vmatrix} + \begin{vmatrix} a_2 & b_1 \\ c_2 & d_1 \end{vmatrix} + \begin{vmatrix} a_2 & b_2 \\ c_2 & d_2 \end{vmatrix}.$$

性质 1.5 把行列式的某一行(列)的所有元素乘以数 k 后加到另一行(列)对应的元素上,行列式的值不变,即

$$D = \begin{vmatrix} a_{11} & a_{12} & \cdots & a_{1n} \\ \vdots & \vdots & & \vdots \\ a_{i1} & a_{i2} & \cdots & a_{in} \\ \vdots & \vdots & & \vdots \\ a_{j1} & a_{j2} & \cdots & a_{jn} \\ \vdots & \vdots & & \vdots \\ a_{n1} & a_{n2} & \cdots & a_{nn} \end{vmatrix} \xlongequal[\text{加到第} j \text{行}]{i \text{行} \times k} \begin{vmatrix} a_{11} & a_{12} & \cdots & a_{1n} \\ \vdots & \vdots & & \vdots \\ a_{i1} & a_{i2} & \cdots & a_{in} \\ \vdots & \vdots & & \vdots \\ ka_{i1} + a_{j1} & ka_{i2} + a_{j2} & \cdots & ka_{in} + a_{jn} \\ \vdots & \vdots & & \vdots \\ a_{n1} & a_{n2} & \cdots & a_{nn} \end{vmatrix}.$$

证 由性质 1.4 和推论 1.4 可知

$$\text{右端} = \begin{vmatrix} a_{11} & a_{12} & \cdots & a_{1n} \\ \vdots & \vdots & & \vdots \\ a_{i1} & a_{i2} & \cdots & a_{in} \\ \vdots & \vdots & & \vdots \\ ka_{i1} & ka_{i2} & \cdots & ka_{in} \\ \vdots & \vdots & & \vdots \\ a_{n1} & a_{n2} & \cdots & a_{nn} \end{vmatrix} + \begin{vmatrix} a_{11} & a_{12} & \cdots & a_{1n} \\ \vdots & \vdots & & \vdots \\ a_{i1} & a_{i2} & \cdots & a_{in} \\ \vdots & \vdots & & \vdots \\ a_{j1} & a_{j2} & \cdots & a_{jn} \\ \vdots & \vdots & & \vdots \\ a_{n1} & a_{n2} & \cdots & a_{nn} \end{vmatrix}$$

$$= 0 + \begin{vmatrix} a_{11} & a_{12} & \cdots & a_{1n} \\ \vdots & \vdots & & \vdots \\ a_{i1} & a_{i2} & \cdots & a_{in} \\ \vdots & \vdots & & \vdots \\ a_{j1} & a_{j2} & \cdots & a_{jn} \\ \vdots & \vdots & & \vdots \\ a_{n1} & a_{n2} & \cdots & a_{nn} \end{vmatrix} = \text{左端}. \quad \square$$

为了方便起见,我们引入如下记法:

- 以 r_i 表示行列式的第 i 行(row),c_i 表示第 i 列(column).
- 交换 i,j 两行,记作 $r_i\leftrightarrow r_j$;交换 i,j 两列,记作 $c_i\leftrightarrow c_j$.
- 第 i 行提出公因子 k,记作 $r_i\div k$ 或 $\frac{1}{k}\cdot r_i$;第 i 列提出公因子 k,记作 $c_i\div k$ 或 $\frac{1}{k}\cdot c_i$.
- 把第 i 行的 k 倍加到第 j 行上去,记作 r_j+kr_i;把第 i 列的 k 倍加到第 j 列上去,记作 c_j+kc_i.

注 这里的运算 r_j+r_i 与 r_i+r_j 有区别. 前者表示把第 i 行加到第 j 行上去,第 j 行发生了变化;后者表示把第 j 行加到第 i 行上去,第 i 行发生了变化. r_j+kr_i 是约定的行列式运算记号,不能写作 kr_i+r_j(这里不能套用加法的交换律).

作为行列式性质的应用,我们来看下面几个例子:

例 1.6 计算 4 阶行列式 $D=\begin{vmatrix}3&1&1&1\\1&3&1&1\\1&1&3&1\\1&1&1&3\end{vmatrix}$.

解 该行列式的特点是每行 4 个数的和都是相同的数 6,我们把第 2、3、4 列同时加到第 1 列,然后将公因子提出,再把第 1 行的 −1 倍加到第 2、3、4 行,就得到了上三角形行列式,而由 §1.2 知,上三角形行列式的值等于主对角线上各元素的乘积,从而得到最终结果. 具体计算为:

$$D=\begin{vmatrix}3&1&1&1\\1&3&1&1\\1&1&3&1\\1&1&1&3\end{vmatrix}=\begin{vmatrix}6&1&1&1\\6&3&1&1\\6&1&3&1\\6&1&1&3\end{vmatrix}=6\begin{vmatrix}1&1&1&1\\1&3&1&1\\1&1&3&1\\1&1&1&3\end{vmatrix}=6\begin{vmatrix}1&1&1&1\\0&2&0&0\\0&0&2&0\\0&0&0&2\end{vmatrix}=6\times 2^3=48.$$

利用行列式的性质可以将行列式中许多元素化为 0,最终化为上(下)三角形行列式,从而得到原行列式的值,这是计算行列式的一种常用方法.

例 1.7 计算 4 阶行列式 $D=\begin{vmatrix}3&1&-1&2\\-5&1&3&-4\\2&0&1&-1\\1&-5&3&-3\end{vmatrix}$.

解 行列式 $D\xlongequal{c_1\leftrightarrow c_2}-\begin{vmatrix}1&3&-1&2\\1&-5&3&-4\\0&2&1&-1\\-5&1&3&-3\end{vmatrix}\xlongequal[r_4+5r_1]{r_2-r_1}-\begin{vmatrix}1&3&-1&2\\0&-8&4&-6\\0&2&1&-1\\0&16&-2&7\end{vmatrix}\xlongequal{r_2\leftrightarrow r_3}$

$$\begin{vmatrix}1&3&-1&2\\0&2&1&-1\\0&-8&4&-6\\0&16&-2&7\end{vmatrix}\xlongequal[r_4-8r_2]{r_3+4r_2}\begin{vmatrix}1&3&-1&1\\0&2&1&-1\\0&0&8&-10\\0&0&-10&15\end{vmatrix}\xlongequal{r_4+\frac{5}{4}r_3}\begin{vmatrix}1&3&-1&2\\0&2&1&-1\\0&0&8&-10\\0&0&0&5/2\end{vmatrix}=40.$$

例 1.7 中第二步把 r_2-r_1 和 r_4+5r_1 写在一起,这是两次运算,将第一次运算结果的书写省略了. 这里要注意,因为后一次运算是作用在前一次的运算结果上,所以各个运算的次序一般不能颠倒.

例如,

$$\begin{vmatrix} a & b \\ c & d \end{vmatrix} \xlongequal{r_1+r_2} \begin{vmatrix} a+c & b+d \\ c & d \end{vmatrix} \xlongequal{r_2-r_1} \begin{vmatrix} a+c & b+d \\ -a & -b \end{vmatrix},$$

$$\begin{vmatrix} a & b \\ c & d \end{vmatrix} \xlongequal{r_2-r_1} \begin{vmatrix} a & b \\ c-a & d-b \end{vmatrix} \xlongequal{r_1+r_2} \begin{vmatrix} c & d \\ c-a & d-b \end{vmatrix},$$

可见两次运算次序不同时所得新行列式的元素不同. 若是忽视了此点,容易得到 $\begin{vmatrix} a & b \\ c & d \end{vmatrix} \xlongequal[r_2-r_1]{r_1+r_2} \begin{vmatrix} a+c & b+d \\ c-a & d-b \end{vmatrix}$ 这样的错误运算结果.

例 1.8 计算 4 阶行列式 $D=\begin{vmatrix} a^2 & (a+1)^2 & (a+2)^2 & (a+3)^2 \\ b^2 & (b+1)^2 & (b+2)^2 & (b+3)^2 \\ c^2 & (c+1)^2 & (c+2)^2 & (c+3)^2 \\ d^2 & (d+1)^2 & (d+2)^2 & (d+3)^2 \end{vmatrix}$.

解 行列式 $D \xlongequal[\substack{c_3-c_1\\c_4-c_1}]{c_2-c_1} \begin{vmatrix} a^2 & 2a+1 & 4a+4 & 6a+9 \\ b^2 & 2b+1 & 4b+4 & 6b+9 \\ c^2 & 2c+1 & 4c+4 & 6c+9 \\ d^2 & 2d+1 & 4d+4 & 6d+9 \end{vmatrix} \xlongequal[c_4-3c_2]{c_3-2c_2} \begin{vmatrix} a^2 & 2a+1 & 2 & 6 \\ b^2 & 2b+1 & 2 & 6 \\ c^2 & 2c+1 & 2 & 6 \\ d^2 & 2d+1 & 2 & 6 \end{vmatrix}=0.$

例 1.9 计算 n 阶行列式 $D_n=\begin{vmatrix} x & a_2 & a_3 & \cdots & a_n \\ a_1 & x & a_3 & \cdots & a_n \\ a_1 & a_2 & x & \cdots & a_n \\ \vdots & \vdots & \vdots & & \vdots \\ a_1 & a_2 & a_3 & \cdots & x \end{vmatrix}$,其中 $x \neq a_i(i=1,2,\cdots,n)$.

解 将行列式 D_n 的第 1 行的 -1 倍分别加到第 $2,3,\cdots,n$ 行上可得

$$D_n=\begin{vmatrix} x & a_2 & a_3 & \cdots & a_n \\ a_1 & x & a_3 & \cdots & a_n \\ a_1 & a_2 & x & \cdots & a_n \\ \vdots & \vdots & \vdots & & \vdots \\ a_1 & a_2 & a_3 & \cdots & x \end{vmatrix}=\begin{vmatrix} x & a_2 & a_3 & \cdots & a_n \\ a_1-x & x-a_2 & 0 & \cdots & 0 \\ a_1-x & 0 & x-a_3 & \cdots & 0 \\ \vdots & \vdots & \vdots & & \vdots \\ a_1-x & 0 & 0 & \cdots & x-a_n \end{vmatrix}.$$

再从第一列提出 $x-a_1$,从第二列提出 $x-a_2$,$\cdots$,从第 n 列提出 $x-a_n$,便得到

$$D_n=(x-a_1)(x-a_2)\cdots(x-a_n)\begin{vmatrix} \frac{x}{x-a_1} & \frac{a_2}{x-a_2} & \frac{a_3}{x-a_3} & \cdots & \frac{a_n}{x-a_n} \\ -1 & 1 & 0 & \cdots & 0 \\ -1 & 0 & 1 & \cdots & 0 \\ \vdots & \vdots & \vdots & & \vdots \\ -1 & 0 & 0 & \cdots & 1 \end{vmatrix}.$$

注意到 $\frac{x}{x-a_1}=1+\frac{a_1}{x-a_1}$,将第 $2,3,\cdots,n$ 列都加到第 1 列,可得

$$D_n=(x-a_1)(x-a_2)\cdots(x-a_n)\begin{vmatrix}1+\sum\limits_{i=1}^{n}\dfrac{a_i}{x-a_i} & \dfrac{a_2}{x-a_2} & \dfrac{a_3}{x-a_3} & \cdots & \dfrac{a_n}{x-a_n}\\ 0 & 1 & 0 & \cdots & 0\\ 0 & 0 & 1 & \cdots & 0\\ \vdots & \vdots & \vdots & & \vdots\\ 0 & 0 & 0 & \cdots & 1\end{vmatrix}$$

$$=(x-a_1)(x-a_2)\cdots(x-a_n)\left(1+\sum_{i=1}^{n}\frac{a_i}{x-a_i}\right).$$

§1.4 行列式按行(列)的展开

在§1.1中我们介绍了三阶行列式的定义：

$$D=\begin{vmatrix}a_{11} & a_{12} & a_{13}\\ a_{21} & a_{22} & a_{23}\\ a_{31} & a_{32} & a_{33}\end{vmatrix}$$

$$=a_{11}a_{22}a_{33}+a_{12}a_{23}a_{31}+a_{13}a_{21}a_{32}-a_{13}a_{22}a_{31}-a_{12}a_{21}a_{33}-a_{11}a_{23}a_{32},$$

将等式右端展开式的六项分别组合且合并同类项可得

$$D=(a_{11}a_{22}a_{33}-a_{11}a_{23}a_{32})+(a_{12}a_{23}a_{31}-a_{12}a_{21}a_{33})+(a_{13}a_{21}a_{32}-a_{13}a_{22}a_{31})$$

$$=a_{11}(a_{22}a_{33}-a_{23}a_{32})-a_{12}(a_{21}a_{33}-a_{23}a_{31})+a_{13}(a_{21}a_{32}-a_{22}a_{31})$$

$$=a_{11}\cdot\begin{vmatrix}a_{22} & a_{23}\\ a_{32} & a_{33}\end{vmatrix}-a_{12}\cdot\begin{vmatrix}a_{21} & a_{23}\\ a_{31} & a_{33}\end{vmatrix}+a_{13}\cdot\begin{vmatrix}a_{21} & a_{22}\\ a_{31} & a_{32}\end{vmatrix}.$$

从而将三阶行列式表示为3个二阶行列式的运算．其写法规律是:三阶行列式第一行的元素与划去该元素所在行列后剩余元素组成的二级行列式相乘,再分别取正负号．

本节即是将该方法推而广之,研究如何将较高阶的行列式转化为较低阶行列式的计算,从而得到行列式的另一种求解方法——降阶法．为此,先介绍代数余子式的概念．

定义1.7 在n阶行列式$D=\det(a_{ij})$中,将元素a_{ij}所在的第i行和第j列划去,余下的$(n-1)^2$个元素按原位置次序构成一个$n-1$阶的行列式,称为元素a_{ij}的余子式(cofactor),记作M_{ij}．令$A_{ij}=(-1)^{i+j}M_{ij}$,则称A_{ij}为元素a_{ij}的**代数余子式**(algebraic cofactor).

例如,在四阶行列式 $D=\begin{vmatrix}a_{11} & a_{12} & a_{13} & a_{14}\\ a_{21} & a_{22} & a_{23} & a_{24}\\ a_{31} & a_{32} & a_{33} & a_{34}\\ a_{41} & a_{42} & a_{43} & a_{44}\end{vmatrix}$ 中,元素 a_{23} 的余子式为 $M_{23}=\begin{vmatrix}a_{11} & a_{12} & a_{14}\\ a_{31} & a_{32} & a_{34}\\ a_{41} & a_{42} & a_{44}\end{vmatrix}$,而 $A_{23}=(-1)^{2+3}M_{23}=-\begin{vmatrix}a_{11} & a_{12} & a_{14}\\ a_{31} & a_{32} & a_{34}\\ a_{41} & a_{42} & a_{44}\end{vmatrix}$ 为元素 a_{23} 的代数余子式．

注 行列式中每个元素分别对应着1个(代数)余子式;元素a_{ij}的(代数)余子式的值与元素a_{ij}的大小无关,只与该元素在行列式中的位置有关．

引理1.1 若n阶行列式$D=\det(a_{ij})$中第i行所有元素除a_{ij}外都为0,则行列式D的

值等于 a_{ij} 与它的代数余子式的乘积,即 $D=a_{ij}A_{ij}$.

证 先证明 $a_{ij}=a_{11}$ 的特殊情形,此时行列式

$$D=\begin{vmatrix} a_{11} & 0 & \cdots & 0 \\ a_{21} & a_{22} & \cdots & a_{2n} \\ \vdots & \vdots & & \vdots \\ a_{n1} & a_{n2} & \cdots & a_{nn} \end{vmatrix}.$$

由行列式的定义可知

$$\begin{aligned} D &= \sum_{j_1j_2\cdots j_{n-1}j_n}(-1)^{\tau(j_1\cdots j_n)}a_{1j_1}a_{2j_2}\cdots a_{n-1,j_{n-1}}a_{nj_n} \\ &= \sum_{1j_2\cdots j_{n-1}j_n}(-1)^{\tau(1j_2\cdots j_n)}a_{11}a_{2j_2}\cdots a_{n-1,j_{n-1}}a_{nj_n} \\ &= a_{11}\sum_{j_2\cdots j_n}(-1)^{\tau(j_2\cdots j_n)}a_{2j_2}\cdots a_{nj_n}, \end{aligned}$$

又

$$M_{11}=\begin{vmatrix} a_{22} & \cdots & a_{2n} \\ \vdots & & \vdots \\ a_{n2} & \cdots & a_{nn} \end{vmatrix}=\sum_{j_2\cdots j_n}(-1)^{\tau(j_2\cdots j_n)}a_{2j_2}\cdots a_{nj_n},$$

所以 $D=a_{11}M_{11}=a_{11}A_{11}$.

再证明一般情形,此时行列式

$$D=\begin{vmatrix} a_{11} & \cdots & a_{1,j-1} & a_{1j} & a_{1,j+1} & \cdots & a_{1n} \\ \vdots & & \vdots & \vdots & \vdots & & \vdots \\ a_{i-1,1} & \cdots & a_{i-1,j-1} & a_{i-1,j} & a_{i-1,j+1} & \cdots & a_{i-1,n} \\ 0 & \cdots & 0 & a_{ij} & 0 & \cdots & 0 \\ a_{i+1,1} & \cdots & a_{i+1,j-1} & a_{i+1,j} & a_{i+1,j+1} & \cdots & a_{i+1,n} \\ \vdots & & \vdots & \vdots & \vdots & & \vdots \\ a_{n1} & \cdots & a_{n,j-1} & a_{nj} & a_{n,j+1} & \cdots & a_{nn} \end{vmatrix}.$$

将其第 i 行依次与第 $i-1$ 行,第 $i-2$ 行,…,第 1 行交换位置,共对换 $i-1$ 次,得

$$D=(-1)^{i-1}\begin{vmatrix} 0 & \cdots & 0 & a_{ij} & 0 & \cdots & 0 \\ a_{11} & & a_{1,j-1} & a_{1j} & a_{1,j+1} & \cdots & a_{1n} \\ \vdots & & \vdots & \vdots & \vdots & & \vdots \\ a_{i-1,1} & \cdots & a_{i-1,j-1} & a_{i-1,j} & a_{i-1,j+1} & \cdots & a_{i-1,n} \\ a_{i+1,1} & \cdots & a_{i+1,j-1} & a_{i+1,j} & a_{i+1,j+1} & \cdots & a_{i+1,n} \\ \vdots & & \vdots & \vdots & \vdots & & \vdots \\ a_{n1} & \cdots & a_{n,j-1} & a_{nj} & a_{n,j+1} & \cdots & a_{nn} \end{vmatrix}.$$

再将第 j 列依次与第 $j-1$ 列,第 $j-2$ 列,…,第 1 列交换位置,共对换 $j-1$ 次.

$$D=(-1)^{i-1}(-1)^{j-1}\begin{vmatrix} a_{ij} & 0 & 0 & \cdots & 0 & 0 & \cdots & 0 \\ a_{1j} & a_{11} & a_{12} & \cdots & a_{1,j-1} & a_{1,j+1} & \cdots & a_{1n} \\ a_{2j} & a_{21} & a_{22} & \cdots & a_{2,j-1} & a_{2,j+1} & \cdots & a_{2n} \\ \vdots & \vdots & \vdots & & \vdots & \vdots & & \vdots \\ a_{i-1,j} & a_{i-1,1} & a_{i-1,2} & \cdots & a_{i-1,j-1} & a_{i-1,j+1} & \cdots & a_{i-1,n} \\ a_{i+1,j} & a_{i+1,1} & a_{i+1,2} & \cdots & a_{i+1,j-1} & a_{i+1,j+1} & \cdots & a_{i+1,n} \\ \vdots & \vdots & \vdots & & \vdots & \vdots & & \vdots \\ a_{nj} & a_{n1} & a_{n2} & \cdots & a_{n,j-1} & a_{n,j+1} & \cdots & a_{nn} \end{vmatrix}$$

$$=(-1)^{i+j-2}a_{ij}M_{ij}=a_{ij}(-1)^{i+j}M_{ij}=a_{ij}A_{ij}.$$ □

定理 1.3 行列式 D 等于它的任一行(列)的各元素与其对应的代数余子式乘积之和,即

$$D=a_{i1}A_{i1}+a_{i2}A_{i2}+\cdots+a_{in}A_{in}=\sum_{k=1}^{n}a_{ik}A_{ik}\quad(i=1,2,\cdots,n),$$

或

$$D=a_{1j}A_{1j}+a_{2j}A_{2j}+\cdots+a_{nj}A_{nj}=\sum_{k=1}^{n}a_{kj}A_{kj}\quad(j=1,2,\cdots,n).$$

证 将行列式 D 的第 i 行拆成 n 个数的和

$$D=\begin{vmatrix} a_{11} & \cdots & a_{1j} & \cdots & a_{1n} \\ \vdots & & \vdots & & \vdots \\ a_{i1} & \cdots & a_{ij} & \cdots & a_{in} \\ \vdots & & \vdots & & \vdots \\ a_{n1} & \cdots & a_{nj} & \cdots & a_{nn} \end{vmatrix}$$

$$=\begin{vmatrix} a_{11} & a_{12} & \cdots & a_{1n} \\ \vdots & \vdots & & \vdots \\ a_{i1}+0+\cdots+0 & 0+a_{i2}+\cdots+0 & \cdots & 0+\cdots+0+a_{in} \\ \vdots & \vdots & & \vdots \\ a_{n1} & a_{n2} & \cdots & a_{nn} \end{vmatrix}$$

然后由行列式的性质 1.4 可知

$$D=\begin{vmatrix} a_{11} & a_{12} & \cdots & a_{1n} \\ \vdots & \vdots & & \vdots \\ a_{i1} & 0 & \cdots & 0 \\ \vdots & \vdots & & \vdots \\ a_{n1} & a_{n2} & \cdots & a_{nn} \end{vmatrix}+\begin{vmatrix} a_{11} & a_{12} & \cdots & a_{1n} \\ \vdots & \vdots & & \vdots \\ 0 & a_{i2} & \cdots & 0 \\ \vdots & \vdots & & \vdots \\ a_{n1} & a_{n2} & \cdots & a_{nn} \end{vmatrix}+\cdots+\begin{vmatrix} a_{11} & a_{12} & \cdots & a_{1n} \\ \vdots & \vdots & & \vdots \\ 0 & 0 & \cdots & a_{in} \\ \vdots & \vdots & & \vdots \\ a_{n1} & a_{n2} & \cdots & a_{nn} \end{vmatrix}.$$

再对每个行列式使用引理 1.1 可得

$$D=a_{i1}A_{i1}+a_{i2}A_{i2}+\cdots+a_{in}A_{in}=\sum_{k=1}^{n}a_{ik}A_{ik}\quad(i=1,2,\cdots,n).$$

列的情形类似可得

$$D=a_{1j}A_{1j}+a_{2j}A_{2j}+\cdots+a_{nj}A_{nj}=\sum_{k=1}^{n}a_{kj}A_{kj}(j=1,2,\cdots,n).$$ □

该定理称为**行列式按行(列)展开法则**,它表明 n 阶行列式可以用 $n-1$ 阶行列式来表示,所以也称为行列式的降阶展开定理.

利用定理 1.3 并结合行列式的性质,可以大大简化行列式的计算. 计算行列式时,一般利用性质将某一行(列)化简为仅有一个非零元素,再按定理 1.3 展开,变为低一阶行列式,如此继续下去,直到将行列式化为三阶或二阶,这在行列式的计算中是一种常用的方法.

例 1.10 计算 4 阶行列式 $D=\begin{vmatrix} 2 & 1 & -3 & -1 \\ 3 & 1 & 0 & 7 \\ -1 & 2 & 4 & -2 \\ 1 & 0 & -1 & 5 \end{vmatrix}$.

解 D 的第四行已有一个元素是零,利用性质 1.5 可得

$$D=\begin{vmatrix} 2 & 1 & -3 & -1 \\ 3 & 1 & 0 & 7 \\ -1 & 2 & 4 & -2 \\ 1 & 0 & -1 & 5 \end{vmatrix} \xlongequal[c_4-5c_1]{c_3+c_1} \begin{vmatrix} 2 & 1 & -1 & -11 \\ 3 & 1 & 3 & -8 \\ -1 & 2 & 3 & 3 \\ 1 & 0 & 0 & 0 \end{vmatrix}$$

$$=(-1)^{4+1}\begin{vmatrix} 1 & -1 & -11 \\ 1 & 3 & -8 \\ 2 & 3 & 3 \end{vmatrix} \xlongequal[r_3-2r_1]{r_2-r_1} -\begin{vmatrix} 1 & -1 & -11 \\ 0 & 4 & 3 \\ 0 & 5 & 25 \end{vmatrix}$$

$$=-(-1)^{1+1}\begin{vmatrix} 4 & 3 \\ 5 & 25 \end{vmatrix}=-85.$$

例 1.11 计算 n 阶行列式 $D_n=\begin{vmatrix} a & b & 0 & \cdots & 0 & 0 \\ 0 & a & b & \cdots & 0 & 0 \\ 0 & 0 & a & \cdots & 0 & 0 \\ \vdots & \vdots & \vdots & & \vdots & \vdots \\ 0 & 0 & 0 & \cdots & a & b \\ b & 0 & 0 & \cdots & 0 & a \end{vmatrix}$.

解 按第一列展开,D_n 可表示为两个 $n-1$ 阶行列式的表达式

$$D_n=(-1)^{1+1}a\begin{vmatrix} a & b & \cdots & 0 & 0 \\ 0 & a & \cdots & 0 & 0 \\ \vdots & \vdots & & \vdots & \vdots \\ 0 & 0 & \cdots & a & b \\ 0 & 0 & \cdots & 0 & a \end{vmatrix}+(-1)^{n+1}b\begin{vmatrix} b & 0 & \cdots & 0 & 0 \\ a & b & \cdots & 0 & 0 \\ \vdots & \vdots & & \vdots & \vdots \\ 0 & 0 & \cdots & b & 0 \\ 0 & 0 & \cdots & a & b \end{vmatrix}$$

$$=aa^{n-1}+(-1)^{n+1}bb^{n-1}=a^n+(-1)^{n+1}b^n.$$

例 1.12 证明:$\begin{vmatrix} a_{11} & a_{12} & 0 & 0 \\ a_{21} & a_{22} & 0 & 0 \\ c_{11} & c_{12} & b_{11} & b_{12} \\ c_{21} & c_{22} & b_{21} & b_{22} \end{vmatrix}=\begin{vmatrix} a_{11} & a_{12} \\ a_{21} & a_{22} \end{vmatrix}\cdot\begin{vmatrix} b_{11} & b_{12} \\ b_{21} & b_{22} \end{vmatrix}$.

证 将等式左端的 4 阶行列式按第一行展开可得:

$$
\text{左端}=a_{11}\begin{vmatrix} a_{22} & 0 & 0 \\ c_{12} & b_{11} & b_{12} \\ c_{22} & b_{21} & b_{22} \end{vmatrix}-a_{12}\begin{vmatrix} a_{21} & 0 & 0 \\ c_{11} & b_{11} & b_{12} \\ c_{21} & b_{21} & b_{22} \end{vmatrix}
$$

$$
=a_{11}a_{22}\begin{vmatrix} b_{11} & b_{12} \\ b_{21} & b_{22} \end{vmatrix}-a_{12}a_{21}\begin{vmatrix} b_{11} & b_{12} \\ b_{21} & b_{22} \end{vmatrix}
$$

$$
=(a_{11}a_{22}-a_{12}a_{21})\begin{vmatrix} b_{11} & b_{12} \\ b_{21} & b_{22} \end{vmatrix}=\begin{vmatrix} a_{11} & a_{12} \\ a_{21} & a_{22} \end{vmatrix}\cdot\begin{vmatrix} b_{11} & b_{12} \\ b_{21} & b_{22} \end{vmatrix}=\text{右端}.
$$

例 1.12 的结论在一般情况下也是成立的,即

$$
\begin{vmatrix} a_{11} & a_{12} & \cdots & a_{1k} & 0 & 0 & \cdots & 0 \\ \vdots & \vdots & & \vdots & \vdots & \vdots & & \vdots \\ a_{k1} & a_{k2} & \cdots & a_{kk} & 0 & 0 & \cdots & 0 \\ c_{11} & c_{12} & \cdots & c_{1k} & b_{11} & b_{12} & \cdots & b_{1m} \\ \vdots & \vdots & & \vdots & \vdots & \vdots & & \vdots \\ c_{m1} & c_{m2} & \cdots & c_{mk} & b_{m1} & b_{m2} & \cdots & b_{mm} \end{vmatrix}
=\begin{vmatrix} a_{11} & a_{12} & \cdots & a_{1k} \\ \vdots & \vdots & & \vdots \\ a_{k1} & a_{k2} & \cdots & a_{kk} \end{vmatrix}\cdot\begin{vmatrix} b_{11} & b_{12} & \cdots & b_{1m} \\ \vdots & \vdots & & \vdots \\ b_{m1} & b_{m2} & \cdots & b_{mm} \end{vmatrix}.
$$

例 1.13 证明:**范德蒙德**(Vandermonde)**行列式**

$$
D_n=\begin{vmatrix} 1 & 1 & \cdots & 1 \\ a_1 & a_2 & \cdots & a_n \\ a_1^2 & a_2^2 & \cdots & a_n^2 \\ \vdots & \vdots & & \vdots \\ a_1^{n-1} & a_2^{n-1} & \cdots & a_n^{n-1} \end{vmatrix}=\prod_{1\leqslant j<i\leqslant n}(a_i-a_j),
$$

其中记号 $\prod$ 表示全体同类因子的乘积.

证 对行列式的阶数 n 使用数学归纳法.

当 $n=2$ 时,2 阶范德蒙德行列式 $D_2=\begin{vmatrix} 1 & 1 \\ a_1 & a_2 \end{vmatrix}=a_2-a_1=\prod\limits_{1\leqslant j<i\leqslant 2}(a_i-a_j)$,即归纳基础成立.

假设对于 $n-1$ 阶范德蒙德行列式结论成立,下证对于 n 阶范德蒙德行列式 D_n 结论也成立:

设法将 D_n 降阶:把 D_n 从第 n 行开始,后面一行减去前面一行的 a_1 倍,即

$$
D_n=\begin{vmatrix} 1 & 1 & 1 & \cdots & 1 \\ a_1 & a_2 & a_3 & \cdots & a_n \\ a_1^2 & a_2^2 & a_3^2 & \cdots & a_n^2 \\ \vdots & \vdots & \vdots & & \vdots \\ a_1^{n-1} & a_2^{n-1} & a_3^{n-1} & \cdots & a_n^{n-1} \end{vmatrix}
$$

$$=\begin{vmatrix} 1 & 1 & 1 & \cdots & 1 \\ 0 & a_2-a_1 & a_3-a_1 & \cdots & a_n-a_1 \\ 0 & a_2^2-a_1a_2 & a_3^2-a_1a_3 & \cdots & a_n^2-a_1a_n \\ \vdots & \vdots & \vdots & & \vdots \\ 0 & a_2^{n-1}-a_1a_2^{n-2} & a_3^{n-1}-a_1a_3^{n-2} & \cdots & a_n^{n-1}-a_1a_n^{n-2} \end{vmatrix}$$

再按第 1 列展开,并把每列的公因子(a_i-a_1) $(i=2,\cdots,n)$提出:

$$D_n=\begin{vmatrix} a_2-a_1 & a_3-a_1 & \cdots & a_n-a_1 \\ a_2(a_2-a_1) & a_3(a_3-a_1) & \cdots & a_n(a_n-a_1) \\ \vdots & \vdots & & \vdots \\ a_2^{n-2}(a_2-a_1) & a_3^{n-2}(a_3-a_1) & \cdots & a_n^{n-2}(a_n-a_1) \end{vmatrix}$$

$$=(a_2-a_1)(a_3-a_1)\cdots(a_n-a_1)\begin{vmatrix} 1 & 1 & \cdots & 1 \\ a_2 & a_3 & \cdots & a_n \\ \vdots & \vdots & & \vdots \\ a_2^{n-2} & a_3^{n-2} & \cdots & a_n^{n-2} \end{vmatrix}.$$

上式右端的行列式为 $n-1$ 阶范德蒙德行列式,由归纳假设,有

$$\begin{vmatrix} 1 & 1 & \cdots & 1 \\ a_2 & a_3 & \cdots & a_n \\ \vdots & \vdots & & \vdots \\ a_2^{n-2} & a_3^{n-2} & \cdots & a_n^{n-2} \end{vmatrix}=\prod_{2\leqslant j<i\leqslant n}(a_i-a_j),$$

故

$$D_n=(a_2-a_1)(a_3-a_1)\cdots(a_n-a_1)\prod_{2\leqslant j<i\leqslant n}(a_i-a_j)=\prod_{1\leqslant j<i\leqslant n}(a_i-a_j).$$

结论成立. □

类似于例 1.13 的证明方法,计算 n 阶行列式,常常需使用数学归纳法,这也是求解行列式的一种重要手段.

下面给出行列式的另一重要结果,并将其作为定理 1.3 的推论.

推论 1.5 n 阶行列式 D 中任一行(列)的元素与另一行(列)的对应元素的代数余子式乘积之和等于零,即

$$a_{i1}A_{j1}+a_{i2}A_{j2}+\cdots+a_{in}A_{jn}=0 \quad (i\neq j)$$

或

$$a_{1i}A_{1j}+a_{2i}A_{2j}+\cdots+a_{ni}A_{nj}=0 \quad (i\neq j).$$

证 只证行的情形,列的情形同理可证.

对于行列式 $D=\begin{vmatrix} a_{11} & \cdots & a_{1n} \\ \vdots & & \vdots \\ a_{i1} & \cdots & a_{in} \\ \vdots & & \vdots \\ a_{j1} & \cdots & a_{jn} \\ \vdots & & \vdots \\ a_{n1} & \cdots & a_{nn} \end{vmatrix}$,考虑辅助行列式 $D_1=\begin{vmatrix} a_{11} & \cdots & a_{1n} \\ \vdots & & \vdots \\ a_{i1} & \cdots & a_{in} \\ \vdots & & \vdots \\ a_{i1} & \cdots & a_{in} \\ \vdots & & \vdots \\ a_{n1} & \cdots & a_{nn} \end{vmatrix}\begin{matrix} \\ \\ (i\text{ 行}) \\ \\ (j\text{ 行}) \\ \\ \\ \end{matrix}$.

行列式 D 与辅助行列式 D_1 只有第 j 行不同,当 D 与 D_1 中同时划去第 j 行后剩余的元素对应相同,故 D 与 D_1 的第 j 行元素的代数余子式相同,均为 $A_{jk}(k=1,2,\cdots,n)$. 因此在 D 中,我们要求的表达式 $a_{i1}A_{j1}+a_{i2}A_{j2}+\cdots+a_{in}A_{jn}$ 恰好就是将 D_1 按第 j 行展开的结果,即 $D_1=a_{i1}A_{j1}+a_{i2}A_{j2}+\cdots+a_{in}A_{jn}$. 另外,辅助行列式 D_1 的第 i 行与第 j 行的对应元素相同,所以由行列式性质 2 的推论知 $D_1=0$.

因此 $a_{i1}A_{j1}+a_{i2}A_{j2}+\cdots+a_{in}A_{jn}=D_1=0$. □

综合定理 1.3 及其推论 1.5,可知代数余子式有如下重要性质:

$$a_{i1}A_{j1}+a_{i2}A_{j2}+\cdots+a_{in}A_{jn}=\sum_{k=1}^{n}a_{ik}A_{jk}=\begin{cases}D, & \text{当 } i=j,\\ 0, & \text{当 } i\neq j,\end{cases}$$

或

$$a_{1i}A_{1j}+a_{2i}A_{2j}+\cdots+a_{ni}A_{nj}=\sum_{k=1}^{n}a_{ki}A_{kj}=\begin{cases}D, & \text{当 } i=j,\\ 0, & \text{当 } i\neq j.\end{cases}$$

例 1.14 设行列式 $D=\begin{vmatrix}3 & -5 & 2 & 1\\ 1 & 1 & 0 & -5\\ -1 & 3 & 1 & 3\\ 2 & -4 & -1 & -3\end{vmatrix}$,试计算 D 的第一行元素的代数余子式之和 $A_{11}+A_{12}+A_{13}+A_{14}$.

解 我们可以将行列式 D 的第一行元素的代数余子式写出,然后分别进行计算,再求和,但这需要计算 4 个 3 阶行列式,运算量较大. 此时我们可以考虑使用代数余子式的性质来求解 $A_{11}+A_{12}+A_{13}+A_{14}$.

将行列式 D 按第一行展开可得

$$D=\begin{vmatrix}3 & -5 & 2 & 1\\ 1 & 1 & 0 & -5\\ -1 & 3 & 1 & 3\\ 2 & -4 & -1 & -3\end{vmatrix}=3A_{11}-5A_{12}+2A_{13}+A_{14}.$$

故

$$\begin{aligned}A_{11}+A_{12}+A_{13}+A_{14}&=1\cdot A_{11}+1\cdot A_{12}+1\cdot A_{13}+1\cdot A_{14}\\ &=\begin{vmatrix}1 & 1 & 1 & 1\\ 1 & 1 & 0 & -5\\ -1 & 3 & 1 & 3\\ 2 & -4 & -1 & -3\end{vmatrix}\xlongequal[r_3-r_1]{r_4+r_3}\begin{vmatrix}1 & 1 & 1 & 1\\ 1 & 1 & 0 & -5\\ -2 & 2 & 0 & 2\\ 1 & -1 & 0 & 0\end{vmatrix}\\ &=\begin{vmatrix}1 & 1 & -5\\ -2 & 2 & 2\\ 1 & -1 & 0\end{vmatrix}\xlongequal{c_2+c_1}\begin{vmatrix}1 & 2 & -5\\ -2 & 0 & 2\\ 1 & 0 & 0\end{vmatrix}=\begin{vmatrix}2 & -5\\ 0 & 2\end{vmatrix}=4.\end{aligned}$$

类似的,我们还可以计算余子式之和 $M_{11}+M_{12}+M_{13}+M_{14}$. 即

$$\begin{aligned}M_{11}+M_{12}+M_{13}+M_{14}&=1\cdot A_{11}-1\cdot A_{12}+1\cdot A_{13}-1\cdot A_{14}\\ &=\begin{vmatrix}1 & -1 & 1 & -1\\ 1 & 1 & 0 & -5\\ -1 & 3 & 1 & 3\\ 2 & -4 & -1 & -3\end{vmatrix}=18.\end{aligned}$$

§1.5 克拉默法则

在我们掌握了行列式的定义和计算方法后，作为行列式的应用，本节将介绍用行列式解 n 元线性方程组的方法——克拉默法则.它是由瑞士数学家克拉默(Gabriel Cramer，1704—1752)于 1750 年，在《线性代数分析导言》中发表的。它是§1.1 中二、三元线性方程组求解公式的推广，其意义主要在于给出了方程组解与系数的明显关系.

设含有 n 个未知量 n 个方程的线性方程组为

$$\begin{cases} a_{11}x_1+a_{12}x_2+\cdots+a_{1n}x_n=b_1, \\ a_{21}x_1+a_{22}x_2+\cdots+a_{2n}x_n=b_2, \\ \cdots\cdots\cdots\cdots\cdots\cdots \\ a_{n1}x_1+a_{n2}x_2+\cdots+a_{nn}x_n=b_n. \end{cases} \tag{1.8}$$

记 $D=\begin{vmatrix} a_{11} & a_{12} & \cdots & a_{1n} \\ a_{21} & a_{22} & \cdots & a_{2n} \\ \vdots & \vdots & & \vdots \\ a_{n1} & a_{n2} & \cdots & a_{nn} \end{vmatrix}$，它是方程组中未知量的系数 a_{ij} 构成的行列式，称其为线性方程组(1.4)的系数行列式.

特别的，当 $n=2$ 和 3 时，线性方程组(1.8)就是§1.1 中所介绍的二元和三元线性方程组. 由§1.1 中的结论可知，当系数行列式不为零时，方程组有唯一解. 这个结果可推广到 n 个未知量的情形，即下面的克拉默法则：

定理 1.4(克拉默法则(Cramer rule)) 若线性方程组

$$\begin{cases} a_{11}x_1+a_{12}x_2+\cdots+a_{1n}x_n=b_1, \\ a_{21}x_1+a_{22}x_2+\cdots+a_{2n}x_n=b_2, \\ \cdots\cdots\cdots\cdots\cdots\cdots \\ a_{n1}x_1+a_{n2}x_2+\cdots+a_{nn}x_n=b_n \end{cases}$$

的系数行列式 $D\neq 0$，则方程组有唯一解 $x_1=\dfrac{D_1}{D}, x_2=\dfrac{D_2}{D}, \cdots, x_n=\dfrac{D_n}{D}$，其中 D_j $(j=1,2,\cdots,n)$ 是将系数行列式 D 中第 j 列元素 $a_{1j}, a_{2j}, \cdots, a_{nj}$ 分别替换为方程组的常数项 $b_1, b_2, \cdots, b_n$，而其余各列不变所得到的行列式.

该法则包含着两个结论：方程组有解；方程组的解唯一.因此证明的步骤分两步：

第一步：将 $\dfrac{D_1}{D}, \dfrac{D_2}{D}, \cdots, \dfrac{D_n}{D}$ 代入方程组，验证是解；

第二步：若方程组有解，必为 $x_1=\dfrac{D_1}{D}, x_2=\dfrac{D_2}{D}, \cdots, x_n=\dfrac{D_n}{D}$，从而解是唯一的.

证 首先根据行列式按列展开定理，将 D_1 按第 1 列展开，D_2 按第 2 列展开，$\cdots$，D_n 按第 n 列展开，可得

$$\begin{cases}D_1=b_1A_{11}+b_2A_{21}+\cdots+b_nA_{n1},\\ D_2=b_1A_{12}+b_2A_{22}+\cdots+b_nA_{n2},\\ \cdots\cdots\cdots\cdots\cdots\cdots\cdots\cdots\cdots\cdots\\ D_n=b_1A_{1n}+b_2A_{2n}+\cdots+b_nA_{nn}.\end{cases}$$

再将 $x_1=\frac{D_1}{D},x_2=\frac{D_2}{D},\cdots,x_n=\frac{D_n}{D}$代入方程组的第 i 个方程,得

$$\begin{aligned}\text{左端}&=a_{i1}\frac{D_1}{D}+a_{i2}\frac{D_2}{D}+\cdots+a_{in}\frac{D_n}{D}=\frac{1}{D}(a_{i1}D_1+a_{i2}D_2+\cdots+a_{in}D_n)\\ &=\frac{1}{D}[a_{i1}(b_1A_{11}+b_2A_{21}+\cdots+b_nA_{n1})+a_{i2}(b_1A_{12}+b_2A_{22}+\cdots+b_nA_{n2})\\ &\quad+\cdots+a_{in}(b_1A_{1n}+b_2A_{2n}+\cdots+b_nA_{nn})]\\ &=\frac{1}{D}[b_1(a_{i1}A_{11}+a_{i2}A_{12}+\cdots+a_{in}A_{1n})+b_2(a_{i1}A_{21}+a_{i2}A_{22}+\cdots+a_{in}A_{2n})\\ &\quad+\cdots+b_n(a_{i1}A_{n1}+a_{i2}A_{n2}+\cdots+a_{in}A_{nn})]\\ &=\frac{1}{D}(b_1\cdot 0+b_2\cdot 0+\cdots+b_{i-1}\cdot 0+b_i\cdot D+b_{i+1}\cdot 0+\cdots+b_n\cdot 0)\\ &=\frac{1}{D}(b_i\cdot D)=b_i=\text{右端},\end{aligned}$$

其中 $i=1,2,\cdots,n$.所以 $x_1=\frac{D_1}{D},x_2=\frac{D_2}{D},\cdots,x_n=\frac{D_n}{D}$是方程组的解.

其次,我们证明方程组若有解,则必为 $x_1=\frac{D_1}{D},x_2=\frac{D_2}{D},\cdots,x_n=\frac{D_n}{D}$,即解是唯一的.设 $x_1=c_1,x_2=c_2,\cdots,x_n=c_n$ 是方程组的任意一个解,则代入方程组可得

$$\begin{cases}a_{11}c_1+a_{12}c_2+\cdots+a_{1n}c_n=b_1,\\ a_{21}c_1+a_{22}c_2+\cdots+a_{2n}c_n=b_2,\\ \cdots\cdots\cdots\cdots\cdots\cdots\cdots\cdots\cdots\cdots\\ a_{n1}c_1+a_{n2}c_2+\cdots+a_{nn}c_n=b_n.\end{cases}$$

再分别用代数余子式 $A_{1j},A_{2j},\cdots,A_{nj}$ 乘以上面 n 个恒等式的两端,可得

$$\begin{cases}a_{11}A_{1j}c_1+a_{12}A_{1j}c_2+\cdots+a_{1n}A_{1j}c_n=b_1A_{1j},\\ a_{21}A_{2j}c_1+a_{22}A_{2j}c_2+\cdots+a_{2n}A_{2j}c_n=b_2A_{2j},\\ \cdots\cdots\cdots\cdots\cdots\cdots\cdots\cdots\cdots\cdots\cdots\cdots\\ a_{n1}A_{nj}c_1+a_{n2}A_{nj}c_2+\cdots+a_{nn}A_{nj}c_n=b_nA_{nj}.\end{cases}$$

将这 n 个恒等式左右两边对应相加,并由定理 1.3 和推论 1.5,可以得到

$$0\cdot c_1+0\cdot c_2+\cdots+D\cdot c_j+\cdots+0\cdot c_n=D_j.$$

由条件 $D\neq 0$ 可知 $c_j=\frac{D_j}{D}$ $(j=1,2,\cdots,n)$. 所以方程组的解是唯一的,且为 $x_1=\frac{D_1}{D},x_2=\frac{D_2}{D},\cdots,x_n=\frac{D_n}{D}$. □

例 1.15 解线性方程组

$$\begin{cases}2x_1+x_2-5x_3+x_4=8,\\x_1-3x_2-6x_4=9,\\2x_2-x_3+2x_4=-5,\\x_1+4x_2-7x_3+6x_4=0.\end{cases}$$

解 因为系数行列式

$$D=\begin{vmatrix}2&1&-5&1\\1&-3&0&-6\\0&2&-1&2\\1&4&-7&6\end{vmatrix}=\begin{vmatrix}0&7&-5&13\\1&-3&0&-6\\0&2&-1&2\\0&7&-7&12\end{vmatrix}$$

$$=-\begin{vmatrix}7&-5&13\\2&-1&2\\7&-7&12\end{vmatrix}=-\begin{vmatrix}-3&-5&3\\0&-1&0\\-7&-7&-2\end{vmatrix}$$

$$=\begin{vmatrix}-3&3\\-7&-2\end{vmatrix}=27\neq 0.$$

由克拉默法则知方程组有唯一解,

$$D_1=\begin{vmatrix}8&1&-5&1\\9&-3&0&-6\\-5&2&-1&2\\0&4&-7&6\end{vmatrix}=81,\quad D_2=\begin{vmatrix}2&8&-5&1\\1&9&0&-6\\0&-5&-1&2\\1&0&-7&6\end{vmatrix}=-108,$$

$$D_3=\begin{vmatrix}2&1&8&1\\1&-3&9&-6\\0&2&-5&2\\1&4&0&6\end{vmatrix}=-27,\quad D_4=\begin{vmatrix}2&1&-5&8\\1&-3&0&9\\0&2&-1&-5\\1&4&-7&0\end{vmatrix}=27,$$

可得唯一解为 $x_1=\frac{D_1}{D}=3,x_2=\frac{D_2}{D}=-4,x_3=\frac{D_3}{D}=-1,x_4=\frac{D_4}{D}=1.$

注 使用克拉默法则解线性方程组时,必须满足两个条件:一是该方程组中未知量的个数与方程的个数相等;二是该方程组的系数行列式不为零.

当方程组(1.8)中的常数项都等于0时,该方程组称为齐次线性方程组.其形式为

$$\begin{cases}a_{11}x_1+a_{12}x_2+\cdots+a_{1n}x_n=0,\\a_{21}x_1+a_{22}x_2+\cdots+a_{2n}x_n=0,\\\cdots\cdots\cdots\cdots\cdots\cdots\cdots\cdots\cdots\cdots\\a_{n1}x_1+a_{n2}x_2+\cdots+a_{nn}x_n=0.\end{cases}\tag{1.9}$$

显然,齐次线性方程组总是有解的.因为 $x_1=0,x_2=0,\cdots,x_n=0$ 必定满足方程组(1.9),该组解称为零解.也就是说:齐次线性方程组必有零解.

在解 $x_1=c_1,x_2=c_2,\cdots,x_n=c_n$ 不全为零时,称这组解为方程组(1.9)的非零解.

定理 1.5 齐次线性方程组(1.9)有非零解当且仅当它的系数行列式 $D=0$.

证 *必要性* 使用反证法.若齐次线性方程组(1.9)的系数行列式 $D\neq0$,则由克拉默法则可知,齐次线性方程组(1.9)有唯一解.又齐次线性方程组必有零解,所以齐次线性方程组(1.9)的唯一解为零解.这与"齐次线性方程组(1.9)有非零解"这一已知条件矛盾,所

以齐次线性方程组(1.9)的系数行列式 $D=0$.

充分性 对齐次线性方程组(1.9)中未知量的个数 n 作数学归纳法.

当 $n=1$ 时,齐次线性方程组为 $a_{11}x_1=0$,已知其系数行列式 $D=|a_{11}|=a_{11}=0$,此时 x_1 显然可取非零值使得方程成立,从而归纳基础成立.

假设结论对 $n-1$ 元齐次线性方程组成立.下证结论对 n 元齐次线性方程组

$$\begin{cases} a_{11}x_1+a_{12}x_2+\cdots+a_{1n}x_n=0, \\ a_{21}x_1+a_{22}x_2+\cdots+a_{2n}x_n=0, \\ \cdots\cdots\cdots\cdots\cdots\cdots\cdots\cdots \\ a_{n1}x_1+a_{n2}x_2+\cdots+a_{nn}x_n=0 \end{cases}$$

也成立.

已知系数行列式

$$D=\begin{vmatrix} a_{11} & a_{12} & \cdots & a_{1n} \\ a_{21} & a_{22} & \cdots & a_{2n} \\ \vdots & \vdots & & \vdots \\ a_{n1} & a_{n2} & \cdots & a_{nn} \end{vmatrix}=0.$$

考察 D 的第一列元素 $a_{11},a_{21},\cdots,a_{n1}$。若 $a_{11}=a_{21}=\cdots=a_{n1}=0$,则 $x_1=1,x_2=0,\cdots,x_n=0$ 即为方程组的一个非零解;若 $a_{11},a_{21},\cdots,a_{n1}$ 不全为零,可调整方程组中方程的先后顺序,使得第一个方程中 x_1 的系数不为零,所以不妨设 $a_{11}\neq0$. 此时对方程组使用消元法:将第1个方程两端同乘 $-\frac{a_{i1}}{a_{11}}$ 加至第 i 个方程两端($i=2,3,\cdots,n$),得到同解方程组(1.10),即

$$\begin{cases} a_{11}x_1+a_{12}x_2+\cdots+a_{1n}x_n=0, \\ a_{21}x_1+a_{22}x_2+\cdots+a_{2n}x_n=0, \\ \cdots\cdots\cdots\cdots\cdots\cdots\cdots\cdots \\ a_{n1}x_1+a_{n2}x_2+\cdots+a_{nn}x_n=0 \end{cases}$$

$$\Rightarrow\begin{cases} a_{11}x_1+a_{12}x_2+\cdots+a_{1n}x_n=0, \\ \qquad\quad a'_{22}x_2+\cdots+a'_{2n}x_n=0, \\ \qquad\quad \cdots\cdots\cdots\cdots\cdots\cdots \\ \qquad\quad a'_{n2}x_2+\cdots+a'_{nn}x_n=0 \end{cases} \tag{1.10}$$

由行列式的性质1.5可知,此时同解方程组(1.10)的系数行列式

$$\begin{vmatrix} a_{11} & a_{12} & \cdots & a_{1n} \\ 0 & a'_{22} & \cdots & a'_{2n} \\ \vdots & \vdots & & \vdots \\ 0 & a'_{n2} & \cdots & a'_{nn} \end{vmatrix}=\begin{vmatrix} a_{11} & a_{12} & \cdots & a_{1n} \\ a_{21} & a_{22} & \cdots & a_{2n} \\ \vdots & \vdots & & \vdots \\ a_{n1} & a_{n2} & \cdots & a_{nn} \end{vmatrix}=0.$$

又

$$\begin{vmatrix} a_{11} & a_{12} & \cdots & a_{1n} \\ 0 & a'_{22} & \cdots & a'_{2n} \\ \vdots & \vdots & & \vdots \\ 0 & a'_{n2} & \cdots & a'_{nn} \end{vmatrix}=a_{11}\begin{vmatrix} a'_{22} & \cdots & a'_{2n} \\ \vdots & & \vdots \\ a'_{n2} & \cdots & a'_{nn} \end{vmatrix},$$

其中 $a_{11}\neq 0$,所以 $n-1$ 阶行列式 $\begin{vmatrix} a'_{22} & \cdots & a'_{2n} \\ \vdots & & \vdots \\ a'_{n2} & \cdots & a'_{nn} \end{vmatrix}=0$. 由归纳假设可知,齐次线性方程组 $\begin{cases} a'_{22}x_2+\cdots+a'_{2n}x_n=0, \\ \cdots\cdots\cdots\cdots\cdots\cdots \\ a'_{n2}x_2+\cdots+a'_{nn}x_n=0 \end{cases}$ 有非零解 $x_2=c_2,x_3=c_3,\cdots,x_n=c_n$,代入方程组(1.10)中可解得 $x_1=-\dfrac{1}{a_{11}}(a_{12}c_2+\cdots+a_{1n}c_n)$,可知方程组(1.10)有非零解,即方程组(1.9)有非零解,归纳法成立. □

注 在定理 1.5 充分性的证明中,使用了方程组的第三种同解变形.

(1) 交换两个方程的位置;(2) 将方程两端同乘一个非零的数;(3) 将方程两端同乘一个非零的数再加至另一个方程两端,这三种类型的变换统称为方程组的同解变形,经同解变形得到的方程组为同解方程组,我们将在第四章介绍其应用.

定理 1.5 的逆否命题如下:

推论 1.6 齐次线性方程组(1.9)只有零解当且仅当它的系数行列式 $D\neq 0$.

例 1.16 问 λ 取何值时,齐次线性方程组

$$\begin{cases} (1-\lambda)x_1-2x_2+4x_3=0, \\ 2x_1+(3-\lambda)x_2+x_3=0, \\ x_1+x_2+(1-\lambda)x_3=0 \end{cases}$$

有非零解?

解 欲使方程组有非零解,由定理 1.5 可知系数行列式必须等于零,即

$$0=\begin{vmatrix} 1-\lambda & -2 & 4 \\ 2 & 3-\lambda & 1 \\ 1 & 1 & 1-\lambda \end{vmatrix}=\begin{vmatrix} 1-\lambda & \lambda-3 & 4 \\ 2 & 1-\lambda & 1 \\ 1 & 0 & 1-\lambda \end{vmatrix}$$

$$=\begin{vmatrix} \lambda-3 & 4 \\ 1-\lambda & 1 \end{vmatrix}+(1-\lambda)\begin{vmatrix} 1-\lambda & \lambda-3 \\ 2 & 1-\lambda \end{vmatrix}=-\lambda(\lambda-2)(\lambda-3).$$

解得 $\lambda=0$ 或 $\lambda=2$ 或 $\lambda=3$.

习 题 一

(A)

1. 利用对角线法则计算下列行列式.

(1) $D=\begin{vmatrix} 1 & 2 & -4 \\ -2 & 2 & 1 \\ -3 & 4 & -2 \end{vmatrix}$; (2) $D=\begin{vmatrix} 2 & 0 & 1 \\ 1 & -4 & -1 \\ -1 & 8 & 3 \end{vmatrix}$;

(3) $D=\begin{vmatrix} a & b & c \\ b & c & a \\ c & a & b \end{vmatrix}$; (4) $D=\begin{vmatrix} 1 & 1 & 1 \\ a & b & c \\ a^2 & b^2 & c^2 \end{vmatrix}$.

2. 求下列各排列的逆序数,并给出它们的奇偶性.

(1) 134782695；　　(2) 217986354；

(3) $n(n-1)\cdots 21$；　　(4) $(2n)1(2n-1)2(2n-2)3\cdots(n+1)n$.

3. 按定义计算下列行列式.

(1) $D_n=\begin{vmatrix} 0 & 0 & \cdots & 0 & 1 \\ 0 & 0 & \cdots & 2 & 0 \\ \vdots & \vdots & & \vdots & \vdots \\ 0 & n-1 & \cdots & 0 & 0 \\ n & 0 & \cdots & 0 & 0 \end{vmatrix}$；　　(2) $D_n=\begin{vmatrix} 0 & 1 & 0 & \cdots & 0 \\ 0 & 0 & 2 & \cdots & 0 \\ \vdots & \vdots & \vdots & & \vdots \\ 0 & 0 & 0 & \cdots & n-1 \\ n & 0 & 0 & \cdots & 0 \end{vmatrix}$.

4. 由行列式定义计算 $f(x)=\begin{vmatrix} 2x & x & 1 & 2 \\ 1 & x & 1 & -1 \\ 3 & 2 & x & 1 \\ 1 & 1 & 1 & x \end{vmatrix}$ 中 x^4 与 x^3 的系数.

5. 利用行列式的性质计算下列行列式.

(1) $D=\begin{vmatrix} -2 & 5 & -1 & 3 \\ 1 & -9 & 13 & 7 \\ 3 & -1 & 5 & -5 \\ 2 & 8 & -7 & -10 \end{vmatrix}$；　　(2) $D=\begin{vmatrix} 1 & -1 & 2 & -3 & 1 \\ -3 & 3 & -7 & 9 & -5 \\ 2 & 0 & 4 & -2 & 1 \\ 3 & -5 & 7 & -14 & 6 \\ 4 & -4 & 10 & -10 & 2 \end{vmatrix}$；

(3) $D=\begin{vmatrix} -ab & ac & ae \\ bd & -cd & de \\ bf & cf & -ef \end{vmatrix}$；　　(4) $D=\begin{vmatrix} a & b & c & d \\ a & a+b & a+b+c & a+b+c+d \\ a & 2a+b & 3a+2b+c & 4a+3b+2c+d \\ a & 3a+b & 6a+3b+c & 10a+6b+3c+d \end{vmatrix}$.

6. 算出下列行列式的全部代数余子式.

(1) $D=\begin{vmatrix} 1 & -1 & 2 \\ 3 & 2 & 1 \\ 0 & 1 & 4 \end{vmatrix}$；　　(2) $D=\begin{vmatrix} 1 & 2 & 1 & 4 \\ 0 & -1 & 2 & 1 \\ 0 & 0 & 2 & 1 \\ 0 & 0 & 0 & 3 \end{vmatrix}$.

7. 计算下列行列式.

(1) $D=\begin{vmatrix} 246 & 427 & 327 \\ 1014 & 543 & 443 \\ -342 & 721 & 621 \end{vmatrix}$；　　(2) $D=\begin{vmatrix} x & y & x+y \\ y & x+y & x \\ x+y & x & y \end{vmatrix}$；

(3) $D=\begin{vmatrix} 1 & 2 & 3 & 4 \\ 2 & 3 & 4 & 1 \\ 3 & 4 & 1 & 2 \\ 4 & 1 & 2 & 3 \end{vmatrix}$；　　(4) $D=\begin{vmatrix} a & 1 & 0 & 0 \\ -1 & b & 1 & 0 \\ 0 & -1 & c & 1 \\ 0 & 0 & -1 & d \end{vmatrix}$；

(5) $D_n=\begin{vmatrix} a_1-b_1 & a_1-b_2 & \cdots & a_1-b_n \\ a_2-b_1 & a_2-b_2 & \cdots & a_2-b_n \\ \vdots & \vdots & & \vdots \\ a_n-b_1 & a_n-b_2 & \cdots & a_n-b_n \end{vmatrix}$; (6) $D_n=\begin{vmatrix} 1 & 2 & 2 & \cdots & 2 \\ 2 & 2 & 2 & \cdots & 2 \\ 2 & 2 & 3 & \cdots & 2 \\ \vdots & \vdots & \vdots & & \vdots \\ 2 & 2 & 2 & \cdots & n \end{vmatrix}$.

8. 证明：

(1) $\begin{vmatrix} a+b & b+c & c+a \\ a_1+b_1 & b_1+c_1 & c_1+a_1 \\ a_2+b_2 & b_2+c_2 & c_2+a_2 \end{vmatrix}=2\begin{vmatrix} a & b & c \\ a_1 & b_1 & c_1 \\ a_2 & b_2 & c_2 \end{vmatrix}$;

(2) $\begin{vmatrix} a^2 & ab & b^2 \\ 2a & a+b & 2b \\ 1 & 1 & 1 \end{vmatrix}=(a-b)^3$;

(3) $D_n=\begin{vmatrix} x & -1 & \cdots & 0 & 0 \\ 0 & x & \cdots & 0 & 0 \\ \vdots & \vdots & & \vdots & \vdots \\ 0 & 0 & \cdots & x & -1 \\ a_n & a_{n-1} & \cdots & a_2 & a_1 \end{vmatrix}=\sum_{i=1}^{n} a_i x^{n-i}$;

(4) $\begin{vmatrix} ax+by & ay+bz & az+bx \\ ay+bz & az+bx & ax+by \\ az+bx & ax+by & ay+bz \end{vmatrix}=(a^3+b^3)\begin{vmatrix} x & y & z \\ y & z & x \\ z & x & y \end{vmatrix}$;

(5) $\begin{vmatrix} 1 & 1 & 1 & 1 \\ a & b & c & d \\ a^2 & b^2 & c^2 & d^2 \\ a^4 & b^4 & c^4 & d^4 \end{vmatrix}=(a-b)(a-c)(a-d)(b-c)(b-d)(c-d)(a+b+c+d)$;

(6) $D_n=\begin{vmatrix} \cos\alpha & 1 & 0 & \cdots & 0 & 0 \\ 1 & 2\cos\alpha & 1 & \cdots & 0 & 0 \\ 0 & 1 & 2\cos\alpha & \cdots & 0 & 0 \\ \vdots & \vdots & \vdots & & \vdots & \vdots \\ 0 & 0 & 0 & \cdots & 2\cos\alpha & 1 \\ 0 & 0 & 0 & \cdots & 1 & 2\cos\alpha \end{vmatrix}=\cos n\alpha$;

(7) $D_n=\begin{vmatrix} 1+a_1 & 1 & 1 & \cdots & 1 & 1 \\ 1 & 1+a_2 & 1 & \cdots & 1 & 1 \\ 1 & 1 & 1+a_3 & \cdots & 1 & 1 \\ \vdots & \vdots & \vdots & & \vdots & \vdots \\ 1 & 1 & 1 & \cdots & 1+a_{n-1} & 1 \\ 1 & 1 & 1 & \cdots & 1 & 1+a_n \end{vmatrix}=a_1a_2\cdots a_n\left(1+\sum_{i=1}^{n}\frac{1}{a_i}\right)$

(其中 $a_i\neq 0$)；

(8) $D_{2n}=\begin{vmatrix} a & & & & & & & b \\ & a & & & & & b & \\ & & \ddots & & & \iddots & & \\ & & & a & b & & & \\ & & & c & d & & & \\ & & \iddots & & & \ddots & & \\ & c & & & & & d & \\ c & & & & & & & d \end{vmatrix}=(ad-bc)^n$.

(B)

1. 行列式 $\begin{vmatrix} k-1 & 2 \\ 2 & k-1 \end{vmatrix}\neq 0$ 的充要条件是(　　).

A. $k\neq -1$　　B. $k\neq 3$　　C. $k\neq -1$ 且 $k\neq 3$　　D. $k\neq -1$ 或 $k\neq 3$

2. 下列排列是5级偶排列的是(　　).

A. 24351　　B. 14325　　C. 41523　　D. 24315

3. 如果 n 级排列 $j_1j_2\cdots j_n$ 的逆序数是 k，则排列 $j_n\cdots j_2j_1$ 的逆序数是(　　).

A. k　　B. $n-k$　　C. $\frac{n!}{2}-k$　　D. $\frac{n(n-1)}{2}-k$

4. n 阶行列式 $\begin{vmatrix} a_{11} & a_{12} & \cdots & a_{1n} \\ a_{21} & a_{22} & \cdots & a_{2n} \\ \vdots & \vdots & & \vdots \\ a_{n1} & a_{n2} & \cdots & a_{nn} \end{vmatrix}$ 的展开式中含 $a_{n1}a_{n3}$ 的项共有(　　)项.

A. 0　　B. $n-2$　　C. $(n-2)!$　　D. $(n-1)!$

5. 多项式 $f(x)=\begin{vmatrix} x & 1 & 1 & 1 \\ 1 & 2x & 3 & 4 \\ 1 & 3 & -x & 1 \\ 1 & 4 & x & 3x \end{vmatrix}$ 中 x^4，x^3 的系数和常数项分别为(　　).

A. $-6,2,-6$　　B. $-6,-2,6$　　C. $-6,2,6$　　D. $-6,-2,-6$

6. n 阶行列式 $D_n=\begin{vmatrix} 1 & -1 & -1 & \cdots & -1 & -1 \\ 1 & 1 & -1 & \cdots & -1 & -1 \\ \vdots & \vdots & \vdots & & \vdots & \vdots \\ 1 & 1 & 1 & \cdots & 1 & -1 \\ 1 & 1 & 1 & \cdots & 1 & 1 \end{vmatrix}$ 按行列式的定义展开后，其展开式中的正项总数为(　　)项.

A. $n!$　　B. $\frac{n!}{2}$　　C. 2^{n-1}　　D. $\frac{2^{n-1}+n!}{2}$

7. 若 α,β,γ 是方程 $x^3+px+q=0$ 的根，则行列式 $\begin{vmatrix} \alpha & \beta & \gamma \\ \gamma & \alpha & \beta \\ \beta & \gamma & \alpha \end{vmatrix}=$(　　).

A. 5　　B. 1　　C. 0　　D. 3

8. 行列式$\begin{vmatrix} 0 & x & y & z \\ x & 0 & y & z \\ y & z & 0 & x \\ z & y & x & 0 \end{vmatrix}=(\quad)$.

A. $x^2-x^2y^2-x^2z^2-2xy^2z^2$　　B. $x^4-x^2y^2-x^2z^2-2x^2yz$

C. $z^4-x^2y^2-y^2z^2-2xyz^2$　　D. $y^4-2x^2y^2-x^2z^2-xyz^2$

9. 行列式$\begin{vmatrix} 0 & 2 & 3 & -7 & 16 \\ -2 & 0 & 5 & -4 & 9 \\ -3 & -5 & 0 & 3 & 6 \\ 7 & 4 & -3 & 0 & 8 \\ -16 & -9 & -6 & -8 & 0 \end{vmatrix}=(\quad)$.

A. 0　　B. 1　　C. 2　　D. 3

10. 行列式$\begin{vmatrix} 1 & 2 & 3 & 4 \\ -2 & 1 & -4 & 3 \\ 3 & -4 & -1 & 2 \\ 4 & 3 & -2 & -1 \end{vmatrix}=(\quad)$.

A. 600　　B. 700　　C. 800　　D. 900

11. 若$abcd=1$,则行列式$\begin{vmatrix} a^2+\frac{1}{a^2} & a & 1 & \frac{1}{a} \\ b^2+\frac{1}{b^2} & b & 1 & \frac{1}{b} \\ c^2+\frac{1}{c^2} & c & 1 & \frac{1}{c} \\ d^2+\frac{1}{d^2} & d & 1 & \frac{1}{d} \end{vmatrix}=(\quad)$.

A. -1　　B. 0　　C. 1　　D. 2

12. 若$D=\begin{vmatrix} a_{11} & a_{12} & a_{13} \\ a_{21} & a_{22} & a_{23} \\ a_{31} & a_{32} & a_{33} \end{vmatrix}=\frac{1}{2}$,则行列式$D_1=\begin{vmatrix} 2a_{11} & a_{13} & a_{11}-2a_{12} \\ 2a_{21} & a_{23} & a_{21}-2a_{22} \\ 2a_{31} & a_{33} & a_{31}-2a_{32} \end{vmatrix}=(\quad)$.

A. 4　　B. -4　　C. 2　　D. -2

13. 若$\begin{vmatrix} a_{11} & a_{12} \\ a_{21} & a_{22} \end{vmatrix}=a$,则行列式$\begin{vmatrix} a_{12} & ka_{22} \\ a_{11} & ka_{21} \end{vmatrix}=(\quad)$.

A. ka　　B. $-ka$　　C. k^2a　　D. $-k^2a$

14. 行列式$\begin{vmatrix} a_1 & 0 & 0 & b_1 \\ 0 & a_2 & b_2 & 0 \\ 0 & b_3 & a_3 & 0 \\ b_4 & 0 & 0 & a_4 \end{vmatrix}=(\quad)$.

A. $a_1a_2a_3a_4-b_1b_2b_3b_4$　　B. $a_1a_2a_3a_4+b_1b_2b_3b_4$

C. $(a_1a_2-b_1b_2)(a_3a_4-b_3b_4)$　　D. $(a_2a_3-b_2b_3)(a_1a_4-b_1b_4)$

15. 行列式$\begin{vmatrix} 1 & 1 & 1 & 1 \\ 2 & 1 & 1 & -3 \\ 1 & 2 & 2 & 5 \\ 4 & 3 & 2 & 1 \end{vmatrix}=$(　　).

A. 1　　B. 2　　C. 3　　D. 4

16. 已知4阶行列式中第1行元素依次是$-4,0,1,3$，第3行元素的余子式依次为$-2,5,1,x$，则$x=$(　　).

A. 0　　B. -3　　C. 3　　D. 2

17. 若行列式$D=\begin{vmatrix} 3 & 0 & 4 & 0 \\ 2 & 2 & 2 & 2 \\ 0 & -7 & 0 & 0 \\ 5 & 3 & -2 & 2 \end{vmatrix}$,则$D$中第四行元素的余子式之和为(　　).

A. 0　　B. 14　　C. 28　　D. -28

18. 若行列式$D=\begin{vmatrix} a_1 & a_2 & a_3 & p \\ b_1 & b_2 & b_3 & p \\ c_1 & c_2 & c_3 & p \\ d_1 & d_2 & d_3 & p \end{vmatrix}$,则$D$中第一列元素的代数余子式之和为(　　)

.

A. 0　　B. -1　　C. 2　　D. -2

19. 线性方程组$\begin{cases} x_1+a_1x_2+a_1^2x_3+\cdots+a_1^{n-1}x_n=1, \\ x_1+a_2x_2+a_2^2x_3+\cdots+a_2^{n-1}x_n=1, \\ \cdots\cdots \\ x_1+a_nx_2+a_n^2x_3+\cdots+a_n^{n-1}x_n=1 \end{cases}$的解为(　　).

A. $x_1=\cdots=x_{n-1}=1,x_n=-1$　　B. $x_1=x_2=\cdots=x_n=0$

C. $x_1=1,x_2=2,\cdots,x_n=n$　　D. $x_1=1,x_2=\cdots=x_n=0$

20. 若齐次线性方程组$\begin{cases} kx_1+x_2+x_3=0, \\ x_1+kx_2-x_3=0, \\ 2x_1-x_2+x_3=0 \end{cases}$仅有零解,则(　　).

A. $k\neq4$或$k\neq-1$　　B. $k\neq-4$或$k\neq1$

C. $k\neq4$且$k\neq-1$　　D. $k\neq-4$且$k\neq1$

第二章 矩阵

本章数字资源

矩阵是线性代数的另一个重要概念，在数学、物理学、工程技术、计算机科学技术和经济领域中有着广泛的应用，它是研究和解决实际问题不可或缺的数学工具之一．本章将主要介绍矩阵的概念、矩阵的运算、矩阵的秩及矩阵的初等变换等内容．

§2.1 矩阵的概念与运算

一、矩阵的概念

引例 2.1 近日，绿色和平组织发布了近三年来全年中国各省PM2.5(大气中直径小于或等于 2.5 微米的颗粒物)平均浓度(单位：微克/立方米)的排名，现选择部分省份的具体浓度如表 2.1 所示.

表 2.1

省份 \ 浓度 \ 年份	2015	2016	2017
北京	80	72	57
上海	54	46	39
湖北	66	56	53
云南	28	26	25

这个排成 4 行 3 列的矩形数表

$$\begin{bmatrix} 80 & 72 & 57 \\ 54 & 46 & 39 \\ 66 & 56 & 53 \\ 28 & 26 & 25 \end{bmatrix}$$

具体描述了四个省份三年的 PM2.5 平均浓度，这同时也揭示了平均浓度的变化率等情况

引例 2.2 某企业要将某种型号的共享单车从甲，乙，丙三个产地销往四个城市 A,B,C,D，从三个产地调往四个城市的单车数量(单位：万台)如表 2.2 所示.

表 2.2

数量 销地 / 产地	A	B	C	D
甲	a_{11}	a_{12}	a_{13}	a_{14}
乙	a_{21}	a_{22}	a_{23}	a_{24}
丙	a_{31}	a_{32}	a_{33}	a_{34}

表 2.2 的数据抽取出来可简单地写成如下数表

$$\begin{bmatrix} a_{11} & a_{12} & a_{13} & a_{14} \\ a_{21} & a_{22} & a_{23} & a_{24} \\ a_{31} & a_{32} & a_{33} & a_{34} \end{bmatrix}.$$

引例 2.3 设有线性方程组

$$\begin{cases} x_1+2x_2+3x_3=1, \\ 2x_1+2x_2+5x_3=2, \\ 3x_1+5x_2+x_3=3, \end{cases}$$

则这个方程组的未知量系数和常数项按方程的顺序组成一个 3 行 4 列的矩形表如下：

$$\begin{bmatrix} 1 & 2 & 3 & 1 \\ 2 & 2 & 5 & 2 \\ 3 & 5 & 1 & 3 \end{bmatrix}.$$

定义 2.1 由 $m\times n$ 个数 $a_{ij}(i=1,2,\cdots,m;j=1,2,\cdots,n)$ 排成的 m 行 n 列的矩形表，称为 m 行 n 列矩阵，简称为 $m\times n$ **矩阵**(matrix)，记作

$$\boldsymbol{A}=\begin{bmatrix} a_{11} & a_{12} & \cdots & a_{1n} \\ a_{21} & a_{22} & \cdots & a_{2n} \\ \vdots & \vdots & & \vdots \\ a_{m1} & a_{m2} & \cdots & a_{mn} \end{bmatrix}, \quad 或 \quad \boldsymbol{A}=\begin{pmatrix} a_{11} & a_{12} & \cdots & a_{1n} \\ a_{21} & a_{22} & \cdots & a_{2n} \\ \vdots & \vdots & & \vdots \\ a_{m1} & a_{m2} & \cdots & a_{mn} \end{pmatrix}.$$

其中 $m\times n$ 个数 $a_{ij}(i=1,2,\cdots,m;j=1,2,\cdots,n)$ 称为矩阵 $\boldsymbol{A}$ 的元素，a_{ij} 称为矩阵 $\boldsymbol{A}$ 的第 i 行第 j 列元素．一般情形下，用大写黑体字母 $\boldsymbol{A},\boldsymbol{B},\boldsymbol{C},\cdots$ 表示矩阵．为了标明矩阵的行数 m 和列数 n，可用 $\boldsymbol{A}_{m\times n}$ 表示，或记为 $\boldsymbol{A}=(a_{ij})_{m\times n}$.

行数与列数都等于 n 的矩阵称为 n **阶矩阵**或 n **阶方阵**．一阶矩阵 (a) 就是数 a，即 $(a)=a$.

只有一行的矩阵 $\boldsymbol{A}=(a_1,a_2,\cdots,a_n)$ 称为**行矩阵**或**行向量**.

只有一列的矩阵 $\boldsymbol{B}=\begin{bmatrix} b_1 \\ b_2 \\ \vdots \\ b_n \end{bmatrix}$ 称为**列矩阵**或**列向量**.

元素都是零的矩阵称为**零矩阵**，记为 $\boldsymbol{O}$.

两个矩阵的行数和列数分别都相等时，称它们是**同型矩阵**(homotypic matrix).

定义 2.2 若$\boldsymbol{A}=(a_{ij})_{m\times n}$与$\boldsymbol{B}=(b_{ij})_{m\times n}$是同型矩阵,且它们对应的元素相等,即$a_{ij}=b_{ij}(i=1,2,\cdots,m;j=1,2,\cdots,n)$,则称矩阵$\boldsymbol{A}$与矩阵$\boldsymbol{B}$**相等**,记作$\boldsymbol{A}=\boldsymbol{B}$.

注 矩阵与行列式是两个完全不同的概念:n阶行列式是一个数;$m\times n$矩阵$\boldsymbol{A}$不是一个数,而是由$m\times n$个元素按一定的顺序排成的矩形表.

二、矩阵的运算

1. 矩阵的加法运算

设

$$\boldsymbol{A}=\begin{bmatrix}1&0&3&2\\4&1&0&2\\0&1&2&1\end{bmatrix},\quad \boldsymbol{B}=\begin{bmatrix}2&1&0&1\\0&1&3&2\\1&4&1&1\end{bmatrix}$$

分别表示某企业的三个产地向四个销地某年第一季度和第二季度完成的共享单车调运表,求该企业上半年完成的单车调运表.显然,我们只需要把对应位置上元素相加就可以,即

$$\boldsymbol{C}=\begin{bmatrix}1+2&0+1&3+0&2+1\\4+0&1+1&0+3&2+2\\0+1&1+4&2+1&1+1\end{bmatrix}=\begin{bmatrix}3&1&3&3\\4&2&3&4\\1&5&3&2\end{bmatrix}$$

就是上半年完成的单车调运表.我们称$\boldsymbol{C}$为$\boldsymbol{A}$与$\boldsymbol{B}$的和.

定义 2.3 设有两个$m\times n$矩阵$\boldsymbol{A}=(a_{ij})$和$\boldsymbol{B}=(b_{ij})$,那么矩阵$\boldsymbol{A}$与$\boldsymbol{B}$的和记作$\boldsymbol{A}+\boldsymbol{B}$,规定

$$\boldsymbol{A}+\boldsymbol{B}=\begin{bmatrix}a_{11}+b_{11}&a_{12}+b_{12}&\cdots&a_{1n}+b_{1n}\\a_{21}+b_{21}&a_{22}+b_{22}&\cdots&a_{2n}+b_{2n}\\\vdots&\vdots&&\vdots\\a_{m1}+b_{m1}&a_{m2}+b_{m2}&\cdots&a_{mn}+b_{mn}\end{bmatrix}.$$

注 相加的矩阵必须是同型矩阵.

矩阵$\begin{bmatrix}-a_{11}&-a_{12}&\cdots&-a_{1n}\\-a_{21}&-a_{22}&\cdots&-a_{2n}\\\vdots&\vdots&&\vdots\\-a_{m1}&-a_{m2}&\cdots&-a_{mn}\end{bmatrix}$称为$\boldsymbol{A}$的**负矩阵**,记作$-\boldsymbol{A}$.

利用负矩阵可定义两个矩阵的减法为:$\boldsymbol{A}-\boldsymbol{B}=\boldsymbol{A}+(-\boldsymbol{B})$.

显然,若$\boldsymbol{A}=\boldsymbol{B}$,则$\boldsymbol{A}-\boldsymbol{B}=\boldsymbol{O}$,反之也真,即矩阵像实数一样可以进行移项处理.

不难验证,矩阵加法满足以下运算规律(设$\boldsymbol{A},\boldsymbol{B},\boldsymbol{C},\boldsymbol{O}$都是$m\times n$矩阵):

(1) 交换律:$\boldsymbol{A}+\boldsymbol{B}=\boldsymbol{B}+\boldsymbol{A}$;

(2) 结合律:$\boldsymbol{A}+(\boldsymbol{B}+\boldsymbol{C})=(\boldsymbol{A}+\boldsymbol{B})+\boldsymbol{C}$;

(3) $\boldsymbol{A}+\boldsymbol{O}=\boldsymbol{A}$;

(4) $\boldsymbol{A}+(-\boldsymbol{A})=\boldsymbol{O}$.

2. 矩阵的数乘运算

若引例 2.1 中的浓度值收集有误差,现要求对

$$A=\begin{bmatrix}80&72&57\\54&46&39\\66&56&53\\28&26&25\end{bmatrix}$$

中全部浓度值剔除其1%来进行微调(保留小数点后一位).

显然,只需要对 A 中的每一元素乘以 0.99 就可以了,即

$$\begin{bmatrix}80\times0.99&72\times0.99&57\times0.99\\54\times0.99&46\times0.99&39\times0.99\\66\times0.99&56\times0.99&53\times0.99\\28\times0.99&26\times0.99&25\times0.99\end{bmatrix}=\begin{bmatrix}79.2&71.3&56.4\\53.5&45.5&38.6\\65.3&55.4&52.5\\27.7&25.7&24.8\end{bmatrix},$$

我们称这个矩阵为 0.99 与矩阵 A 的乘积.

定义 2.4 数 λ 与矩阵 $A=(a_{ij})_{m\times n}$ 的**乘积**记作 λA 或 $A\lambda$,规定

$$\lambda A=\begin{bmatrix}\lambda a_{11}&\cdots&\lambda a_{1n}\\\vdots&&\vdots\\\lambda a_{m1}&\cdots&\lambda a_{mn}\end{bmatrix}.$$

注 数与矩阵的乘法和数与行列式的乘法是不同的.

不难验证,数乘矩阵满足以下运算规律(设 A,B 是 $m\times n$ 矩阵,λ,μ 为常数):

(1) 结合律:$(\lambda\mu)A=\lambda(\mu A)$;

(2) 分配律:$(\lambda+\mu)A=\lambda A+\mu A$,$\lambda(A+B)=\lambda A+\lambda B$.

例 2.1 已知 $A=\begin{bmatrix}2&1&-1\\-3&-1&1\end{bmatrix}$,$B=\begin{bmatrix}-4&3&-3\\1&-1&-3\end{bmatrix}$且 $A-2X=B$,求 X.

解 $X=\frac{1}{2}(A-B)=\frac{1}{2}\begin{bmatrix}6&-2&2\\-4&0&4\end{bmatrix}=\begin{bmatrix}3&-1&1\\-2&0&2\end{bmatrix}$.

注 矩阵的加减法运算与矩阵的数乘运算统称为矩阵的线性运算.

3. 矩阵与矩阵相乘

某地区有 2 个工厂Ⅰ和Ⅱ,生产甲、乙、丙 3 种产品,矩阵 A 表示一年中各工厂生产各种产品的数量,矩阵 B 表示各种产品的单位价格(元)及单位利润(元),矩阵 C 表示各工厂的总收入及总利润.

$$A=\begin{bmatrix}a_{11}&a_{12}&a_{13}\\a_{21}&a_{22}&a_{23}\end{bmatrix}\begin{matrix}\text{Ⅰ}\\\text{Ⅱ}\end{matrix},\quad(\text{列: 甲 乙 丙})$$

$$B=\begin{bmatrix}b_{11}&b_{12}\\b_{21}&b_{22}\\b_{31}&b_{32}\end{bmatrix}\begin{matrix}\text{甲}\\\text{乙}\\\text{丙}\end{matrix},\qquad C=\begin{bmatrix}c_{11}&c_{12}\\c_{21}&c_{22}\end{bmatrix}\begin{matrix}\text{Ⅰ}\\\text{Ⅱ}\end{matrix},$$

(B 的列:单位价格、单位利润;C 的列:总收入、总利润)

其中 $a_{ik}(i=1,2;k=1,2,3)$是第 i 个工厂生产第 k 种产品的数量,b_{k1}及 b_{k2}分别是第 k 种产品的单位价格及单位利润,c_{i1}及 c_{i2}分别是第 i 个工厂生产 3 种产品的总收入及总利润.

则 A,B,C 的元素之间有下列关系:

$$C=\begin{bmatrix}c_{11} & c_{12}\\ c_{21} & c_{22}\end{bmatrix}=\begin{bmatrix}a_{11}b_{11}+a_{12}b_{21}+a_{13}b_{31} & a_{11}b_{12}+a_{12}b_{22}+a_{13}b_{32}\\ a_{21}b_{11}+a_{22}b_{21}+a_{23}b_{31} & a_{21}b_{12}+a_{22}b_{22}+a_{23}b_{32}\end{bmatrix}$$

其中 $c_{ij}=a_{i1}b_{1j}+a_{i2}b_{2j}+a_{i3}b_{3j}=\sum\limits_{k=1}^{3}a_{ik}b_{kj}(i=1,2;j=1,2)$.

即矩阵 $\boldsymbol{C}$ 中第 i 行第 j 列的元素等于矩阵 $\boldsymbol{A}$ 的第 i 行元素与矩阵 $\boldsymbol{B}$ 的第 j 列对应元素乘积之和.

我们将上面例题中矩阵之间的这种关系定义为矩阵的乘法.

定义 2.5 设矩阵 $\boldsymbol{A}=(a_{ij})_{m\times s}$,$\boldsymbol{B}=(b_{ij})_{s\times n}$,则矩阵 $\boldsymbol{A}$ 与 $\boldsymbol{B}$ 的**乘积**为一个 $m\times n$ 的矩阵 $\boldsymbol{C}=(c_{ij})_{m\times n}$,其中元素

$$c_{ij}=a_{i1}b_{1j}+a_{i2}b_{2j}+\cdots+a_{is}b_{sj}=\sum_{k=1}^{s}a_{ik}b_{kj}\quad(i=1,2,\cdots,m;j=1,2,\cdots,n),$$

并把乘积记为 $\boldsymbol{C}=\boldsymbol{AB}$.

乘积矩阵 $\boldsymbol{C}=\boldsymbol{AB}$ 的第 i 行第 j 列元素 c_{ij} 等于矩阵 $\boldsymbol{A}$(左矩阵)的第 i 行元素与矩阵 $\boldsymbol{B}$(右矩阵)的第 j 列对应元素乘积之和.

注 只有当第一个矩阵(左矩阵)的列数与第二个矩阵(右矩阵)的行数相等时,两个矩阵才能相乘,否则没有意义,且 $\boldsymbol{AB}$ 的行数等于 $\boldsymbol{A}$ 的行数,$\boldsymbol{AB}$ 的列数等于 $\boldsymbol{B}$ 的列数.

例 2.2 设 $\boldsymbol{A}=\begin{bmatrix}1 & 0\\ -1 & 1\\ 0 & 5\end{bmatrix}$,$\boldsymbol{B}=\begin{bmatrix}0 & 3 & 4\\ 1 & 2 & 1\end{bmatrix}$,求 $\boldsymbol{AB}$.

解
$$\boldsymbol{AB}=\begin{bmatrix}1 & 0\\ -1 & 1\\ 0 & 5\end{bmatrix}\begin{bmatrix}0 & 3 & 4\\ 1 & 2 & 1\end{bmatrix}=\begin{bmatrix}1\times0+0\times1 & 1\times3+0\times2 & 1\times4+0\times1\\ (-1)\times0+1\times1 & (-1)\times3+1\times2 & (-1)\times4+1\times1\\ 0\times0+5\times1 & 0\times3+5\times2 & 0\times4+5\times1\end{bmatrix}$$
$$=\begin{bmatrix}0 & 3 & 4\\ 1 & -1 & -3\\ 5 & 10 & 5\end{bmatrix}.$$

例 2.3 证明线性方程组
$$\begin{cases}a_{11}x_1+a_{12}x_2+\cdots+a_{1n}x_n=b_1,\\ a_{21}x_1+a_{22}x_2+\cdots+a_{2n}x_n=b_2,\\ \cdots\cdots\cdots\cdots\cdots\cdots\cdots\cdots\\ a_{m1}x_1+a_{m2}x_2+\cdots+a_{mn}x_n=b_m\end{cases}$$

可以表示成 $\boldsymbol{Ax}=\boldsymbol{b}$ 的矩阵方程形式,其中 $\boldsymbol{A}=\begin{bmatrix}a_{11} & a_{12} & \cdots & a_{1n}\\ a_{21} & a_{22} & \cdots & a_{2n}\\ \vdots & \vdots & & \vdots\\ a_{m1} & a_{m2} & \cdots & a_{mn}\end{bmatrix}$ 是线性方程组的系数矩阵,而 $\boldsymbol{x}=\begin{bmatrix}x_1\\ x_2\\ \vdots\\ x_n\end{bmatrix}$,$\boldsymbol{b}=\begin{bmatrix}b_1\\ b_2\\ \vdots\\ b_m\end{bmatrix}$ 分别是未知量与常数项所构成的 $n\times1$ 与 $m\times1$ 矩阵.

证 由于 $\boldsymbol{Ax}=\begin{bmatrix} a_{11} & a_{12} & \cdots & a_{1n} \\ a_{21} & a_{22} & \cdots & a_{2n} \\ \vdots & \vdots & & \vdots \\ a_{m1} & a_{m2} & \cdots & a_{mn} \end{bmatrix}\begin{bmatrix} x_1 \\ x_2 \\ \vdots \\ x_n \end{bmatrix}=\begin{bmatrix} a_{11}x_1+a_{12}x_2+\cdots+a_{1n}x_n \\ a_{21}x_1+a_{22}x_2+\cdots+a_{2n}x_n \\ \vdots \\ a_{m1}x_1+a_{m2}x_2+\cdots+a_{mn}x_n \end{bmatrix}$.

又由原方程组的各个方程和矩阵相等的定义可知 $\boldsymbol{Ax}=\boldsymbol{b}$.

例 2.4 设 $\boldsymbol{A}=\begin{bmatrix} 0 & 0 & 0 \\ 0 & 0 & 0 \\ 0 & 0 & 1 \end{bmatrix}$, $\boldsymbol{B}=\begin{bmatrix} 0 & 0 & 1 \\ 0 & 0 & 0 \\ 0 & 0 & 0 \end{bmatrix}$,求 $\boldsymbol{AB}$ 与 $\boldsymbol{BA}$.

解 $\boldsymbol{AB}=\begin{bmatrix} 0 & 0 & 0 \\ 0 & 0 & 0 \\ 0 & 0 & 1 \end{bmatrix}\begin{bmatrix} 0 & 0 & 1 \\ 0 & 0 & 0 \\ 0 & 0 & 0 \end{bmatrix}=\begin{bmatrix} 0 & 0 & 0 \\ 0 & 0 & 0 \\ 0 & 0 & 0 \end{bmatrix}$;

$\boldsymbol{BA}=\begin{bmatrix} 0 & 0 & 1 \\ 0 & 0 & 0 \\ 0 & 0 & 0 \end{bmatrix}\begin{bmatrix} 0 & 0 & 0 \\ 0 & 0 & 0 \\ 0 & 0 & 1 \end{bmatrix}=\begin{bmatrix} 0 & 0 & 1 \\ 0 & 0 & 0 \\ 0 & 0 & 0 \end{bmatrix}$.

注 (1) 矩阵乘法**不满足交换律**,即一般说来,

$$\boldsymbol{AB}\neq\boldsymbol{BA}.$$

(i) $\boldsymbol{AB}$ 有意义,但 $\boldsymbol{BA}$ 不一定有意义.

例如,$\boldsymbol{A}=\begin{bmatrix} 1 & 2 & 3 & 4 \\ 2 & -1 & 0 & 1 \\ -1 & 0 & 2 & 1 \end{bmatrix}$, $\boldsymbol{B}=\begin{bmatrix} 1 & 2 \\ 3 & 4 \\ 5 & 6 \\ 7 & 8 \end{bmatrix}$,则 $\boldsymbol{AB}$ 有意义,但 $\boldsymbol{BA}$ 无意义.

(ii) $\boldsymbol{AB}$ 与 $\boldsymbol{BA}$ 都有意义,但它们不一定是同型矩阵. 如例 2.2 中 $\boldsymbol{AB}$ 是 3×3 矩阵,而 $\boldsymbol{BA}$ 是 2×2 矩阵,所以它们不相等. 因此,在矩阵乘法 $\boldsymbol{AB}$ 中,为了强调乘法的先后顺序,我们称 $\boldsymbol{A}$ 左乘 $\boldsymbol{B}$ 或者 $\boldsymbol{B}$ 右乘 $\boldsymbol{A}$.

(iii) $\boldsymbol{A}$ 和 $\boldsymbol{B}$ 都是 n 阶方阵,$\boldsymbol{AB}$ 与 $\boldsymbol{BA}$ 都有意义,也都是 n 阶方阵,但不一定相等,如例 2.4.

(2) 两个非零矩阵的乘积可能是零矩阵,则由 $\boldsymbol{AB}=\boldsymbol{O}$ 不能够得出 $\boldsymbol{A}=\boldsymbol{O}$ 或 $\boldsymbol{B}=\boldsymbol{O}$,如例 2.4.

一般地,矩阵乘法**不满足消去律**,即由 $\boldsymbol{AC}=\boldsymbol{BC}$ 不一定有 $\boldsymbol{A}=\boldsymbol{B}$ 或由 $\boldsymbol{AB}=\boldsymbol{AC}$ 不一定有 $\boldsymbol{B}=\boldsymbol{C}$.

例如,设 $\boldsymbol{A}=\begin{bmatrix} 1 & 0 \\ 0 & 0 \end{bmatrix}$, $\boldsymbol{B}=\begin{bmatrix} 0 & 0 \\ 1 & 0 \end{bmatrix}$, $\boldsymbol{C}=\begin{bmatrix} 0 & 0 \\ 0 & 1 \end{bmatrix}$,则 $\boldsymbol{AB}=\boldsymbol{AC}=\boldsymbol{BC}=\begin{bmatrix} 0 & 0 \\ 0 & 0 \end{bmatrix}$,但 $\boldsymbol{A}\neq\boldsymbol{B}$, $\boldsymbol{B}\neq\boldsymbol{C}$.

因此,矩阵的乘法与通常数的乘法有很多差异,大家要注意其中的区别.

虽然矩阵的乘法不满足交换律和消去律,但是矩阵乘法还是满足结合律和分配律的(假设下列运算是可行的):

(1) 结合律:$(\boldsymbol{AB})\boldsymbol{C}=\boldsymbol{A}(\boldsymbol{BC})$;

(2) 分配律:$\boldsymbol{A}(\boldsymbol{B}+\boldsymbol{C})=\boldsymbol{AB}+\boldsymbol{AC}$;$(\boldsymbol{B}+\boldsymbol{C})\boldsymbol{A}=\boldsymbol{BA}+\boldsymbol{CA}$;

(3) $\lambda(\boldsymbol{AB})=(\lambda\boldsymbol{A})\boldsymbol{B}=\boldsymbol{A}(\lambda\boldsymbol{B})$(其中 λ 是一个常数).

4. 矩阵的转置

定义 2.6　将 $m\times n$ 矩阵 $\boldsymbol{A}$ 的行列互换所得到的新矩阵,叫作 $\boldsymbol{A}$ 的**转置矩阵**(简称 $\boldsymbol{A}$ 的**转置**)(matrix transpose),记作 $\boldsymbol{A}^{\mathrm{T}}$ 或 $\boldsymbol{A}'$. 即

$$\boldsymbol{A}=\begin{bmatrix} a_{11} & a_{12} & \cdots & a_{1n} \\ a_{21} & a_{22} & \cdots & a_{2n} \\ \vdots & \vdots & & \vdots \\ a_{m1} & a_{m2} & \cdots & a_{mn} \end{bmatrix},$$

则

$$\boldsymbol{A}^{\mathrm{T}}=\begin{bmatrix} a_{11} & a_{21} & \cdots & a_{m1} \\ a_{12} & a_{22} & \cdots & a_{m2} \\ \vdots & \vdots & & \vdots \\ a_{1n} & a_{2n} & \cdots & a_{mn} \end{bmatrix}.$$

矩阵的转置满足以下运算规律:

(1) $(\boldsymbol{A}^{\mathrm{T}})^{\mathrm{T}}=\boldsymbol{A}$;

(2) $(\boldsymbol{A}+\boldsymbol{B})^{\mathrm{T}}=\boldsymbol{A}^{\mathrm{T}}+\boldsymbol{B}^{\mathrm{T}}$;

(3) $(\lambda\boldsymbol{A})^{\mathrm{T}}=\lambda\boldsymbol{A}^{\mathrm{T}}$;

(4) $(\boldsymbol{AB})^{\mathrm{T}}=\boldsymbol{B}^{\mathrm{T}}\boldsymbol{A}^{\mathrm{T}}$. 更一般地，设 $\boldsymbol{A}_k(k=1,2,\cdots,m)$为 n 阶方阵,则

$$(\boldsymbol{A}_1\boldsymbol{A}_2\cdots\boldsymbol{A}_{m-1}\boldsymbol{A}_m)^{\mathrm{T}}=\boldsymbol{A}_m^{\mathrm{T}}\boldsymbol{A}_{m-1}^{\mathrm{T}}\cdots\boldsymbol{A}_2^{\mathrm{T}}\boldsymbol{A}_1^{T}.$$

(1)(2)和(3)请读者自己验证,下面证明(4).

证　设 $\boldsymbol{A}=(a_{ij})_{m\times s}$,$\boldsymbol{B}=(b_{ij})_{s\times n}$.因为 $\boldsymbol{AB}$ 是 $m\times n$ 矩阵,所以$(\boldsymbol{AB})^{\mathrm{T}}$ 是 $n\times m$ 矩阵.而 $\boldsymbol{B}^{\mathrm{T}}$ 是 $n\times s$ 矩阵,$\boldsymbol{A}^{\mathrm{T}}$ 是 $s\times m$ 矩阵,所以 $\boldsymbol{B}^{\mathrm{T}}\boldsymbol{A}^{\mathrm{T}}$ 也是 $n\times m$ 矩阵. 即$(\boldsymbol{AB})^{\mathrm{T}}$ 与 $\boldsymbol{B}^{\mathrm{T}}\boldsymbol{A}^{\mathrm{T}}$ 是同型矩阵.

下证对应位置上的元素是相等的.

由于$(\boldsymbol{AB})^{\mathrm{T}}$ 的第 j 行第 i 列的元素是矩阵 $\boldsymbol{AB}$ 的第 i 行、第 j 列的元素:

$$\sum_{k=1}^{s}a_{ik}b_{kj}=a_{i1}b_{1j}+a_{i2}b_{2j}+\cdots+a_{is}b_{sj},$$

而矩阵 $\boldsymbol{B}^{\mathrm{T}}\boldsymbol{A}^{\mathrm{T}}$ 的第 j 行、第 i 列的元素是矩阵 $\boldsymbol{B}^{\mathrm{T}}$ 的第 j 行的元素与矩阵 $\boldsymbol{A}^{\mathrm{T}}$ 的第 i 列的元素的乘积之和,即等于矩阵 $\boldsymbol{B}$ 的第 j 列的元素与矩阵 $\boldsymbol{A}$ 的第 i 行的元素的乘积之和:

$$\sum_{k=1}^{s}b_{kj}a_{ik}=b_{1j}a_{i1}+b_{2j}a_{i2}+\cdots+b_{sj}a_{is}=a_{i1}b_{1j}+a_{i2}b_{2j}+\cdots+a_{is}b_{sj}=\sum_{k=1}^{s}a_{ik}b_{kj}.$$

所以$(\boldsymbol{AB})^{\mathrm{T}}=\boldsymbol{B}^{\mathrm{T}}\boldsymbol{A}^{\mathrm{T}}$. □

例 2.5　设 $\boldsymbol{A}=(1,-1,2)$,$\boldsymbol{B}=\begin{bmatrix} 2 & -1 & 0 \\ 1 & 1 & 3 \\ 4 & 2 & 1 \end{bmatrix}$,求$(\boldsymbol{AB})^{\mathrm{T}}$.

解　因为 $\boldsymbol{AB}=(1,-1,2)\begin{bmatrix} 2 & -1 & 0 \\ 1 & 1 & 3 \\ 4 & 2 & 1 \end{bmatrix}=(9,2,-1)$,所以

$$(\boldsymbol{AB})^{\mathrm{T}}=\boldsymbol{B}^{\mathrm{T}}\boldsymbol{A}^{\mathrm{T}}=\begin{bmatrix}2&1&4\\-1&1&2\\0&3&1\end{bmatrix}\begin{bmatrix}1\\-1\\2\end{bmatrix}=\begin{bmatrix}9\\2\\-1\end{bmatrix}.$$

定义 2.7 设 $\boldsymbol{A}$ 为 n 阶方阵,若满足 $\boldsymbol{A}^{\mathrm{T}}=\boldsymbol{A}$,即 $a_{ij}=a_{ji}(i,j=1,2,\cdots,n)$,则称 $\boldsymbol{A}$ 为**对称矩阵**(symmetric matrix). 若满足 $\boldsymbol{A}^{\mathrm{T}}=-\boldsymbol{A}$,即 $a_{ij}=-a_{ji}(i,j=1,2,\cdots,n)$,则称 $\boldsymbol{A}$ 为**反对称矩阵**(antisymmetric matrix). 显然,在反对称矩阵中,主对角线上元素全为零.

对称矩阵的特点:它的元素以主对角线为对称轴对应相等.

例如,$\boldsymbol{A}=\begin{bmatrix}1&2&3&4\\2&-1&5&-6\\3&5&-2&7\\4&-6&7&-3\end{bmatrix}$是 4 阶对称矩阵,而矩阵 $\boldsymbol{B}=\begin{bmatrix}0&1&-2\\-1&0&4\\2&-4&0\end{bmatrix}$是 3 阶反对称矩阵.

5. 方阵的幂

定义 2.8 设 $\boldsymbol{A}$ 是 n 阶方阵,则称

$$\boldsymbol{A}^k=\underbrace{\boldsymbol{AA}\cdots\boldsymbol{A}}_{k\text{个}}\quad(k\text{ 为正整数})$$

为方阵 $\boldsymbol{A}$ 的 k 次幂.

由于矩阵乘法满足结合律,所以容易验证方阵的幂满足以下运算规律:

(1) $\boldsymbol{A}^k\boldsymbol{A}^l=\boldsymbol{A}^{k+l}$;

(2) $(\boldsymbol{A}^k)^l=\boldsymbol{A}^{kl}$,

其中 k,l 为任意正整数.

又由于矩阵乘法不满足交换律,所以一般情况下:

(1) $(\boldsymbol{AB})^k\neq\boldsymbol{A}^k\boldsymbol{B}^k\ (k\geqslant 2)$;

(2) $(\boldsymbol{A}+\boldsymbol{B})^2=\boldsymbol{A}^2+\boldsymbol{AB}+\boldsymbol{BA}+\boldsymbol{B}^2\neq\boldsymbol{A}^2+2\boldsymbol{AB}+\boldsymbol{B}^2$;

$(\boldsymbol{A}-\boldsymbol{B})(\boldsymbol{A}+\boldsymbol{B})=\boldsymbol{A}^2+\boldsymbol{AB}-\boldsymbol{BA}-\boldsymbol{B}^2\neq\boldsymbol{A}^2-\boldsymbol{B}^2$,

其中 $\boldsymbol{A},\boldsymbol{B}$ 都为 n 阶矩阵.

例 2.6 设 $\boldsymbol{A}=\begin{bmatrix}1&1\\-1&0\end{bmatrix}$,$\boldsymbol{B}=\begin{bmatrix}1&-1\\-1&1\end{bmatrix}$,求 $\boldsymbol{A}^2\boldsymbol{B}^2$ 和 $(\boldsymbol{AB})^2$.

解 $\boldsymbol{A}^2=\begin{bmatrix}1&1\\-1&0\end{bmatrix}\begin{bmatrix}1&1\\-1&0\end{bmatrix}=\begin{bmatrix}0&1\\-1&-1\end{bmatrix}$,$\boldsymbol{B}^2=\begin{bmatrix}1&-1\\-1&1\end{bmatrix}\begin{bmatrix}1&-1\\-1&1\end{bmatrix}=\begin{bmatrix}2&-2\\-2&2\end{bmatrix}$,

则 $\boldsymbol{A}^2\boldsymbol{B}^2=\begin{bmatrix}0&1\\-1&-1\end{bmatrix}\begin{bmatrix}2&-2\\-2&2\end{bmatrix}=\begin{bmatrix}-2&2\\0&0\end{bmatrix}$. 又由于

$$\boldsymbol{AB}=\begin{bmatrix}1&1\\-1&0\end{bmatrix}\begin{bmatrix}1&-1\\-1&1\end{bmatrix}=\begin{bmatrix}0&0\\-1&1\end{bmatrix},$$

则

$$(\boldsymbol{AB})^2=\begin{bmatrix}0&0\\-1&1\end{bmatrix}\begin{bmatrix}0&0\\-1&1\end{bmatrix}=\begin{bmatrix}0&0\\-1&1\end{bmatrix}.$$

例 2.6 表明 $\boldsymbol{A}^2\boldsymbol{B}^2\neq(\boldsymbol{AB})^2$.

§2.2　几种特殊的矩阵

一、几种特殊的矩阵

1. 单位矩阵

主对角线上的元素全为1,其余元素全为0的n阶方阵

$$\begin{bmatrix} 1 & 0 & \cdots & 0 \\ 0 & 1 & \cdots & 0 \\ \vdots & \vdots & & \vdots \\ 0 & 0 & \cdots & 1 \end{bmatrix}$$

称为n阶**单位方阵**(identity matrix),记为$\boldsymbol{I}_n$,简记为$\boldsymbol{I}$. 它对任何n阶方阵$\boldsymbol{A}$都满足

$$\boldsymbol{IA}=\boldsymbol{AI}=\boldsymbol{A}.$$

并且规定:n阶方阵$\boldsymbol{A}$的零次幂为单位矩阵$\boldsymbol{I}$,即$\boldsymbol{A}^0=\boldsymbol{I}$.

可见,n阶单位方阵$\boldsymbol{I}$在n阶方阵乘法运算中的作用类似于数1在数的乘法运算中的作用.

有了方阵幂和单位矩阵的概念,我们就可以定义方阵多项式.

设$f(x)=a_0+a_1x+a_2x^2+\cdots+a_mx^m$是$x$的多项式,$\boldsymbol{A}$是$n$阶方阵,则

$$a_0\boldsymbol{I}+a_1\boldsymbol{A}+a_2\boldsymbol{A}^2+\cdots+a_m\boldsymbol{A}^m$$

有确定意义,记为$f(\boldsymbol{A})$, 即

$$f(\boldsymbol{A})=a_0\boldsymbol{I}+a_1\boldsymbol{A}+a_2\boldsymbol{A}^2+\cdots+a_m\boldsymbol{A}^m$$

称为**方阵$\boldsymbol{A}$的多项式**(matrix polynomial).

例2.7　设$f(x)=3x^2+2x-4$,$\boldsymbol{A}=\begin{bmatrix} 1 & -1 \\ 2 & 3 \end{bmatrix}$,求$f(\boldsymbol{A})$.

解　因为$f(\boldsymbol{A})=3\boldsymbol{A}^2+2\boldsymbol{A}-4\boldsymbol{I}$,所以

$$f(\boldsymbol{A})=3\boldsymbol{A}^2+2\boldsymbol{A}-4\boldsymbol{I}=3\begin{bmatrix} -1 & -4 \\ 8 & 7 \end{bmatrix}+2\begin{bmatrix} 1 & -1 \\ 2 & 3 \end{bmatrix}-4\begin{bmatrix} 1 & 0 \\ 0 & 1 \end{bmatrix}=\begin{bmatrix} -5 & -14 \\ 28 & 23 \end{bmatrix}.$$

2. 对角矩阵

主对角线以外的元素全为零的方阵

$$\begin{bmatrix} \lambda_1 & 0 & \cdots & 0 \\ 0 & \lambda_2 & \cdots & 0 \\ \vdots & \vdots & & \vdots \\ 0 & 0 & \cdots & \lambda_n \end{bmatrix}.$$

称为**对角矩阵**(diagonal matrix),简记为$\text{diag}(\lambda_1,\lambda_2,\cdots,\lambda_n)$

对角方阵具有以下性质:

(1) 对角矩阵的转置矩阵就是自身;

(2) 两个同阶对角矩阵之和仍是对角矩阵;

(3) 对角矩阵与数的乘积仍是对角矩阵;

(4) 两个同阶对角矩阵相乘可以交换,其乘积也是对角矩阵:

$$\begin{bmatrix} d_1 & 0 & \cdots & 0 \\ 0 & d_2 & \cdots & 0 \\ \vdots & \vdots & & \vdots \\ 0 & 0 & \cdots & d_n \end{bmatrix}\begin{bmatrix} c_1 & 0 & \cdots & 0 \\ 0 & c_2 & \cdots & 0 \\ \vdots & \vdots & & \vdots \\ 0 & 0 & \cdots & c_n \end{bmatrix}=\begin{bmatrix} c_1 & 0 & \cdots & 0 \\ 0 & c_2 & \cdots & 0 \\ \vdots & \vdots & & \vdots \\ 0 & 0 & \cdots & c_n \end{bmatrix}\begin{bmatrix} d_1 & 0 & \cdots & 0 \\ 0 & d_2 & \cdots & 0 \\ \vdots & \vdots & & \vdots \\ 0 & 0 & \cdots & d_n \end{bmatrix}$$

$$=\begin{bmatrix} c_1d_1 & 0 & \cdots & 0 \\ 0 & c_2d_2 & \cdots & 0 \\ \vdots & \vdots & & \vdots \\ 0 & 0 & \cdots & c_nd_n \end{bmatrix}.$$

特别地,

$$\begin{bmatrix} \lambda_1 & 0 & \cdots & 0 \\ 0 & \lambda_2 & \cdots & 0 \\ \vdots & \vdots & & \vdots \\ 0 & 0 & \cdots & \lambda_n \end{bmatrix}^k=\begin{bmatrix} \lambda_1^k & 0 & \cdots & 0 \\ 0 & \lambda_2^k & \cdots & 0 \\ \vdots & \vdots & & \vdots \\ 0 & 0 & \cdots & \lambda_n^k \end{bmatrix}.$$

3. 三角形矩阵

形如

$$\begin{bmatrix} a_{11} & a_{12} & \cdots & a_{1n} \\ 0 & a_{22} & \cdots & a_{2n} \\ \vdots & \vdots & & \vdots \\ 0 & 0 & \cdots & a_{nn} \end{bmatrix}$$

或

$$\begin{bmatrix} a_{11} & 0 & \cdots & 0 \\ a_{21} & a_{22} & \cdots & 0 \\ \vdots & \vdots & & \vdots \\ a_{n1} & a_{n2} & \cdots & a_{nn} \end{bmatrix}$$

的 n 阶方阵,分别称为**上三角形矩阵**(upper triangular matrix)或**下三角形矩阵**(lower triangular matrix). 上三角方阵与下三角方阵统称为**三角形矩阵**(triangular matrix).

三角形矩阵具有以下性质:

(1) 数 λ 与三角形矩阵之积仍是三角形矩阵;

(2) 两个同阶上(下)三角形矩阵之和仍是上(下)三角形矩阵;

(3) 两个同阶上(下)三角形矩阵之积仍是上(下)三角形矩阵.

二、方阵的行列式

定义 2.9 由 n 阶方阵 $\boldsymbol{A}$ 的元素所构成的行列式(各元素的位置不变),称为方阵 $\boldsymbol{A}$ 的**行列式**(matrix determinant),记为 $|\boldsymbol{A}|$ 或 $\det\boldsymbol{A}$.

方阵行列式的性质 设 $\boldsymbol{A}$、$\boldsymbol{B}$、$\boldsymbol{A}_k$ $(k=1,2\cdots,m)$ 为 n 阶方阵,λ 为实数,有

(1) $|\boldsymbol{A}^{\mathrm{T}}|=|\boldsymbol{A}|$;

(2) $|\lambda\boldsymbol{A}|=\lambda^n|\boldsymbol{A}|$;

(3) $|\boldsymbol{AB}|=|\boldsymbol{A}||\boldsymbol{B}|$. 更一般地,有 $|\boldsymbol{A}_1\boldsymbol{A}_2\cdots\boldsymbol{A}_m|=|\boldsymbol{A}_1||\boldsymbol{A}_2|\cdots|\boldsymbol{A}_m|$.

由(3)知,对 n 阶方阵 $\boldsymbol{A},\boldsymbol{B}$,一般情况下 $\boldsymbol{AB}\neq\boldsymbol{BA}$,但总有 $|\boldsymbol{AB}|=|\boldsymbol{BA}|$.

例 2.8 设 $\boldsymbol{A}=\begin{bmatrix}1&2\\3&4\end{bmatrix},\boldsymbol{B}=\begin{bmatrix}3&4\\5&6\end{bmatrix}$,求 $|\boldsymbol{AB}|$ 和 $|\boldsymbol{A}||\boldsymbol{B}|$.

解 因为 $\boldsymbol{AB}=\begin{bmatrix}1&2\\3&4\end{bmatrix}\begin{bmatrix}3&4\\5&6\end{bmatrix}=\begin{bmatrix}13&16\\29&36\end{bmatrix}$, 可得 $|\boldsymbol{AB}|=\begin{vmatrix}13&16\\29&36\end{vmatrix}=4$.

又因为 $|\boldsymbol{A}|=\begin{vmatrix}1&2\\3&4\end{vmatrix}=-2,|\boldsymbol{B}|=\begin{vmatrix}3&4\\5&6\end{vmatrix}=-2$,所以 $|\boldsymbol{A}||\boldsymbol{B}|=(-2)\times(-2)=4$.

定义 2.10 设 $\boldsymbol{A}$ 为 n 阶方阵,若 $|\boldsymbol{A}|\neq0$,则称 $\boldsymbol{A}$ 为**非奇异矩阵**(或称 $\boldsymbol{A}$ 为**非退化矩阵**)(nonsingular matrix);若 $|\boldsymbol{A}|=0$,则称 $\boldsymbol{A}$ 为**奇异方阵**(singular matrix).

§2.3 逆 矩 阵

一、逆矩阵的概念及求法

我们知道当 $a\neq0$ 时,数 a 的倒数 $a^{-1}=b$ 可以用等式 $ab=ba=1$ 来刻画.

按照这个想法来考虑矩阵的情形,而且我们知道,单位方阵 $\boldsymbol{I}$ 在方阵乘法中的地位类似于数 1 在实数的乘法中的地位,由此,我们引入如下定义:

定义 2.11 对于 n 阶方阵 $\boldsymbol{A}$,若存在 n 阶方阵 $\boldsymbol{B}$,使得 $\boldsymbol{AB}=\boldsymbol{BA}=\boldsymbol{I}$,则称 $\boldsymbol{A}$ 为**可逆矩阵**,或称 $\boldsymbol{A}$ 是**可逆**的,并把方阵 $\boldsymbol{B}$ 称为 $\boldsymbol{A}$ 的**逆矩阵**(invertible matrix),记为 $\boldsymbol{A}^{-1}=\boldsymbol{B}$.

若方阵 $\boldsymbol{A}$ 可逆,则 $\boldsymbol{A}$ 的逆矩阵是唯一的.

事实上,若 $\boldsymbol{B}_1,\boldsymbol{B}_2$ 都是 $\boldsymbol{A}$ 的逆阵,则有

$$\boldsymbol{B}_1=\boldsymbol{B}_1\boldsymbol{I}=\boldsymbol{B}_1(\boldsymbol{AB}_2)=(\boldsymbol{B}_1\boldsymbol{A})\boldsymbol{B}_2=\boldsymbol{IB}_2=\boldsymbol{B}_2,$$

所以 $\boldsymbol{A}$ 的逆矩阵是唯一的.

现在的问题是在什么条件下方阵 $\boldsymbol{A}$ 是可逆的? 如果 $\boldsymbol{A}$ 可逆,如何求 $\boldsymbol{A}^{-1}$?

设 n 阶方阵

$$\boldsymbol{A}=\begin{bmatrix}a_{11}&a_{12}&\cdots&a_{1n}\\a_{21}&a_{22}&\cdots&a_{2n}\\\vdots&\vdots&&\vdots\\a_{n1}&a_{n2}&\cdots&a_{nn}\end{bmatrix},$$

$\boldsymbol{A}_{ij}$ 是 $|\boldsymbol{A}|$ 中元素 a_{ij} 的代数余子式,则称矩阵

$$\boldsymbol{A}^*=\begin{bmatrix}A_{11}&A_{21}&\cdots&A_{n1}\\A_{12}&A_{22}&\cdots&A_{n2}\\\vdots&\vdots&&\vdots\\A_{1n}&A_{2n}&\cdots&A_{nn}\end{bmatrix}$$

为方阵 $\boldsymbol{A}$ 的**伴随矩阵**(adjoint matrix),其中 $\boldsymbol{A}^*$ 的第 i 列各元素是 $|\boldsymbol{A}|$ 中第 i 行各元素的代数余子式.

下面给出伴随矩阵的一个重要性质:

性质 2.1 设 n 阶方阵 $\boldsymbol{A}$ 的伴随矩阵为 $\boldsymbol{A}^*$,则 $\boldsymbol{A}\boldsymbol{A}^*=\boldsymbol{A}^*\boldsymbol{A}=|\boldsymbol{A}|\boldsymbol{I}$.

证 设

$$\boldsymbol{A}=\begin{bmatrix} a_{11} & a_{12} & \cdots & a_{1n} \\ a_{21} & a_{22} & \cdots & a_{2n} \\ \vdots & \vdots & & \vdots \\ a_{n1} & a_{n2} & \cdots & a_{nn} \end{bmatrix},$$

则

$$\boldsymbol{A}^*=\begin{bmatrix} A_{11} & A_{21} & \cdots & A_{n1} \\ A_{12} & A_{22} & \cdots & A_{n2} \\ \vdots & \vdots & & \vdots \\ A_{1n} & A_{2n} & \cdots & A_{nn} \end{bmatrix},$$

根据定理 1.2 及推论 1.4 可得

$$\boldsymbol{A}\boldsymbol{A}^*=\begin{bmatrix} a_{11} & a_{12} & \cdots & a_{1n} \\ a_{21} & a_{22} & \cdots & a_{2n} \\ \vdots & \vdots & & \vdots \\ a_{n1} & a_{n2} & \cdots & a_{nn} \end{bmatrix}\begin{bmatrix} A_{11} & A_{21} & \cdots & A_{n1} \\ A_{12} & A_{22} & \cdots & A_{n2} \\ \vdots & \vdots & & \vdots \\ A_{1n} & A_{2n} & \cdots & A_{nn} \end{bmatrix}$$

$$=\begin{bmatrix} |\boldsymbol{A}| & 0 & \cdots & 0 \\ 0 & |\boldsymbol{A}| & \cdots & 0 \\ \vdots & \vdots & & \vdots \\ 0 & 0 & \cdots & |\boldsymbol{A}| \end{bmatrix}=|\boldsymbol{A}|\boldsymbol{I}.$$

同理可证 $\boldsymbol{A}^*\boldsymbol{A}=|\boldsymbol{A}|\boldsymbol{I}$. □

定理 2.1 方阵 $\boldsymbol{A}$ 可逆的充分必要条件是 $|\boldsymbol{A}|\neq 0$,且 $\boldsymbol{A}^{-1}=\dfrac{1}{|\boldsymbol{A}|}\boldsymbol{A}^*$.

证 必要性. 因为 $\boldsymbol{A}$ 可逆,所以存在矩阵 $\boldsymbol{A}^{-1}$,使得 $\boldsymbol{A}\boldsymbol{A}^{-1}=\boldsymbol{I}$,对式子两边取行列式,有 $|\boldsymbol{A}||\boldsymbol{A}^{-1}|=|\boldsymbol{I}|=1$,所以 $|\boldsymbol{A}|\neq 0$.

充分性. 由性质 2.1 可知 $\boldsymbol{A}\boldsymbol{A}^*=\boldsymbol{A}^*\boldsymbol{A}=|\boldsymbol{A}|\boldsymbol{I}$,又因为 $|\boldsymbol{A}|\neq 0$,所以

$$\boldsymbol{A}\left(\frac{1}{|\boldsymbol{A}|}\boldsymbol{A}^*\right)=\left(\frac{1}{|\boldsymbol{A}|}\boldsymbol{A}^*\right)\boldsymbol{A}=\boldsymbol{I}.$$

由逆矩阵的定义可知 $\boldsymbol{A}$ 可逆且

$$\boldsymbol{A}^{-1}=\frac{1}{|\boldsymbol{A}|}\boldsymbol{A}^*.$$ □

该定理给出了用伴随矩阵来求逆矩阵的一种方法,我们称之为伴随矩阵法,其比较适用于阶数是二阶或三阶等阶数不高的矩阵.

推论 2.1 若 $\boldsymbol{AB}=\boldsymbol{I}$ 或 $\boldsymbol{BA}=\boldsymbol{I}$,则 $\boldsymbol{B}=\boldsymbol{A}^{-1}$.

证 设 $\boldsymbol{AB}=\boldsymbol{I}$,则 $|\boldsymbol{A}||\boldsymbol{B}|=|\boldsymbol{AB}|=|\boldsymbol{I}|=1$,所以 $|\boldsymbol{A}|\neq 0$,由定理 2.1 可知 $\boldsymbol{A}^{-1}$ 存在且 $\boldsymbol{A}^{-1}\boldsymbol{A}=\boldsymbol{I}$,而 $\boldsymbol{B}=\boldsymbol{IB}=(\boldsymbol{A}^{-1}\boldsymbol{A})\boldsymbol{B}=\boldsymbol{A}^{-1}(\boldsymbol{AB})=\boldsymbol{A}^{-1}\boldsymbol{I}=\boldsymbol{A}^{-1}$.

同理可证,若 $\boldsymbol{BA}=\boldsymbol{I}$,则也有 $\boldsymbol{B}=\boldsymbol{A}^{-1}$. □

由该推论可知,今后用定义来验证矩阵可逆时,只要验证 $\boldsymbol{AB}=\boldsymbol{I}$ 成立,而不需要验证 $\boldsymbol{BA}=\boldsymbol{I}$ 成立,便可以得到 $\boldsymbol{A}$ 可逆的结论.

例 2.9 判断方阵 $\boldsymbol{A}=\begin{bmatrix}2&1\\5&3\end{bmatrix}$ 是否可逆？若其可逆，求 $\boldsymbol{A}^{-1}$.

解 由于 $|\boldsymbol{A}|=\begin{vmatrix}2&1\\5&3\end{vmatrix}=1\neq0$，所以 $\boldsymbol{A}$ 可逆．又

$$A_{11}=3,\quad A_{12}=-5,\quad A_{21}=-1,\quad A_{22}=2,$$

所以
$$\boldsymbol{A}^{-1}=\frac{1}{|\boldsymbol{A}|}\begin{bmatrix}A_{11}&A_{21}\\A_{12}&A_{22}\end{bmatrix}=\begin{bmatrix}3&-1\\-5&2\end{bmatrix}.$$

一般地，若方阵 $\boldsymbol{A}=\begin{bmatrix}a_{11}&a_{12}\\a_{21}&a_{22}\end{bmatrix}$ 满足 $a_{11}a_{22}-a_{12}a_{21}\neq0$，则 $\boldsymbol{A}$ 可逆且

$$\boldsymbol{A}^{-1}=\frac{1}{|\boldsymbol{A}|}\begin{bmatrix}a_{22}&-a_{12}\\-a_{21}&a_{11}\end{bmatrix}.$$

例 2.10 判断方阵 $\boldsymbol{A}=\begin{bmatrix}1&0&1\\2&1&0\\-3&2&-5\end{bmatrix}$ 是否可逆？若其可逆，求 $\boldsymbol{A}^{-1}$.

解 因为 $|\boldsymbol{A}|=\begin{vmatrix}1&0&1\\2&1&0\\-3&2&-5\end{vmatrix}=2\neq0$，所以 $\boldsymbol{A}$ 可逆．且

$$A_{11}=\begin{vmatrix}1&0\\2&-5\end{vmatrix}=-5,\quad A_{12}=-\begin{vmatrix}2&0\\-3&-5\end{vmatrix}=10,$$

$$A_{13}=\begin{vmatrix}2&1\\-3&2\end{vmatrix}=7, A_{21}=-\begin{vmatrix}0&1\\2&-5\end{vmatrix}=2,$$

类似可计算出 $A_{22}=-2, A_{23}=-2, A_{31}=-1, A_{32}=2, A_{33}=1$. 所以

$$\boldsymbol{A}^{-1}=\frac{1}{|\boldsymbol{A}|}\begin{bmatrix}A_{11}&A_{21}&A_{31}\\A_{12}&A_{22}&A_{32}\\A_{13}&A_{23}&A_{33}\end{bmatrix}=\frac{1}{2}\begin{bmatrix}-5&2&-1\\10&-2&2\\7&-2&1\end{bmatrix}=\begin{bmatrix}-\frac{5}{2}&1&-\frac{1}{2}\\5&-1&1\\\frac{7}{2}&-1&\frac{1}{2}\end{bmatrix}.$$

例 2.11 设 $\boldsymbol{A}=\begin{bmatrix}1&0&1\\2&1&0\\-3&2&-5\end{bmatrix}, \boldsymbol{B}=\begin{bmatrix}2&1\\5&3\end{bmatrix}, \boldsymbol{C}=\begin{bmatrix}1&2\\0&3\\1&2\end{bmatrix}$，求矩阵 $\boldsymbol{X}$，使得 $\boldsymbol{AXB}=\boldsymbol{C}$.

解 由上两例可知 $|\boldsymbol{A}|\neq0, |\boldsymbol{B}|\neq0$，即矩阵 $\boldsymbol{A},\boldsymbol{B}$ 都可逆，且

$$\boldsymbol{A}^{-1}=\begin{bmatrix}-\frac{5}{2}&1&-\frac{1}{2}\\5&-1&1\\\frac{7}{2}&-1&\frac{1}{2}\end{bmatrix},\quad \boldsymbol{B}^{-1}=\begin{bmatrix}3&-1\\-5&2\end{bmatrix}.$$

于是，对等式 $\boldsymbol{AXB}=\boldsymbol{C}$ 两边同时用 $\boldsymbol{A}^{-1}$ 左乘、$\boldsymbol{B}^{-1}$ 右乘，有

$$\boldsymbol{A}^{-1}\boldsymbol{AXBB}^{-1}=\boldsymbol{A}^{-1}\boldsymbol{CB}^{-1},$$

故

$$X=A^{-1}CB^{-1}=\begin{bmatrix}-\frac{5}{2} & 1 & -\frac{1}{2}\\ 5 & -1 & 1\\ \frac{7}{2} & -1 & \frac{1}{2}\end{bmatrix}\begin{bmatrix}1 & 2\\ 0 & 3\\ 1 & 2\end{bmatrix}\begin{bmatrix}3 & -1\\ -5 & 2\end{bmatrix}$$

$$=\begin{bmatrix}-3 & -3\\ 6 & 9\\ 4 & 5\end{bmatrix}\begin{bmatrix}3 & -1\\ -5 & 2\end{bmatrix}=\begin{bmatrix}6 & -3\\ -27 & 12\\ -13 & 6\end{bmatrix}.$$

利用逆矩阵可求解线性方程组:$\boldsymbol{Ax}=\boldsymbol{b}$,其中

$$\boldsymbol{A}=\begin{bmatrix}a_{11} & a_{12} & \cdots & a_{1n}\\ a_{21} & a_{22} & \cdots & a_{2n}\\ \vdots & \vdots & & \vdots\\ a_{n1} & a_{n2} & \cdots & a_{nn}\end{bmatrix},\quad \boldsymbol{x}=\begin{bmatrix}x_1\\ x_2\\ \vdots\\ x_n\end{bmatrix},\quad \boldsymbol{b}=\begin{bmatrix}b_1\\ b_2\\ \vdots\\ b_n\end{bmatrix}.$$

若 $\boldsymbol{A}$ 可逆,则 $\boldsymbol{x}=\boldsymbol{A}^{-1}\boldsymbol{b}$.

例 2.12 求解线性方程组

$$\begin{cases}x_1+2x_2+3x_3=1,\\ 2x_1+2x_2+5x_3=2,\\ 3x_1+5x_2+x_3=3.\end{cases}$$

解 把方程组写为矩阵方程 $\boldsymbol{Ax}=\boldsymbol{b}$,其中

$$\boldsymbol{A}=\begin{bmatrix}1 & 2 & 3\\ 2 & 2 & 5\\ 3 & 5 & 1\end{bmatrix},\quad \boldsymbol{x}=\begin{bmatrix}x_1\\ x_2\\ x_3\end{bmatrix},\quad \boldsymbol{b}=\begin{bmatrix}1\\ 2\\ 3\end{bmatrix},$$

由于 $|\boldsymbol{A}|=15\neq0$,所以 $\boldsymbol{A}$ 可逆,且 $A_{11}=-23,A_{12}=13,A_{13}=4,A_{21}=13,A_{22}=-8,A_{23}=1,A_{31}=4,A_{32}=1,A_{33}=-2$,则

$$\boldsymbol{A}^{-1}=\frac{1}{|\boldsymbol{A}|}\begin{bmatrix}A_{11} & A_{21} & A_{31}\\ A_{12} & A_{22} & A_{32}\\ A_{13} & A_{23} & A_{33}\end{bmatrix}=\begin{bmatrix}-\frac{23}{15} & \frac{13}{15} & \frac{4}{15}\\ \frac{13}{15} & -\frac{8}{15} & \frac{1}{15}\\ \frac{4}{15} & \frac{1}{15} & -\frac{2}{15}\end{bmatrix}.$$

对等式 $\boldsymbol{Ax}=\boldsymbol{b}$ 两端同时左乘 $\boldsymbol{A}^{-1}$,得 $\boldsymbol{x}=\boldsymbol{A}^{-1}\boldsymbol{b}$,即

$$\boldsymbol{x}=\begin{bmatrix}x_1\\ x_2\\ x_3\end{bmatrix}=\begin{bmatrix}-\frac{23}{15} & \frac{13}{15} & \frac{4}{15}\\ \frac{13}{15} & -\frac{8}{15} & \frac{1}{15}\\ \frac{4}{15} & \frac{1}{15} & -\frac{2}{15}\end{bmatrix}\begin{bmatrix}1\\ 2\\ 3\end{bmatrix}=\begin{bmatrix}1\\ 0\\ 0\end{bmatrix},$$

所以方程组的解为$\begin{cases}x_1=1,\\ x_2=0,\\ x_3=0.\end{cases}$

例 2.13 设$\boldsymbol{P}^{-1}\boldsymbol{AP}=\boldsymbol{B}$,其中$\boldsymbol{P}=\begin{bmatrix}-1 & -4\\ 1 & 1\end{bmatrix}$,$\boldsymbol{B}=\begin{bmatrix}-1 & 0\\ 0 & 2\end{bmatrix}$,试求$\boldsymbol{A}^{2018}$.

解 由$\boldsymbol{P}^{-1}\boldsymbol{AP}=\boldsymbol{B}$,可得$\boldsymbol{A}=\boldsymbol{PBP}^{-1}$,$\boldsymbol{A}^{2018}=\boldsymbol{PB}^{2018}\boldsymbol{P}^{-1}$.又

$$\boldsymbol{B}^{2018}=\begin{bmatrix}(-1)^{2018} & 0\\ 0 & 2^{2018}\end{bmatrix},\quad \boldsymbol{P}^{-1}=\begin{bmatrix}\frac{1}{3} & \frac{4}{3}\\ -\frac{1}{3} & -\frac{1}{3}\end{bmatrix},$$

所以

$$\boldsymbol{A}^{2018}=\begin{bmatrix}-1 & -4\\ 1 & 1\end{bmatrix}\begin{bmatrix}1 & 0\\ 0 & 2^{2018}\end{bmatrix}\begin{bmatrix}\frac{1}{3} & \frac{4}{3}\\ -\frac{1}{3} & -\frac{1}{3}\end{bmatrix}=\frac{1}{3}\begin{bmatrix}-1 & -2^{2020}\\ 1 & 2^{2018}\end{bmatrix}\begin{bmatrix}1 & 4\\ -1 & -1\end{bmatrix}$$

$$=\frac{1}{3}\begin{bmatrix}-1+2^{2020} & -4+2^{2020}\\ 1-2^{2018} & 4-2^{2018}\end{bmatrix}.$$

例 2.14 设n阶方阵$\boldsymbol{A}$满足$\boldsymbol{A}^2-\boldsymbol{A}-2\boldsymbol{I}=\boldsymbol{O}$,证明$\boldsymbol{A}+2\boldsymbol{I}$可逆,并求$(\boldsymbol{A}+2\boldsymbol{I})^{-1}$.

解 由$\boldsymbol{A}^2-\boldsymbol{A}-2\boldsymbol{I}=\boldsymbol{O}$,得$(\boldsymbol{A}+2\boldsymbol{I})(\boldsymbol{A}-3\boldsymbol{I})=-4\boldsymbol{I}$,即$(\boldsymbol{A}+2\boldsymbol{I})\left[-\frac{1}{4}(\boldsymbol{A}-3\boldsymbol{I})\right]=\boldsymbol{I}$,故$\boldsymbol{A}+2\boldsymbol{I}$可逆,且$(\boldsymbol{A}+2\boldsymbol{I})^{-1}=-\frac{1}{4}(\boldsymbol{A}-3\boldsymbol{I})$.

二、逆矩阵的性质

1. 若矩阵$\boldsymbol{A}$可逆,则$|\boldsymbol{A}^{-1}|=|\boldsymbol{A}|^{-1}$.

证 因为$|\boldsymbol{A}^{-1}||\boldsymbol{A}|=|\boldsymbol{A}^{-1}\boldsymbol{A}|=|\boldsymbol{I}|=1$,有$|\boldsymbol{A}^{-1}|=\frac{1}{|\boldsymbol{A}|}=|\boldsymbol{A}|^{-1}$. □

2. 若矩阵$\boldsymbol{A}$可逆,则$\boldsymbol{A}^{-1}$亦可逆,且$(\boldsymbol{A}^{-1})^{-1}=\boldsymbol{A}$.

证 设$\boldsymbol{A}$可逆,则$\boldsymbol{A}^{-1}\boldsymbol{A}=\boldsymbol{I}$,由推论 2.1 可知$\boldsymbol{A}^{-1}$可逆,且

$$(\boldsymbol{A}^{-1})^{-1}=\boldsymbol{A}.$$ □

3. 若矩阵$\boldsymbol{A}$可逆,数$k\neq 0$,则$k\boldsymbol{A}$可逆,且$(k\boldsymbol{A})^{-1}=\frac{1}{k}\boldsymbol{A}^{-1}$.

证 设$\boldsymbol{A}$可逆,则$\boldsymbol{AA}^{-1}=I$,由于$(k\boldsymbol{A})\left(\frac{1}{k}\boldsymbol{A}^{-1}\right)=k\,\frac{1}{k}\boldsymbol{AA}^{-1}=\boldsymbol{I}$,由推论 2.1 可知,$(k\boldsymbol{A})^{-1}=\frac{1}{k}\boldsymbol{A}^{-1}$. □

4. 若$\boldsymbol{A}$,$\boldsymbol{B}$为同阶方阵,且均可逆,则$\boldsymbol{AB}$也可逆,且$(\boldsymbol{AB})^{-1}=\boldsymbol{B}^{-1}\boldsymbol{A}^{-1}$.

证 设$\boldsymbol{A}$,$\boldsymbol{B}$可逆,则$\boldsymbol{AA}^{-1}=\boldsymbol{BB}^{-1}=\boldsymbol{I}$. 由于

$$(\boldsymbol{AB})(\boldsymbol{B}^{-1}\boldsymbol{A}^{-1})=\boldsymbol{A}(\boldsymbol{BB}^{-1})\boldsymbol{A}^{-1}=\boldsymbol{AIA}^{-1}=\boldsymbol{AA}^{-1}=\boldsymbol{I}.$$

由推论 2.1 可知$\boldsymbol{AB}$可逆,且$(\boldsymbol{AB})^{-1}=\boldsymbol{B}^{-1}\boldsymbol{A}^{-1}$. □

一般地,设$\boldsymbol{A}_1,\boldsymbol{A}_2,\cdots,\boldsymbol{A}_{m-1},\boldsymbol{A}_m$均为$n$阶方阵,且$\boldsymbol{A}_1,\boldsymbol{A}_2,\cdots,\boldsymbol{A}_{m-1},\boldsymbol{A}_m$均可逆,则

$$(\boldsymbol{A}_1\boldsymbol{A}_2\cdots\boldsymbol{A}_{m-1}\boldsymbol{A}_m)^{-1}=\boldsymbol{A}_m^{-1}\boldsymbol{A}_{m-1}^{-1}\cdots\boldsymbol{A}_2^{-1}\boldsymbol{A}_1^{-1}.$$

5. 若矩阵$\boldsymbol{A}$可逆,则$\boldsymbol{A}^{\mathrm{T}}$也可逆,且$(\boldsymbol{A}^{\mathrm{T}})^{-1}=(\boldsymbol{A}^{-1})^{\mathrm{T}}$.

证 设 $\boldsymbol{A}$ 可逆,则 $\boldsymbol{A}^{-1}\boldsymbol{A}=\boldsymbol{I}$. 由于 $\boldsymbol{A}^{\mathrm{T}}(\boldsymbol{A}^{-1})^{\mathrm{T}}=(\boldsymbol{A}^{-1}\boldsymbol{A})^{\mathrm{T}}=\boldsymbol{I}^{\mathrm{T}}=\boldsymbol{I}$,由推论 2.1 可知 $\boldsymbol{A}^{\mathrm{T}}$ 可逆,且 $(\boldsymbol{A}^{\mathrm{T}})^{-1}=(\boldsymbol{A}^{-1})^{\mathrm{T}}$. □

当 $|\boldsymbol{A}|\neq 0$ 时,还可定义 $\boldsymbol{A}^{-k}=(\boldsymbol{A}^{-1})^{k}=(\boldsymbol{A}^{k})^{-1}$($k$ 为正整数).

例 2.15 设 n 阶方阵 $\boldsymbol{A}$ 和 $\boldsymbol{B}$ 都可逆,证明:

(1) $\boldsymbol{A}^{*}=|\boldsymbol{A}|\boldsymbol{A}^{-1}$;　　(2) $|\boldsymbol{A}^{*}|=|\boldsymbol{A}|^{n-1}$;

(3) $(\boldsymbol{A}^{*})^{*}=|\boldsymbol{A}|^{n-2}\boldsymbol{A}$;　　(4) $(k\boldsymbol{A})^{*}=k^{n-1}|\boldsymbol{A}|\boldsymbol{A}^{-1}=k^{n-1}\boldsymbol{A}^{*}$ $(k\neq 0)$;

(5) $(\boldsymbol{AB})^{*}=\boldsymbol{B}^{*}\boldsymbol{A}^{*}$.

证 (1) 因为 $\boldsymbol{A}$ 可逆,即 $|\boldsymbol{A}|\neq 0$,且 $\boldsymbol{A}^{-1}=\dfrac{1}{|\boldsymbol{A}|}\boldsymbol{A}^{*}$,得 $\boldsymbol{A}^{*}=|\boldsymbol{A}|\boldsymbol{A}^{-1}$.

(2) 由(1),对 $\boldsymbol{A}^{*}=|\boldsymbol{A}|\boldsymbol{A}^{-1}$ 两端取行列式,

$$|\boldsymbol{A}^{*}|=\big||\boldsymbol{A}|\boldsymbol{A}^{-1}\big|=|\boldsymbol{A}|^{n}|\boldsymbol{A}^{-1}|=|\boldsymbol{A}|^{n}\frac{1}{|\boldsymbol{A}|}=|\boldsymbol{A}|^{n-1}.$$

(3) 由(1)和(2)可得

$$(\boldsymbol{A}^{*})^{*}=|\boldsymbol{A}^{*}|(\boldsymbol{A}^{*})^{-1}=|\boldsymbol{A}|^{n-1}(|\boldsymbol{A}|\boldsymbol{A}^{-1})^{-1}=|\boldsymbol{A}|^{n-1}\frac{1}{|\boldsymbol{A}|}(\boldsymbol{A}^{-1})^{-1}=|\boldsymbol{A}|^{n-2}\boldsymbol{A}.$$

(4) 由(1),$(k\boldsymbol{A})^{*}=|k\boldsymbol{A}|(k\boldsymbol{A})^{-1}=k^{n}|\boldsymbol{A}|\dfrac{1}{k}\boldsymbol{A}^{-1}=k^{n-1}|\boldsymbol{A}|\boldsymbol{A}^{-1}=k^{n-1}\boldsymbol{A}^{*}$.

(5)由(1),$(\boldsymbol{AB})^{*}=|\boldsymbol{AB}|(\boldsymbol{AB})^{-1}=|\boldsymbol{A}||\boldsymbol{B}|\boldsymbol{B}^{-1}\boldsymbol{A}^{-1}=|\boldsymbol{B}|\boldsymbol{B}^{-1}|\boldsymbol{A}|\boldsymbol{A}^{-1}=\boldsymbol{B}^{*}\boldsymbol{A}^{*}$.

例 2.16 设 $\boldsymbol{A}$ 为一个 3 阶矩阵,且 $|\boldsymbol{A}|=\dfrac{1}{2}$,求 $|(3\boldsymbol{A})^{-1}-2\boldsymbol{A}^{*}|$.

解 因为

$$(3\boldsymbol{A})^{-1}-2\boldsymbol{A}^{*}=\frac{1}{3}\boldsymbol{A}^{-1}-2|\boldsymbol{A}|\boldsymbol{A}^{-1}=-\frac{2}{3}\boldsymbol{A}^{-1},$$

所以

$$|(3\boldsymbol{A})^{-1}-2\boldsymbol{A}^{*}|=\left|-\frac{2}{3}\boldsymbol{A}^{-1}\right|=\left(-\frac{2}{3}\right)^{3}|\boldsymbol{A}^{-1}|=-\frac{8}{27}\times 2=-\frac{16}{27}.$$

§2.4 分块矩阵

一、分块矩阵的概念

对于行数和列数较高的矩阵,运算时常采用**分块法**,就是用若干条纵线和横线把大矩阵分成许多块小矩阵,每一个小矩阵称为它的**子块**,以子块为元素的形式上的矩阵称为**分块矩阵**(partitioned matrix).

例如,把矩阵 $\boldsymbol{A}$ 分成若干块:

$$\boldsymbol{A}=\left[\begin{array}{cc:cc}1&0&3&2\\-1&2&0&1\\\hdashline 1&0&4&1\\-1&-1&2&0\end{array}\right]=\begin{bmatrix}\boldsymbol{A}_{11}&\boldsymbol{A}_{12}\\\boldsymbol{A}_{21}&\boldsymbol{A}_{22}\end{bmatrix},$$

其中

$$A_{11}=\begin{bmatrix}1&0\\-1&2\end{bmatrix},\quad A_{12}=\begin{bmatrix}3&2\\0&1\end{bmatrix},\quad A_{21}=\begin{bmatrix}1&0\\-1&-1\end{bmatrix},\quad A_{22}=\begin{bmatrix}4&1\\2&0\end{bmatrix},$$

即 $A_{11},A_{12},A_{21},A_{22}$ 为 A 的子块,而 A 形式上就是以这些子块为元素的分块矩阵.

还有其他分法,例如

$$A=\left[\begin{array}{c:cc:c}1&0&3&2\\-1&2&0&1\\\hdashline 1&0&4&1\\-1&-1&2&0\end{array}\right],\quad A=\left[\begin{array}{c:c:c:c}1&0&3&2\\-1&2&0&1\\1&0&4&1\\-1&-1&2&0\end{array}\right],$$

等等.

分块矩阵的运算规则与普通矩阵的运算规则相类似,也就是把每一个子块看作一个元素,按照通常矩阵的运算规则来计算,下面我们来具体给出分块矩阵的运算.

二、分块矩阵的运算

1. 分块矩阵的加法

设矩阵 A 与 B 的行数、列数相同,采用相同的分块法,即

$$A=\begin{bmatrix}A_{11}&\cdots&A_{1s}\\\vdots&&\vdots\\A_{r1}&\cdots&A_{rs}\end{bmatrix},\quad B=\begin{bmatrix}B_{11}&\cdots&B_{1s}\\\vdots&&\vdots\\B_{r1}&\cdots&B_{rs}\end{bmatrix},$$

其中子块 A_{ij} 与 $B_{ij}(i=1,2,\cdots,r;j=1,2,\cdots,s)$ 的行数相同,列数也相同,则称

$$A+B=\begin{bmatrix}A_{11}+B_{11}&\cdots&A_{1s}+B_{1s}\\\vdots&&\vdots\\A_{r1}+B_{r1}&\cdots&A_{rs}+B_{rs}\end{bmatrix}$$

为分块矩阵 A 和 B 的和.

2. 分块矩阵的数乘

设 $A=\begin{bmatrix}A_{11}&\cdots&A_{1s}\\\vdots&&\vdots\\A_{r1}&\cdots&A_{rs}\end{bmatrix}$,$\lambda$ 为实数,则

$$\lambda A=\lambda\begin{bmatrix}A_{11}&\cdots&A_{1s}\\\vdots&&\vdots\\A_{r1}&\cdots&A_{rs}\end{bmatrix}=\begin{bmatrix}\lambda A_{11}&\cdots&\lambda A_{1s}\\\vdots&&\vdots\\\lambda A_{r1}&\cdots&\lambda A_{rs}\end{bmatrix}$$

称为分块矩阵 A 的数乘.

3. 分块矩阵的乘法

设 $A=(a_{ij})_{m\times n}$,$B=(b_{ij})_{n\times p}$,把 A,B 分成若干小矩阵

$$A=\begin{array}{c}\begin{array}{cccc}n_1&n_2&\cdots&n_s\end{array}\\\begin{bmatrix}A_{11}&A_{12}&\cdots&A_{1s}\\A_{21}&A_{22}&\cdots&A_{2s}\\\vdots&\vdots&&\vdots\\A_{r1}&A_{r2}&\cdots&A_{rs}\end{bmatrix}\begin{array}{c}m_1\\m_2\\\vdots\\m_r\end{array}\end{array},\quad B=\begin{array}{c}\begin{array}{cccc}p_1&p_2&\cdots&p_t\end{array}\\\begin{bmatrix}B_{11}&B_{12}&\cdots&B_{1t}\\B_{21}&B_{22}&\cdots&B_{2t}\\\vdots&\vdots&&\vdots\\B_{s1}&B_{s2}&\cdots&B_{st}\end{bmatrix}\begin{array}{c}n_1\\n_2\\\vdots\\n_s\end{array}\end{array}.$$

其中每个元素 $\boldsymbol{A}_{ij}$ 是 $m_i\times n_j$ 小矩阵，$\boldsymbol{B}_{ij}$ 是 $n_i\times p_j$ 小矩阵，且

$$m_1+m_2+\cdots+m_r=m,\quad n_1+n_2+\cdots+n_s=n,\quad p_1+p_2+\cdots+p_t=p,$$

则称

$$\boldsymbol{C}=\boldsymbol{AB}=\begin{array}{c} \begin{matrix} p_1 & p_2 & \cdots & p_t \end{matrix} \\ \begin{bmatrix} \boldsymbol{C}_{11} & \boldsymbol{C}_{12} & \cdots & \boldsymbol{C}_{1t} \\ \boldsymbol{C}_{21} & \boldsymbol{C}_{22} & \cdots & \boldsymbol{C}_{2t} \\ \vdots & \vdots & & \vdots \\ \boldsymbol{C}_{r1} & \boldsymbol{C}_{r2} & \cdots & \boldsymbol{C}_{rt} \end{bmatrix} \end{array} \begin{matrix} m_1 \\ m_2 \\ \vdots \\ m_r \end{matrix}$$

为分块矩阵 $\boldsymbol{A}$ 和 $\boldsymbol{B}$ 的乘积，其中

$$\boldsymbol{C}_{ij}=\boldsymbol{A}_{i1}\boldsymbol{B}_{1j}+\boldsymbol{A}_{i2}\boldsymbol{B}_{2j}+\cdots+\boldsymbol{A}_{is}\boldsymbol{B}_{sj}=\sum_{k=1}^{s}\boldsymbol{A}_{ik}\boldsymbol{B}_{kj}\quad(i=1,2,\cdots,r,j=1,2,\cdots,t).$$

注 在分块矩阵的乘法中，第一个矩阵列的分法必须与第二个矩阵行的分法一致.

例 2.17 设 $\boldsymbol{A}=\begin{bmatrix}1&-1&0&0\\2&-1&0&0\\1&0&1&2\\0&1&3&1\end{bmatrix}$，$\boldsymbol{B}=\begin{bmatrix}2&0&0\\0&2&0\\-1&0&2\\2&0&-1\end{bmatrix}$，求 $\boldsymbol{AB}$.

解 把 $\boldsymbol{A},\boldsymbol{B}$ 分块成

$$\boldsymbol{A}=\begin{bmatrix}\boldsymbol{A}_{11}&\boldsymbol{O}\\\boldsymbol{I}_2&\boldsymbol{A}_{22}\end{bmatrix},\quad \boldsymbol{B}=\begin{bmatrix}2\boldsymbol{I}_2&\boldsymbol{O}\\\boldsymbol{B}_{21}&\boldsymbol{B}_{22}\end{bmatrix},$$

则

$$\boldsymbol{AB}=\begin{bmatrix}\boldsymbol{A}_{11}&\boldsymbol{O}\\\boldsymbol{I}_2&\boldsymbol{A}_{22}\end{bmatrix}\begin{bmatrix}2\boldsymbol{I}_2&\boldsymbol{O}\\\boldsymbol{B}_{21}&\boldsymbol{B}_{22}\end{bmatrix}=\begin{bmatrix}2\boldsymbol{A}_{11}&\boldsymbol{O}\\2\boldsymbol{I}_2+\boldsymbol{A}_{22}\boldsymbol{B}_{21}&\boldsymbol{A}_{22}\boldsymbol{B}_{22}\end{bmatrix}.$$

而

$$2\boldsymbol{A}_{11}=2\begin{bmatrix}1&-1\\2&-1\end{bmatrix}=\begin{bmatrix}2&-2\\4&-2\end{bmatrix},$$

$$2\boldsymbol{I}_2+\boldsymbol{A}_{22}\boldsymbol{B}_{21}=\begin{bmatrix}2&0\\0&2\end{bmatrix}+\begin{bmatrix}1&2\\3&1\end{bmatrix}\begin{bmatrix}-1&0\\2&0\end{bmatrix}=\begin{bmatrix}5&0\\-1&2\end{bmatrix},$$

$$\boldsymbol{A}_{22}\boldsymbol{B}_{22}=\begin{bmatrix}1&2\\3&1\end{bmatrix}\begin{bmatrix}2\\-1\end{bmatrix}=\begin{bmatrix}0\\5\end{bmatrix},$$

故

$$\boldsymbol{AB}=\begin{bmatrix}2&-2&0\\4&-2&0\\5&0&0\\-1&2&5\end{bmatrix}.$$

这与直接按照通常矩阵的乘法来计算结果是一样的.

4. 分块矩阵的转置

设分块矩阵

$$\boldsymbol{A}=\begin{bmatrix}\boldsymbol{A}_{11} & \boldsymbol{A}_{12} & \cdots & \boldsymbol{A}_{1s}\\ \boldsymbol{A}_{21} & \boldsymbol{A}_{22} & \cdots & \boldsymbol{A}_{2s}\\ \vdots & \vdots & & \vdots\\ \boldsymbol{A}_{r1} & \boldsymbol{A}_{r2} & \cdots & \boldsymbol{A}_{rs}\end{bmatrix},$$

则称

$$\boldsymbol{A}^{\mathrm{T}}=\begin{bmatrix}\boldsymbol{A}_{11}^{\mathrm{T}} & \boldsymbol{A}_{21}^{\mathrm{T}} & \cdots & \boldsymbol{A}_{r1}^{\mathrm{T}}\\ \boldsymbol{A}_{12}^{\mathrm{T}} & \boldsymbol{A}_{22}^{\mathrm{T}} & \cdots & \boldsymbol{A}_{r2}^{\mathrm{T}}\\ \vdots & \vdots & & \vdots\\ \boldsymbol{A}_{1s}^{\mathrm{T}} & \boldsymbol{A}_{2s}^{\mathrm{T}} & \cdots & \boldsymbol{A}_{rs}^{\mathrm{T}}\end{bmatrix}$$

为分块矩阵 $\boldsymbol{A}$ 的**转置矩阵**,简称为 $\boldsymbol{A}$ 的**转置**.

例如,$\boldsymbol{A}=\begin{bmatrix}1 & 1 & 0 & 0\\ 2 & -1 & 0 & 0\\ 1 & 0 & 1 & 2\\ 0 & 1 & 2 & 1\end{bmatrix}=\begin{bmatrix}\boldsymbol{A}_{11} & \boldsymbol{O}\\ \boldsymbol{I} & \boldsymbol{A}_{22}\end{bmatrix}$,则有

$$\boldsymbol{A}^{\mathrm{T}}=\begin{bmatrix}\boldsymbol{A}_{11}^{\mathrm{T}} & \boldsymbol{I}\\ \boldsymbol{O} & \boldsymbol{A}_{22}^{\mathrm{T}}\end{bmatrix}=\begin{bmatrix}1 & 2 & 1 & 0\\ 1 & -1 & 0 & 1\\ 0 & 0 & 1 & 2\\ 0 & 0 & 2 & 1\end{bmatrix}.$$

5. 分块对角矩阵

设 $\boldsymbol{A}$ 为 n 阶方阵,经分块后,可表示为

$$\boldsymbol{A}=\begin{bmatrix}\boldsymbol{A}_1 & \boldsymbol{O} & \cdots & \boldsymbol{O}\\ \boldsymbol{O} & \boldsymbol{A}_2 & \cdots & \boldsymbol{O}\\ \vdots & \vdots & & \vdots\\ \boldsymbol{O} & \boldsymbol{O} & \cdots & \boldsymbol{A}_s\end{bmatrix},\quad \text{简记为 } \boldsymbol{A}=\begin{bmatrix}\boldsymbol{A}_1 & & & \\ & \boldsymbol{A}_2 & & \\ & & \ddots & \\ & & & \boldsymbol{A}_s\end{bmatrix},$$

其中 $\boldsymbol{A}_i$ 为 n_i 阶方阵($i=1,2,\cdots,s$),称 $\boldsymbol{A}$ 为分块对角矩阵(也称准对角矩阵).

对于两个有相同分块的同阶分块对角矩阵

$$\boldsymbol{A}=\begin{bmatrix}\boldsymbol{A}_1 & & & \\ & \boldsymbol{A}_2 & & \\ & & \ddots & \\ & & & \boldsymbol{A}_s\end{bmatrix},\quad \boldsymbol{B}=\begin{bmatrix}\boldsymbol{B}_1 & & & \\ & \boldsymbol{B}_2 & & \\ & & \ddots & \\ & & & \boldsymbol{B}_s\end{bmatrix},$$

若 $\boldsymbol{A}_i$ 与 $\boldsymbol{B}_i$($i=1,2,\cdots,s$)同阶,则

(1)
$$\boldsymbol{A}+\boldsymbol{B}=\begin{bmatrix}\boldsymbol{A}_1+\boldsymbol{B}_1 & & & \\ & \boldsymbol{A}_2+\boldsymbol{B}_2 & & \\ & & \ddots & \\ & & & \boldsymbol{A}_s+\boldsymbol{B}_s\end{bmatrix}.$$

(2)
$$\boldsymbol{AB}=\begin{bmatrix}\boldsymbol{A}_1\boldsymbol{B}_1 & & & \\ & \boldsymbol{A}_2\boldsymbol{B}_2 & & \\ & & \ddots & \\ & & & \boldsymbol{A}_s\boldsymbol{B}_s\end{bmatrix}.$$

特别地，
$$\boldsymbol{A}^n=\begin{bmatrix}\boldsymbol{A}_1^n & & & \\ & \boldsymbol{A}_2^n & & \\ & & \ddots & \\ & & & \boldsymbol{A}_s^n\end{bmatrix}.$$

(3) 分块对角方阵的行列式具有如下性质：
$$|\boldsymbol{A}|=|\boldsymbol{A}_1||\boldsymbol{A}_2|\cdots|\boldsymbol{A}_s|.$$
由此可知，若$|\boldsymbol{A}_i|\neq 0(i=1,2,\cdots,s)$，即$\boldsymbol{A}_i$均可逆，则$|\boldsymbol{A}|\neq 0$，即$\boldsymbol{A}$可逆，且有
$$\boldsymbol{A}^{-1}=\begin{bmatrix}\boldsymbol{A}_1^{-1} & & & \\ & \boldsymbol{A}_2^{-1} & & \\ & & \ddots & \\ & & & \boldsymbol{A}_s^{-1}\end{bmatrix}.$$

例 2.18 设$\boldsymbol{A}=\begin{bmatrix}2 & 3 & 0\\ 4 & 5 & 0\\ 0 & 0 & 6\end{bmatrix}$，求$\boldsymbol{A}^{-1}$.

解 因为
$$\boldsymbol{A}=\begin{bmatrix}2 & 3 & 0\\ 4 & 5 & 0\\ 0 & 0 & 6\end{bmatrix}=\begin{bmatrix}\boldsymbol{A}_1 & \boldsymbol{O}\\ \boldsymbol{O} & \boldsymbol{A}_2\end{bmatrix},$$
其中
$$\boldsymbol{A}_1=\begin{bmatrix}2 & 3\\ 4 & 5\end{bmatrix},\quad \boldsymbol{A}_2=[6]$$
又
$$\boldsymbol{A}_1^{-1}=\begin{bmatrix}-\frac{5}{2} & \frac{3}{2}\\ 2 & -1\end{bmatrix},\quad \boldsymbol{A}_2^{-1}=\left[\frac{1}{6}\right],$$
所以
$$\boldsymbol{A}^{-1}=\begin{bmatrix}-\frac{5}{2} & \frac{3}{2} & 0\\ 2 & -1 & 0\\ 0 & 0 & \frac{1}{6}\end{bmatrix}.$$

例 2.19 若将矩阵$\boldsymbol{A}_{m\times n}$和$\boldsymbol{I}_n$分块为

$$A_{m\times n}=\begin{bmatrix}a_{11} & a_{12} & \cdots & a_{1n}\\ a_{21} & a_{22} & \cdots & a_{2n}\\ \vdots & \vdots & & \vdots\\ a_{m1} & a_{m2} & \cdots & a_{mn}\end{bmatrix}=(A_1,A_2,\cdots,A_n),$$

$$I_n=\begin{bmatrix}1 & 0 & \cdots & 0\\ 0 & 1 & \cdots & 0\\ \vdots & \vdots & & \vdots\\ 0 & 0 & \cdots & 1\end{bmatrix}=(\varepsilon_1,\varepsilon_2,\cdots,\varepsilon_n),$$

则

$$A_{m\times n}I_n=A_{m\times n}(\varepsilon_1,\varepsilon_2,\cdots,\varepsilon_n)=(A_{m\times n}\varepsilon_1,A_{m\times n}\varepsilon_2,\cdots,A_{m\times n}\varepsilon_n)=(A_1,A_2,\cdots,A_n),$$

这与直接计算 $A_{m\times n}I_n$ 的结果是一样的．

§2.5 矩阵的秩

定义 2.12 在 $m\times n$ 矩阵 A 中任取 k 行与 k 列($k\leqslant\min(m,n)$)，位于这些行列交叉点上的元素，按原来的相对位置所构成的 k 阶行列式，称为 A 的 k **阶子式**．

例如，在矩阵 $A=\begin{bmatrix}1 & 1 & 3 & 1\\ 0 & 2 & -1 & 4\\ 0 & 0 & 0 & 5\\ 0 & 0 & 0 & 0\end{bmatrix}$ 中，选第 1,3 行和第 3,4 列，它们交叉点上的元素所构成的 2 阶子式为 $\begin{vmatrix}3 & 1\\ 0 & 5\end{vmatrix}=15$；选第 1,2,3 行和第 1,2,4 列，相应的 3 阶子式为 $\begin{vmatrix}1 & 1 & 1\\ 0 & 2 & 4\\ 0 & 0 & 5\end{vmatrix}=10.$

注 $m\times n$ 矩阵 A 的 k 阶子式共有 $C_m^kC_n^k$ 个．

定义 2.13 设矩阵 $A=(a_{ij})_{m\times n}$ 中有一个 r 阶子式 $D\neq 0$，且所有 $r+1$ 阶子式(如果存在的话)都等于零，那么 D 的阶数 r 称为矩阵 A 的**秩**(rank)，零矩阵的秩规定为 0，通常将矩阵 A 的秩记作 $r(A)$.

由矩阵秩的定义，我们容易有下列简单结论

(1) $0\leqslant r(A)\leqslant\min\{m,n\}$，即矩阵 A 的秩不超过其行数与列数；

(2) $r(A)=r(A^T)$.

若 $r(A)=r$，则矩阵 A 的所有 $r+1$ 阶子式都为零，由行列式展开定理可知矩阵 A 的所有 $r+2$ 阶及以上的子式(如果存在的话)都为零，所以矩阵 A 的秩就是 A 的非零子式的最高阶数．另外，若 n 阶矩阵 A 的秩达到了最高阶数 n，则称 A 为**满秩矩阵**；否则称 A 为**降秩矩阵**．

由秩的定义，我们易证下列命题：

命题 2.1 设 A 为 n 阶矩阵，则：

(1) $r(\boldsymbol{A})=n$ 的充要条件是 $|\boldsymbol{A}|\neq 0$,即 $\boldsymbol{A}$ 为满秩矩阵;

(2) $r(\boldsymbol{A})<n$ 的充要条件是 $|\boldsymbol{A}|=0$,即 $\boldsymbol{A}$ 为降秩矩阵.

例 2.20 求矩阵 $\boldsymbol{A}=\begin{bmatrix}2 & -3 & 8 & 2\\ 2 & 12 & -2 & 12\\ 1 & 3 & 1 & 4\end{bmatrix}$ 的秩.

解 因为 $D=\begin{vmatrix}2 & -3\\ 2 & 12\end{vmatrix}=30\neq 0$,而 $\boldsymbol{A}$ 的三阶子式有四个,且

$$\begin{vmatrix}2 & -3 & 8\\ 2 & 12 & -2\\ 1 & 3 & 1\end{vmatrix}=0,\quad \begin{vmatrix}2 & -3 & 2\\ 2 & 12 & 12\\ 1 & 3 & 4\end{vmatrix}=0,\quad \begin{vmatrix}-3 & 8 & 2\\ 12 & -2 & 12\\ 3 & 1 & 4\end{vmatrix}=0,\quad \begin{vmatrix}2 & 8 & 2\\ 2 & -2 & 12\\ 1 & 1 & 4\end{vmatrix}=0,$$

所以 $r(\boldsymbol{A})=2$.

推论 2.2 (1)若 $\boldsymbol{A}$ 中所有 r 阶子式全为零,则 $r(\boldsymbol{A})<r$,反之也真;

(2)若 $\boldsymbol{A}$ 中有一个 r 阶子式不为零,则 $r(\boldsymbol{A})\geqslant r$,反之也真.

证 (1)由行列式展开式定理,若 $\boldsymbol{A}$ 中所有 r 阶子式全为零,则 $\boldsymbol{A}$ 中所有 $k(>r)$ 阶子式(如果存在的话)全为零,从而 $\boldsymbol{A}$ 的非零子式的最高阶数即 $r(\boldsymbol{A})$ 必定小于 r. 另一方面是显然的.

(2)与(1)互为逆否命题. □

§2.6 矩阵的初等变换和初等方阵

一、矩阵的初等变换

定义 2.14 对矩阵施以下列 3 种变换,称为矩阵的**初等行变换**(elementary row transformation):

(1) 交换两行(交换第 i,j 两行,记为 $r_i\leftrightarrow r_j$);

(2) 以数 $k\neq 0$ 乘某一行中的所有元素(第 i 行乘 k,记为 kr_i);

(3) 把某一行所有元素的 k 倍加到另一行对应的元素上去(第 j 行的 k 倍加到第 i 行上,记为 r_i+kr_j).

把该定义中的"行"换成"列"(记号"r"换成"c"),可得矩阵的初等列变换的定义.

矩阵的初等行变换与初等列变换统称为矩阵的**初等变换**.

定义 2.15 如果矩阵 $\boldsymbol{A}$ 经过有限次初等变换变成矩阵 $\boldsymbol{B}$,则称矩阵 $\boldsymbol{A}$ 与 $\boldsymbol{B}$ **等价**,记为 $\boldsymbol{A}\simeq\boldsymbol{B}$.

矩阵之间的等价关系具有如下基本性质:

(1) 反身性:$\boldsymbol{A}\simeq\boldsymbol{A}$;

(2) 对称性:若 $\boldsymbol{A}\simeq\boldsymbol{B}$,则 $\boldsymbol{B}\simeq\boldsymbol{A}$;

(3) 传递性:若 $\boldsymbol{A}\simeq\boldsymbol{B},\boldsymbol{B}\simeq\boldsymbol{C}$,则 $\boldsymbol{A}\simeq\boldsymbol{C}$.

定理 2.2 设 $\boldsymbol{A}$ 为 $m\times n$ 矩阵,若矩阵 $\boldsymbol{A}$ 经有限次初等变换变成矩阵 $\boldsymbol{B}$,则 $r(\boldsymbol{A})=r(\boldsymbol{B})$. 即若 $\boldsymbol{A}\simeq\boldsymbol{B}$,则 $r(\boldsymbol{A})=r(\boldsymbol{B})$.

证 先证 $\boldsymbol{B}$ 是 $\boldsymbol{A}$ 经过一次初等行变换而得的情形. 记 $r(\boldsymbol{A})=s$.

设 D 是 $\boldsymbol{A}$ 的某个 s 阶非零子式,当 $\boldsymbol{A}\xrightarrow{r_i\leftrightarrow r_j}\boldsymbol{B}$ 或 $\boldsymbol{A}\xrightarrow{r_i\times k}\boldsymbol{B}(k\neq0)$时,在 $\boldsymbol{B}$ 中总可以找到与 D 相对应的 s 阶子式 D_1,这里 $D_1=\pm D$ 或 $D_1=kD$,所以 $D_1\neq0$,因而 $\mathrm{r}(\boldsymbol{B})\geqslant s$,即 $\mathrm{r}(\boldsymbol{A})\leqslant\mathrm{r}(\boldsymbol{B})$.反之,$\boldsymbol{B}$ 也可做一次这两种初等行变换之一成为 $\boldsymbol{A}$,则 $\mathrm{r}(\boldsymbol{B})\leqslant\mathrm{r}(\boldsymbol{A})$,故 $\mathrm{r}(\boldsymbol{A})=\mathrm{r}(\boldsymbol{B})$.

当

$$\boldsymbol{A}=\begin{bmatrix}a_{11}&a_{12}&\cdots&a_{1n}\\\vdots&\vdots&&\vdots\\a_{i1}&a_{i2}&\cdots&a_{in}\\\vdots&\vdots&&\vdots\\a_{j1}&a_{j2}&\cdots&a_{jn}\\\vdots&\vdots&&\vdots\\a_{m1}&a_{m2}&\cdots&a_{mn}\end{bmatrix}\xrightarrow{r_i+kr_j}\boldsymbol{B}=\begin{bmatrix}a_{11}&a_{12}&\cdots&a_{1n}\\\vdots&\vdots&&\vdots\\a_{i1}+ka_{j1}&a_{i2}+ka_{j2}&\cdots&a_{in}+ka_{jn}\\\vdots&\vdots&&\vdots\\a_{j1}&a_{j2}&\cdots&a_{jn}\\\vdots&\vdots&&\vdots\\a_{m1}&a_{m2}&\cdots&a_{mn}\end{bmatrix}$$

时,设 $\mathrm{r}(\boldsymbol{B})=t$,则 $\boldsymbol{B}$ 中有一个 t 阶子式 $\widetilde{D}\neq0$. 我们分三种情况来讨论:

(1) 当 $\widetilde{D}$ 不包含 $\boldsymbol{B}$ 的第 i 行元素时,则 $\widetilde{D}$ 也是 $\boldsymbol{A}$ 的 t 阶非零子式;

(2) 当 $\widetilde{D}$ 包含 $\boldsymbol{B}$ 的第 i 行元素,又包含第 j 行元素时,则在 $\boldsymbol{A}$ 中与它相应的子式的值等于 $\widetilde{D}$;

(3) 当 $\widetilde{D}$ 包含 $\boldsymbol{B}$ 的第 i 行元素,但不包含第 j 行元素时,则 $\widetilde{D}$ 中包含 $\boldsymbol{B}$ 第 i 行元素的那一行恰好是两组数之和,利用行列式的性质,可将 $\widetilde{D}$ 拆成两个行列式之和,记作

$$\widetilde{D}=\widetilde{D}_1+k\widetilde{D}_2,$$

其中 $\widetilde{D}_1$ 也是 $\boldsymbol{A}$ 的子式,$\widetilde{D}_2$ 或者是 $\boldsymbol{A}$ 的子式,或者是经过若干次行的互换也可化成 $\boldsymbol{A}$ 的子式,因此该子式等于 $\pm\widetilde{D}_2$. 若 $\widetilde{D}_1$ 与 $\widetilde{D}_2$ 同时为零,则

$$\widetilde{D}=\widetilde{D}_1+k\widetilde{D}_2=0$$

与 $\widetilde{D}\neq0$ 矛盾,故 $\widetilde{D}_1$ 与 $\widetilde{D}_2$ 至少有一个不为零,因此 $\boldsymbol{A}$ 有一个 t 阶子式不为零,所以 $\mathrm{r}(\boldsymbol{A})\geqslant t$,即 $s\geqslant t$. 因 $\boldsymbol{A}$ 经过一次初等行变换成为 $\boldsymbol{B}$,$\boldsymbol{B}$ 也可经过一次初等行变换成为 $\boldsymbol{A}$,故有 $s\leqslant t$. 所以 $s=t$.

经过一次初等行变换,$\boldsymbol{A}$ 和 $\boldsymbol{B}$ 中非零子式的最高阶数相等,即 $\mathrm{r}(\boldsymbol{A})=\mathrm{r}(\boldsymbol{B})$,则经有限次初等行变换,也有 $\mathrm{r}(\boldsymbol{A})=\mathrm{r}(\boldsymbol{B})$.

再证 $\boldsymbol{A}$ 经过初等列变换变成 $\boldsymbol{B}$ 的情形. 这时 $\boldsymbol{A}^{\mathrm{T}}$ 经过初等行变换变成 $\boldsymbol{B}^{\mathrm{T}}$,则 $\mathrm{r}(\boldsymbol{A}^{\mathrm{T}})=\mathrm{r}(\boldsymbol{B}^{\mathrm{T}})$,又因为 $\mathrm{r}(\boldsymbol{A})=\mathrm{r}(\boldsymbol{A}^{\mathrm{T}})$,$\mathrm{r}(\boldsymbol{B})=\mathrm{r}(\boldsymbol{B}^{\mathrm{T}})$,所以 $\mathrm{r}(\boldsymbol{A})=\mathrm{r}(\boldsymbol{B})$.

总之,$\boldsymbol{A}$ 经有限次初等变换变成矩阵 $\boldsymbol{B}$,则 $\mathrm{r}(\boldsymbol{A})=\mathrm{r}(\boldsymbol{B})$. 即若 $\boldsymbol{A}\simeq\boldsymbol{B}$,则 $\mathrm{r}(\boldsymbol{A})=\mathrm{r}(\boldsymbol{B})$. □

定义 2.16 设矩阵 $\boldsymbol{A}$ 的各个非零行的左起第一个非零元素的下方元素全为零,且零行(元素全为零的行)在非零行的下方,则称 $\boldsymbol{A}$ 为**行阶梯型矩阵**(row echelon matrix).

行阶梯形矩阵的特点:

(1) 可画出一条阶梯线,每个台阶只有一行;

(2) 阶梯的第一个元素不等于零,且阶梯下方元素全为零.

例如,矩阵

$$\begin{bmatrix} 2 & 3 & 7 & 0 & 3 \\ 0 & -2 & 4 & 2 & 1 \\ 0 & 0 & 0 & 3 & 2 \\ 0 & 0 & 0 & 0 & 0 \end{bmatrix}$$

是一个行阶梯形矩阵,而下列矩阵

$$\begin{bmatrix} 1 & 2 & 4 & 0 \\ 0 & 0 & 2 & 1 \\ 0 & 3 & 0 & -2 \\ 0 & 0 & 0 & 0 \end{bmatrix}, \quad \begin{bmatrix} 1 & 2 & -1 & 4 & 3 \\ 0 & -2 & 4 & 2 & 1 \\ 0 & 3 & 8 & 3 & 2 \\ 0 & 0 & 0 & 0 & 0 \end{bmatrix}, \quad \begin{bmatrix} 1 & 2 & 4 & 5 \\ 0 & 0 & 0 & 0 \\ 0 & 3 & 1 & -2 \\ 0 & 0 & 0 & 0 \end{bmatrix}$$

都不是行阶梯形矩阵.

例 2.21 求矩阵

$$\boldsymbol{A}=\begin{bmatrix} 1 & 1 & 3 & 1 \\ 0 & 2 & -1 & 4 \\ 0 & 0 & 0 & 5 \\ 0 & 0 & 0 & 0 \end{bmatrix}$$

的秩.

解 $\boldsymbol{A}$ 为行阶梯形矩阵,其非零行有 3 行,则 $\boldsymbol{A}$ 的所有 4 阶子式全为零,而选第 1,2,3 行和第 1,2,4 列,相应的 3 阶子式为

$$\begin{vmatrix} 1 & 1 & 1 \\ 0 & 2 & 4 \\ 0 & 0 & 5 \end{vmatrix} \neq 0.$$

所以由定义 2.13 可得 $\mathrm{r}(\boldsymbol{A})=3$.

注 行阶梯形矩阵的秩就是其非零行的行数.

例 2.22 用初等变换的方法求矩阵 $\boldsymbol{A}=\begin{bmatrix} 1 & -2 & -1 & 0 & 2 \\ -2 & 4 & 2 & 6 & -6 \\ 2 & -1 & 0 & 2 & 3 \\ 3 & 3 & 3 & 3 & 4 \end{bmatrix}$ 的秩.

解 $$\boldsymbol{A}=\begin{bmatrix} 1 & -2 & -1 & 0 & 2 \\ -2 & 4 & 2 & 6 & -6 \\ 2 & -1 & 0 & 2 & 3 \\ 3 & 3 & 3 & 3 & 4 \end{bmatrix} \xrightarrow[r_4-3r_1]{\substack{r_2+2r_1 \\ r_3-2r_1}} \begin{bmatrix} 1 & -2 & -1 & 0 & 2 \\ 0 & 0 & 0 & 6 & -2 \\ 0 & 3 & 2 & 2 & -1 \\ 0 & 9 & 6 & 3 & -2 \end{bmatrix}$$

$$\xrightarrow[r_3\leftrightarrow r_4]{r_2\leftrightarrow r_3} \begin{bmatrix} 1 & -2 & -1 & 0 & 2 \\ 0 & 3 & 2 & 2 & -1 \\ 0 & 9 & 6 & 3 & -2 \\ 0 & 0 & 0 & 6 & -2 \end{bmatrix} \xrightarrow{r_3-3r_2} \begin{bmatrix} 1 & -2 & -1 & 0 & 2 \\ 0 & 3 & 2 & 2 & -1 \\ 0 & 0 & 0 & -3 & 1 \\ 0 & 0 & 0 & 6 & -2 \end{bmatrix}$$

$$\xrightarrow{r_4+2r_3}\begin{bmatrix}1 & -2 & -1 & 0 & 2\\0 & 3 & 2 & 2 & -1\\0 & 0 & 0 & -3 & 1\\0 & 0 & 0 & 0 & 0\end{bmatrix}=\boldsymbol{B}.$$

因为行阶梯形矩阵 $\boldsymbol{B}$ 非零行的行数为 3,所以 $\mathrm{r}(\boldsymbol{B})=3$. 再由定理 2.2 可知 $\mathrm{r}(\boldsymbol{A})=\mathrm{r}(\boldsymbol{B})=3$.

对行阶梯形矩阵 $\boldsymbol{B}$ 再进行初等行变换

$$\boldsymbol{B}=\begin{bmatrix}1 & -2 & -1 & 0 & 2\\0 & 3 & 2 & 2 & -1\\0 & 0 & 0 & -3 & 1\\0 & 0 & 0 & 0 & 0\end{bmatrix}\xrightarrow[-\frac{1}{3}\times r_3]{\frac{1}{3}\times r_2}\begin{bmatrix}1 & -2 & -1 & 0 & 2\\0 & 1 & \frac{2}{3} & \frac{2}{3} & -\frac{1}{3}\\0 & 0 & 0 & 1 & -\frac{1}{3}\\0 & 0 & 0 & 0 & 0\end{bmatrix}$$

$$\xrightarrow[r_1+2r_2]{r_2-\frac{2}{3}r_3}\begin{bmatrix}1 & 0 & \frac{1}{3} & 0 & \frac{16}{9}\\0 & 1 & \frac{2}{3} & 0 & -\frac{1}{9}\\0 & 0 & 0 & 1 & -\frac{1}{3}\\0 & 0 & 0 & 0 & 0\end{bmatrix}=\boldsymbol{C}.$$

这里的 $\boldsymbol{C}$ 是我们要定义的行最简形矩阵.

定义 2.17 设矩阵 $\boldsymbol{A}$ 为行阶梯型矩阵,若矩阵 $\boldsymbol{A}$ 中每个非零行的左起第一个非零元素均为 1,且该元素所在的列的其余元素都是零,则称 $\boldsymbol{A}$ 为**行最简形矩阵**.

在例 2.22 中再对行最简形矩阵 $\boldsymbol{C}$ 进行一系列初等列变换:

$$\boldsymbol{C}=\begin{bmatrix}1 & 0 & \frac{1}{3} & 0 & \frac{16}{9}\\0 & 1 & \frac{2}{3} & 0 & -\frac{1}{9}\\0 & 0 & 0 & 1 & -\frac{1}{3}\\0 & 0 & 0 & 0 & 0\end{bmatrix}\longrightarrow\begin{bmatrix}1 & 0 & 0 & 0 & 0\\0 & 1 & 0 & 0 & 0\\0 & 0 & 1 & 0 & 0\\0 & 0 & 0 & 0 & 0\end{bmatrix}=\begin{bmatrix}\boldsymbol{I}_3 & \boldsymbol{O}\\\boldsymbol{O} & \boldsymbol{O}\end{bmatrix}.$$

可得 $\boldsymbol{A}$ 的标准形 $\begin{bmatrix}\boldsymbol{I}_3 & \boldsymbol{O}\\\boldsymbol{O} & \boldsymbol{O}\end{bmatrix}$.

标准形 $\begin{bmatrix}\boldsymbol{I}_r & \boldsymbol{O}\\\boldsymbol{O} & \boldsymbol{O}\end{bmatrix}_{m\times n}$ 的特点:左上角是一个 r 阶单位矩阵(其中 r 是行阶梯形矩阵中非零行的行数),其余元素都为 0.

注 (1)若 $\boldsymbol{A}\simeq\boldsymbol{B}$,则 $\mathrm{r}(\boldsymbol{A})=\mathrm{r}(\boldsymbol{B})$,从而 $\boldsymbol{A}$ 与 $\boldsymbol{B}$ 有相同的标准形.

(2)设 n 阶方阵 $\boldsymbol{A}=\begin{bmatrix} a_{11} & a_{12} & \cdots & a_{1n} \\ a_{21} & a_{22} & \cdots & a_{2n} \\ \vdots & \vdots & & \vdots \\ a_{n1} & a_{n2} & \cdots & a_{nn} \end{bmatrix}$,若 $\boldsymbol{A}$ 为可逆阵(即 $|\boldsymbol{A}|\neq 0$),则 $\mathrm{r}(\boldsymbol{A})=n$,从而 $\boldsymbol{A}$ 的标准形为 n 阶单位矩阵,即 $\boldsymbol{A}\simeq\boldsymbol{I}$.

二、初等方阵

定义 2.18 由单位矩阵 $\boldsymbol{I}$ 经过一次初等变换而得到的方阵,称为**初等方阵**(elementary matrix).

单位矩阵的三种初等变换对应着三种初等方阵:

(1) 交换单位矩阵 $\boldsymbol{I}$ 的第 i,j 两行(或第 i,j 两列),得初等方阵

$$\boldsymbol{I}(i,j)=\begin{bmatrix} 1 & & & & & & & & \\ & \ddots & & & & & & & \\ & & 1 & & & & & & \\ & & & 0 & & \cdots & & 1 & & \\ & & & & 1 & & & & \\ & & & \vdots & & \ddots & & \vdots & & \\ & & & & & & 1 & & \\ & & & 1 & & \cdots & & 0 & & \\ & & & & & & & & 1 & \\ & & & & & & & & & \ddots \\ & & & & & & & & & & 1 \end{bmatrix}\begin{matrix} \\ \\ \\ (\text{第 } i \text{ 行}) \\ \\ \\ \\ (\text{第 } j \text{ 行}) \\ \\ \\ \\ \end{matrix}.$$

(2) 以非零数 k 乘单位矩阵 $\boldsymbol{I}$ 的第 i 行(或第 i 列),得初等方阵

$$\boldsymbol{I}(i(k))=\begin{bmatrix} 1 & & & & & & \\ & \ddots & & & & & \\ & & 1 & & & & \\ & & & k & & & \\ & & & & 1 & & \\ & & & & & \ddots & \\ & & & & & & 1 \end{bmatrix}\begin{matrix} \\ \\ \\ (\text{第 } i \text{ 行}). \\ \\ \\ \\ \end{matrix}$$

(3)以数 k 乘单位矩阵 $\boldsymbol{I}$ 的第 j 行后加到第 i 行上去(或以数 k 乘单位矩阵 $\boldsymbol{I}$ 的第 i 列后加到第 j 列上去),得初等方阵:

$$\boldsymbol{I}(i,j(k))=\begin{bmatrix} 1 & & & & & \\ & \ddots & & & & \\ & & 1 & \cdots & k & & \\ & & & \ddots & \vdots & & \\ & & & & 1 & & \\ & & & & & \ddots & \\ & & & & & & 1 \end{bmatrix}\begin{matrix} \\ \\ (\text{第 } i \text{ 行}) \\ \\ (\text{第 } j \text{ 行}) \\ \\ \\ \end{matrix}.$$

上述初等方阵都是可逆的,它们的逆矩阵也是初等方阵,且有

$$\boldsymbol{I}(i,j)^{-1}=\boldsymbol{I}(i,j),\quad \boldsymbol{I}(i(k))^{-1}=\boldsymbol{I}\left(i\left(\frac{1}{k}\right)\right),\quad \boldsymbol{I}(i,j(k))^{-1}=\boldsymbol{I}(i,j(-k)).$$

事实上,我们有

$$\boldsymbol{I}(i,j)\boldsymbol{I}(i,j)=\boldsymbol{I},\quad \boldsymbol{I}(i(k))\boldsymbol{I}\left(i\left(\frac{1}{k}\right)\right)=\boldsymbol{I},\quad \boldsymbol{I}(i,j(k))\boldsymbol{I}(i,j(-k))=\boldsymbol{I}.$$

利用矩阵乘法的定义,可以得到初等方阵与矩阵相乘和矩阵的初等变换之间的关系:

若 $\boldsymbol{A}=\begin{bmatrix}a & b & c\\ r & s & t\\ x & y & z\end{bmatrix}\xrightarrow{r_1\leftrightarrow r_2}\begin{bmatrix}r & s & t\\ a & b & c\\ x & y & z\end{bmatrix}=\boldsymbol{B}_1$,则有 3 阶初等方阵 $\boldsymbol{I}(1,2)$ 使得 $\boldsymbol{I}(1,2)\boldsymbol{A}=\boldsymbol{B}_1$;

若 $\boldsymbol{A}=\begin{bmatrix}a & b & c\\ r & s & t\\ x & y & z\end{bmatrix}\xrightarrow{c_1\leftrightarrow c_2}\begin{bmatrix}b & a & c\\ s & r & t\\ y & x & z\end{bmatrix}=\boldsymbol{B}_2$,则有 3 阶初等方阵 $\boldsymbol{I}(1,2)$ 使得 $\boldsymbol{A}\boldsymbol{I}(1,2)=\boldsymbol{B}_2$.

一般地,我们有如下定理:

定理 2.3 对一个 $m\times n$ 矩阵 $\boldsymbol{A}$ 进行一次初等行变换,相当于在 $\boldsymbol{A}$ 的左边乘上一个相应的 m 阶初等方阵;对 $\boldsymbol{A}$ 进行一次初等列变换,相当于在 $\boldsymbol{A}$ 的右边乘上一个相应的 n 阶初等方阵.

证 我们来看初等行变换的情形,分三种初等行变换情形来证明. 列变换的情形可以同样证明.

$$(1)\ \boldsymbol{I}(i,j)\boldsymbol{A}=\begin{bmatrix}1 &&&&&&&& \\ & \ddots &&&&&&& \\ && 1 &&&&&& \\ &&& 0 & \cdots & 1 &&& \\ &&& & 1 & &&& \\ &&& \vdots & \ddots & \vdots &&& \\ &&& & & 1 &&& \\ &&& 1 & \cdots & 0 &&& \\ &&&&&& 1 && \\ &&&&&&& \ddots & \\ &&&&&&&& 1\end{bmatrix}\begin{bmatrix}a_{11} & a_{12} & \cdots & a_{1n}\\ \vdots & \vdots & & \vdots\\ a_{i1} & a_{i2} & \cdots & a_{in}\\ \vdots & \vdots & & \vdots\\ a_{j1} & a_{j2} & \cdots & a_{jn}\\ \vdots & \vdots & & \vdots\\ a_{m1} & a_{m2} & \cdots & a_{mn}\end{bmatrix}$$

$$=\begin{bmatrix}a_{11} & a_{12} & \cdots & a_{1n}\\ \vdots & \vdots & & \vdots\\ a_{j1} & a_{j2} & \cdots & a_{jn}\\ \vdots & \vdots & & \vdots\\ a_{i1} & a_{i2} & \cdots & a_{in}\\ \vdots & \vdots & & \vdots\\ a_{m1} & a_{m2} & \cdots & a_{mn}\end{bmatrix}\begin{matrix}\\ \\ (\text{第 } i \text{ 行})\\ \\ (\text{第 } j \text{ 行})\\ \\ \\ \end{matrix}.$$

最后这个矩阵恰好是交换 $\boldsymbol{A}$ 的第 i 行与第 j 行所得到的矩阵,这相当于对 $\boldsymbol{A}$ 进行第一种初等行变换.

(2) $$\boldsymbol{I}(i(k))\boldsymbol{A}=\begin{bmatrix}1&&&&&&\\&\ddots&&&&&\\&&1&&&&\\&&&k&&&\\&&&&1&&\\&&&&&\ddots&\\&&&&&&1\end{bmatrix}\begin{bmatrix}a_{11}&a_{12}&\cdots&a_{1n}\\\vdots&\vdots&&\vdots\\a_{i1}&a_{i2}&\cdots&a_{in}\\\vdots&\vdots&&\vdots\\a_{m1}&a_{m2}&\cdots&a_{mn}\end{bmatrix}$$

$$=\begin{bmatrix}a_{11}&a_{12}&\cdots&a_{1n}\\\vdots&\vdots&&\vdots\\ka_{i1}&ka_{i2}&\cdots&ka_{in}\\\vdots&\vdots&&\vdots\\a_{m1}&a_{m2}&\cdots&a_{mn}\end{bmatrix}(\text{第 } i \text{ 行}).$$

最后这个矩阵恰好是以数 $k(k\neq0)$ 乘以 $\boldsymbol{A}$ 的第 i 行而得到的矩阵,这相当于对 $\boldsymbol{A}$ 进行第二种初等行变换.

(3) $$\boldsymbol{I}(i,j(k))\boldsymbol{A}=\begin{bmatrix}1&&&&&\\&\ddots&&&&\\&&1&\cdots&k&&\\&&&\ddots&\vdots&&\\&&&&1&&\\&&&&&\ddots&\\&&&&&&1\end{bmatrix}\begin{bmatrix}a_{11}&a_{12}&\cdots&a_{1n}\\\vdots&\vdots&&\vdots\\a_{i1}&a_{i2}&\cdots&a_{in}\\\vdots&\vdots&&\vdots\\a_{j1}&a_{j2}&\cdots&a_{jn}\\\vdots&\vdots&&\vdots\\a_{m1}&a_{m2}&\cdots&a_{mn}\end{bmatrix}$$

$$=\begin{bmatrix}a_{11}&a_{12}&\cdots&a_{1n}\\\vdots&\vdots&&\vdots\\a_{i1}+ka_{j1}&a_{i2}+ka_{j2}&\cdots&a_{in}+ka_{jn}\\\vdots&\vdots&&\vdots\\a_{j1}&a_{j2}&\cdots&a_{jn}\\\vdots&\vdots&&\vdots\\a_{m1}&a_{m2}&\cdots&a_{mn}\end{bmatrix}\begin{matrix}\\\\(\text{第 } i \text{ 行})\\\\(\text{第 } j \text{ 行})\\\\\\\end{matrix},$$

最后这个矩阵恰好是把 $\boldsymbol{A}$ 的第 j 行的 k 倍加到第 i 行对应元素上所得到的矩阵,这相当于对 $\boldsymbol{A}$ 进行第三种初等行变换. □

根据这一定理,对一矩阵进行初等变换相当于用相应的初等方阵左乘或右乘这一矩阵,故有:两个 $m\times n$ 矩阵 $\boldsymbol{A}$ 与 $\boldsymbol{B}$ 等价的充要条件是存在 m 阶初等方阵 $\boldsymbol{P}_1,\cdots,\boldsymbol{P}_l$ 与 n 阶初等方阵 $\boldsymbol{P}_{l+1},\cdots,\boldsymbol{P}_t$,使

$$\boldsymbol{B}=\boldsymbol{P}_1\boldsymbol{P}_2\cdots\boldsymbol{P}_l\boldsymbol{A}\boldsymbol{P}_{l+1}\boldsymbol{P}_{l+2}\cdots\boldsymbol{P}_t. \tag{2.1}$$

若令 $\boldsymbol{P}_1\boldsymbol{P}_2\cdots\boldsymbol{P}_l=\boldsymbol{P}$,$\boldsymbol{P}_{l+1}\boldsymbol{P}_{l+2}\cdots\boldsymbol{P}_t=\boldsymbol{Q}$,显然 $\boldsymbol{P}$ 为可逆的 m 阶方阵,$\boldsymbol{Q}$ 为可逆的 n 阶方阵,此时(2.1)式可写成 $\boldsymbol{B}=\boldsymbol{PAQ}$,从而有如下定理:

定理 2.4 两个 $m\times n$ 矩阵$\boldsymbol{A}$与$\boldsymbol{B}$等价的充要条件是存在m阶可逆方阵$\boldsymbol{P}$与n阶可逆方阵$\boldsymbol{Q}$,使$\boldsymbol{B}=\boldsymbol{PAQ}$.

若$\boldsymbol{A}$为可逆的n阶方阵,其标准形为n阶单位矩阵$\boldsymbol{I}$,即$\boldsymbol{A}\simeq\boldsymbol{I}$,由(2.1)式有

$$\boldsymbol{A}=\boldsymbol{P}_1\boldsymbol{P}_2\cdots\boldsymbol{P}_l\boldsymbol{I}\boldsymbol{P}_{l+1}\boldsymbol{P}_{l+2}\cdots\boldsymbol{P}_t=\boldsymbol{P}_1\boldsymbol{P}_2\cdots\boldsymbol{P}_t,$$

其中$\boldsymbol{P}_i(i=1,2,\cdots,t)$为$n$阶初等方阵,故有如下定理:

定理 2.5 n阶方阵$\boldsymbol{A}$可逆的充要条件是它能表示成一些初等方阵的乘积,即$\boldsymbol{A}=\boldsymbol{P}_1\boldsymbol{P}_2\cdots\boldsymbol{P}_t$.

由定理2.5可得:可逆阵$\boldsymbol{A}=\boldsymbol{P}_1\boldsymbol{P}_2\cdots\boldsymbol{P}_t$,此时$\boldsymbol{A}^{-1}=\boldsymbol{P}_t^{-1}\cdots\boldsymbol{P}_2^{-1}\boldsymbol{P}_1^{-1}$,故有

$$\boldsymbol{P}_t^{-1}\cdots\boldsymbol{P}_2^{-1}\boldsymbol{P}_1^{-1}\boldsymbol{A}=\boldsymbol{I},\quad \boldsymbol{A}\boldsymbol{P}_t^{-1}\cdots\boldsymbol{P}_2^{-1}\boldsymbol{P}_1^{-1}=\boldsymbol{I}.$$

由于初等方阵的逆矩阵仍为初等方阵,同时在矩阵$\boldsymbol{A}$左(右)边乘上这些初等方阵就相当于对$\boldsymbol{A}$作初等行(列)变换,从而有:

推论 2.3 可逆矩阵总可以经过一系列初等行(或列)变换化为单位矩阵.

由以上讨论可得出一种求逆矩阵的方法:

设$\boldsymbol{A}$为n阶可逆方阵,由定理2.5,有一系列初等方阵$\boldsymbol{P}_1,\boldsymbol{P}_2,\cdots\boldsymbol{P}_t$,使得

$$\boldsymbol{A}=\boldsymbol{P}_1\boldsymbol{P}_2\cdots\boldsymbol{P}_t,$$

显然$\boldsymbol{A}^{-1}=\boldsymbol{P}_t^{-1}\cdots\boldsymbol{P}_2^{-1}\boldsymbol{P}_1^{-1}$,所以

$$\boldsymbol{P}_t^{-1}\cdots\boldsymbol{P}_2^{-1}\boldsymbol{P}_1^{-1}\boldsymbol{A}=\boldsymbol{I},$$
$$\boldsymbol{P}_t^{-1}\cdots\boldsymbol{P}_2^{-1}\boldsymbol{P}_1^{-1}\boldsymbol{I}=\boldsymbol{A}^{-1}.$$

上面两式子表明:如果用一系列初等行变换把可逆矩阵$\boldsymbol{A}$化为单位阵,那么,同样地用这一系列初等行变换可把单位矩阵化为$\boldsymbol{A}^{-1}$.

把$\boldsymbol{A},\boldsymbol{I}$这两个$n$阶方阵合并在一起,构成一个$n\times 2n$矩阵$(\boldsymbol{A}\,\vdots\,\boldsymbol{I})$,按矩阵的分块乘法,有

$$\boldsymbol{P}_t^{-1}\cdots\boldsymbol{P}_2^{-1}\boldsymbol{P}_1^{-1}(\boldsymbol{A}\,\vdots\,\boldsymbol{I})=(\boldsymbol{P}_t^{-1}\cdots\boldsymbol{P}_2^{-1}\boldsymbol{P}_1^{-1}\boldsymbol{A}\,\vdots\,\boldsymbol{P}_t^{-1}\cdots\boldsymbol{P}_2^{-1}\boldsymbol{P}_1^{-1}\boldsymbol{I})=(\boldsymbol{I}\,\vdots\,\boldsymbol{A}^{-1}).$$

这给出了一个具体利用初等行变换求逆矩阵的方法:构造$n\times 2n$矩阵$(\boldsymbol{A}\,\vdots\,\boldsymbol{I})$,对该分块矩阵作初等行变换,当把左边子块化为单位矩阵$\boldsymbol{I}$的时候,右边子块就是所求的$\boldsymbol{A}^{-1}$. 即

$$(\boldsymbol{A}\,\vdots\,\boldsymbol{I})\xrightarrow{\text{初等行变换}}(\boldsymbol{I}\,\vdots\,\boldsymbol{A}^{-1}).$$

这种求逆矩阵的方法,我们称之为初等行变换法.

例 2.23 设$\boldsymbol{A}=\begin{bmatrix}0&1&2\\1&1&4\\2&-1&0\end{bmatrix}$,求$\boldsymbol{A}^{-1}$.

解 因为

$$(\boldsymbol{A}\,\vdots\,\boldsymbol{I})=\begin{bmatrix}0&1&2&1&0&0\\1&1&4&0&1&0\\2&-1&0&0&0&1\end{bmatrix}\xrightarrow{r_1\leftrightarrow r_2}\begin{bmatrix}1&1&4&0&1&0\\0&1&2&1&0&0\\2&-1&0&0&0&1\end{bmatrix}$$

$$\xrightarrow{r_3-2r_1}\begin{bmatrix}1&1&4&0&1&0\\0&1&2&1&0&0\\0&-3&-8&0&-2&1\end{bmatrix}\xrightarrow{r_3+3r_2}\begin{bmatrix}1&1&4&0&1&0\\0&1&2&1&0&0\\0&0&-2&3&-2&1\end{bmatrix}$$

$$\xrightarrow[r_2+r_3]{r_1+2r_3}\begin{bmatrix}1&1&0&6&-3&2\\0&1&0&4&-2&1\\0&0&-2&3&-2&1\end{bmatrix}\xrightarrow[r_3\times\left(-\frac{1}{2}\right)]{r_1-r_2}\begin{bmatrix}1&0&0&2&-1&1\\0&1&0&4&-2&1\\0&0&1&-\frac{3}{2}&1&-\frac{1}{2}\end{bmatrix}=(\boldsymbol{I}\,\vdots\,\boldsymbol{A}^{-1}),$$

所以

$$\boldsymbol{A}^{-1}=\begin{bmatrix}2&-1&1\\4&-2&1\\-\frac{3}{2}&1&-\frac{1}{2}\end{bmatrix}.$$

类似地，只用初等列变换也可以求逆矩阵：

$$\begin{bmatrix}\boldsymbol{A}\\\cdots\\\boldsymbol{I}\end{bmatrix}\xrightarrow{\text{初等列变换}}\begin{bmatrix}\boldsymbol{I}\\\cdots\\\boldsymbol{A}^{-1}\end{bmatrix}.$$

利用初等行变换求逆矩阵的方法，还可用于求矩阵 $\boldsymbol{A}^{-1}\boldsymbol{B}$，即

$$\boldsymbol{A}^{-1}(\boldsymbol{A}\,\vdots\,\boldsymbol{B})=(\boldsymbol{I}\,\vdots\,\boldsymbol{A}^{-1}\boldsymbol{B}).$$

对于前例 2.12 求解线性方程组

$$\begin{cases}x_1+2x_2+3x_3=1,\\2x_1+2x_2+5x_3=2,\\3x_1+5x_2+x_3=3.\end{cases}$$

解 把方程组写为 $\boldsymbol{A}\boldsymbol{x}=\boldsymbol{b}$，其中 $\boldsymbol{A}=\begin{bmatrix}1&2&3\\2&2&5\\3&5&1\end{bmatrix}$，$\boldsymbol{x}=\begin{bmatrix}x_1\\x_2\\x_3\end{bmatrix}$，$\boldsymbol{b}=\begin{bmatrix}1\\2\\3\end{bmatrix}$，由于 $|\boldsymbol{A}|=15\neq0$，所以 $\boldsymbol{A}$ 可逆，对等式 $\boldsymbol{A}\boldsymbol{x}=\boldsymbol{b}$ 两端同时左乘 $\boldsymbol{A}^{-1}$，得 $\boldsymbol{x}=\boldsymbol{A}^{-1}\boldsymbol{b}$，而

$$(\boldsymbol{A}\,\vdots\,\boldsymbol{b})=\begin{bmatrix}1&2&3&1\\2&2&5&2\\3&5&1&3\end{bmatrix}\xrightarrow[r_3-3r_1]{r_2-2r_1}\begin{bmatrix}1&2&3&1\\0&-2&-1&0\\0&-1&-8&0\end{bmatrix}\xrightarrow{r_2\leftrightarrow r_3}\begin{bmatrix}1&2&3&1\\0&-1&-8&0\\0&-2&-1&0\end{bmatrix}$$

$$\xrightarrow{r_3-2r_2}\begin{bmatrix}1&2&3&1\\0&-1&-8&0\\0&0&15&0\end{bmatrix}\xrightarrow{\frac{1}{15}\times r_3}\begin{bmatrix}1&2&3&1\\0&-1&-8&0\\0&0&1&0\end{bmatrix}\xrightarrow[r_2+8r_3]{r_1-3r_3}\begin{bmatrix}1&2&0&1\\0&-1&0&0\\0&0&1&0\end{bmatrix}$$

$$\xrightarrow{r_1+2r_2}\begin{bmatrix}1&0&0&1\\0&-1&0&0\\0&0&1&0\end{bmatrix}\xrightarrow{(-1)\times r_2}\begin{bmatrix}1&0&0&1\\0&1&0&0\\0&0&1&0\end{bmatrix}=(\boldsymbol{I}\,\vdots\,\boldsymbol{A}^{-1}\boldsymbol{b}),$$

所以

$$\boldsymbol{x}=\boldsymbol{A}^{-1}\boldsymbol{b}=\begin{bmatrix}x_1\\x_2\\x_3\end{bmatrix}=\begin{bmatrix}1\\0\\0\end{bmatrix},$$

即方程组的解为

$$\begin{cases}x_1=1,\\x_2=0,\\x_3=0.\end{cases}$$

习 题 二

(A)

1. 设

$$A=\begin{bmatrix}1&-1\\2&0\\-1&1\end{bmatrix},\quad B=\begin{bmatrix}0&2\\1&0\\-1&0\end{bmatrix},\quad C=\begin{bmatrix}1&2\\-2&-1\\3&3\end{bmatrix},$$

计算 $2\boldsymbol{A}+3\boldsymbol{B}$,$3\boldsymbol{C}-4\boldsymbol{B}$,$3\boldsymbol{A}-2\boldsymbol{B}+\boldsymbol{C}$.

2. 设

$$A=\begin{bmatrix}1&1&1\\1&1&-1\\1&-1&1\end{bmatrix},\quad B=\begin{bmatrix}1&2&3\\-1&-2&4\\0&5&1\end{bmatrix},$$

若 $\boldsymbol{X}$ 满足$(2\boldsymbol{A}-\boldsymbol{X})+2(\boldsymbol{B}-\boldsymbol{X})=\boldsymbol{O}$,求 $\boldsymbol{X}$.

3. 计算下列矩阵的乘积:

(1) $\begin{bmatrix}1&2&3&4\end{bmatrix}\begin{bmatrix}1\\2\\3\\4\end{bmatrix}$;　　(2) $\begin{bmatrix}1\\2\\3\\4\end{bmatrix}\begin{bmatrix}1&2&3&4\end{bmatrix}$;

(3) $\begin{bmatrix}0&0&1\\0&1&0\\1&0&0\end{bmatrix}\begin{bmatrix}3&1&-1\\1&2&-1\\4&-2&5\end{bmatrix}$;　　(4) $\begin{bmatrix}3&1&2&-1\\0&3&1&0\end{bmatrix}\begin{bmatrix}1&0&5\\0&2&0\\1&0&1\\0&3&0\end{bmatrix}\begin{bmatrix}-1&0\\1&3\\0&1\end{bmatrix}$.

4. 设 $\boldsymbol{A}$ 为 n 阶对称矩阵,且 $\boldsymbol{A}^2=\boldsymbol{O}$,证明:$\boldsymbol{A}=\boldsymbol{O}$.

5. 计算下列矩阵(其中 n 为正整数):

(1) $\begin{bmatrix}a&0&0\\0&b&0\\0&0&c\end{bmatrix}^n$;　　(2) $\begin{bmatrix}\lambda&1&0\\0&\lambda&1\\0&0&\lambda\end{bmatrix}^n$.

6. 已知 $f(x)=x^2-x-1$,$\boldsymbol{A}=\begin{bmatrix}3&1&1\\3&1&2\\1&-1&0\end{bmatrix}$,求 $f(\boldsymbol{A})$.

7. 已知 $\boldsymbol{A}=\begin{bmatrix}2&2&-2\\2&5&-4\\-2&-4&5\end{bmatrix}$,$\lambda$ 为一未知量,求解方程 $|\lambda\boldsymbol{I}-\boldsymbol{A}|=0$.

8. 判断下列矩阵是否可逆,如果可逆,用伴随矩阵的方法求其逆矩阵:

(1) $\begin{bmatrix}1&2\\4&6\end{bmatrix}$;　　(2) $\begin{bmatrix}2&2&3\\1&-1&0\\-1&2&1\end{bmatrix}$;

(3) $\begin{bmatrix}1 & -1 & 4\\ 2 & -3 & 1\\ 3 & -5 & -1\end{bmatrix}$；　　(4) $\begin{bmatrix}1 & 2 & 3 & 4\\ 0 & 1 & 2 & 3\\ 0 & 0 & 1 & 2\\ 0 & 0 & 0 & 1\end{bmatrix}$.

9. 解下列矩阵方程：

(1) $\begin{bmatrix}1 & 1 & -1\\ -2 & 1 & 1\\ 1 & 1 & 1\end{bmatrix}\boldsymbol{X}=\begin{bmatrix}2\\ 3\\ 6\end{bmatrix}$；　　(2) $\boldsymbol{X}\begin{bmatrix}1 & 1 & -1\\ 2 & 1 & 0\\ 1 & -1 & 1\end{bmatrix}=\begin{bmatrix}1 & 1 & 3\\ 4 & 3 & 2\\ 1 & 2 & 5\end{bmatrix}$；

(3) $\begin{bmatrix}2 & -3 & 1\\ 4 & -5 & 2\\ 5 & -7 & 3\end{bmatrix}\boldsymbol{X}\begin{bmatrix}3 & 3\\ 4 & 6\end{bmatrix}=\begin{bmatrix}1 & 0\\ -1 & 2\\ 0 & 1\end{bmatrix}$.

10. 设 $\boldsymbol{A}^k=\boldsymbol{O}$($k$ 为正整数)，证明：

$$(\boldsymbol{I}-\boldsymbol{A})^{-1}=\boldsymbol{I}+\boldsymbol{A}+\boldsymbol{A}^2+\cdots+\boldsymbol{A}^{k-1}.$$

11. 设 n 阶方阵 $\boldsymbol{A}$ 满足 $\boldsymbol{A}^2-2\boldsymbol{A}-4\boldsymbol{I}=\boldsymbol{O}$，试证 $\boldsymbol{A}+\boldsymbol{I}$ 可逆，并求 $(\boldsymbol{A}+\boldsymbol{I})^{-1}$.

12. 设 3 阶方阵 $\boldsymbol{A},\boldsymbol{B}$ 满足关系式 $\boldsymbol{A}^{-1}\boldsymbol{B}\boldsymbol{A}=6\boldsymbol{A}+\boldsymbol{B}\boldsymbol{A}$，且

$$\boldsymbol{A}=\begin{bmatrix}\frac{1}{3} & 0 & 0\\ 0 & \frac{1}{4} & 0\\ 0 & 0 & \frac{1}{7}\end{bmatrix},$$

求 $\boldsymbol{B}$.

13. 设 n 阶方阵 $\boldsymbol{A},\boldsymbol{B}$，满足 $\boldsymbol{A}+\boldsymbol{B}=\boldsymbol{A}\boldsymbol{B}$，证明：$\boldsymbol{A}-\boldsymbol{I}$ 可逆，并求 $\boldsymbol{A}-\boldsymbol{I}$ 的逆矩阵.

14. 设 $\boldsymbol{A}$ 为三阶方阵，且 $|\boldsymbol{A}|=\frac{1}{8}$，求 $\left|\left(\frac{1}{3}\boldsymbol{A}\right)^{-1}-8\boldsymbol{A}^*\right|$.

15. 用分块矩阵乘法，计算下列矩阵的乘积 $\boldsymbol{A}\boldsymbol{B}$，其中

$$\boldsymbol{A}=\begin{bmatrix}1 & 3 & 0 & 0 & 0\\ 2 & 0 & 0 & 0 & 0\\ 0 & 0 & 1 & 0 & 1\\ 0 & 0 & 2 & 3 & 2\\ 0 & 0 & 3 & 1 & 1\end{bmatrix},\quad \boldsymbol{B}=\begin{bmatrix}1 & 3 & 0 & 0 & 0\\ 2 & 8 & 0 & 0 & 0\\ 1 & 0 & 1 & 0 & 1\\ 0 & 1 & 2 & 3 & 2\\ 2 & 3 & 3 & 1 & 1\end{bmatrix}.$$

16. 求下列矩阵的秩：

(1) $\begin{bmatrix}1 & 3 & 5 & -1\\ 5 & -1 & -3 & 4\\ 5 & 1 & -1 & 7\\ 7 & 7 & 9 & 5\end{bmatrix}$；　　(2) $\begin{bmatrix}0 & 1 & 1 & -1 & 2\\ 0 & 2 & 2 & 2 & 0\\ 0 & -1 & -1 & 1 & 1\\ 1 & 1 & 0 & 0 & -1\end{bmatrix}$；

(3) $\begin{bmatrix}1 & 1 & 1\\ \lambda & 2 & 4\\ \lambda & 2 & 1\end{bmatrix}$.

17. 设 $\boldsymbol{A}=\begin{bmatrix}1&2&1\\3&2&-1\\1&1&1\end{bmatrix}$,$\boldsymbol{B}=\begin{bmatrix}0&1&2\\0&3&-4\\2&0&0\end{bmatrix}$,求 $\mathrm{r}(\boldsymbol{AB}-\boldsymbol{B})$.

18. 用矩阵的初等变换将下列矩阵化为标准形:

(1) $\begin{bmatrix}1&-1&2\\3&2&1\\1&-2&0\end{bmatrix}$;　　(2) $\begin{bmatrix}1&2&3&4\\0&-1&0&-2\\1&1&3&2\\2&2&6&4\end{bmatrix}$.

19. 利用矩阵的初等行变换求下列方阵的逆矩阵:

(1) $\begin{bmatrix}2&2&3\\1&-1&0\\-1&2&1\end{bmatrix}$;　　(2) $\begin{bmatrix}1&-1&4\\2&-3&1\\3&-5&-1\end{bmatrix}$;

(3) $\begin{bmatrix}0&2&0&\cdots&0\\0&0&3&\cdots&0\\\vdots&\vdots&\vdots&&\vdots\\0&0&0&\cdots&n\\1&0&0&\cdots&0\end{bmatrix}$.

20. 利用逆矩阵解下列线性方程组:

(1) $\begin{cases}x_1-x_2-x_3=2,\\2x_1-x_2-3x_3=1,\\3x_1+2x_2-5x_3=0;\end{cases}$　　(2) $\begin{cases}x_1-x_2+3x_3=2,\\2x_1-x_2+4x_3=1,\\-x_1+2x_2-4x_3=-1;\end{cases}$

(3) $\begin{cases}x_1+x_2=2,\\x_2+x_3=1,\\x_1+2x_2+2x_3=-1.\end{cases}$

21. 设矩阵 $\boldsymbol{A}=\begin{bmatrix}1&1&-1\\-1&1&1\\1&-1&1\end{bmatrix}$,矩阵 $\boldsymbol{X}$ 满足 $\boldsymbol{A}^*\boldsymbol{X}=\boldsymbol{A}^{-1}+2\boldsymbol{X}$,其中 $\boldsymbol{A}^*$ 是 $\boldsymbol{A}$ 的伴随矩阵,求矩阵 $\boldsymbol{X}$.

22. 设 $\boldsymbol{A}$ 是 n 阶矩阵,$\boldsymbol{A}^*$ 是 $\boldsymbol{A}$ 的伴随矩阵,证明:

$$\mathrm{r}(\boldsymbol{A}^*)=\begin{cases}n, & \mathrm{r}(\boldsymbol{A})=n,\\1, & \mathrm{r}(\boldsymbol{A})=n-1,\\0, & \mathrm{r}(\boldsymbol{A})<n-1.\end{cases}$$

(B)

1. 设 $\boldsymbol{A}$、$\boldsymbol{B}$ 均为 n 阶方阵,则必有(　　).

A. $|\boldsymbol{A}+\boldsymbol{B}|=|\boldsymbol{A}|+|\boldsymbol{B}|$　　B. $\boldsymbol{AB}=\boldsymbol{BA}$

C. $|\boldsymbol{AB}|=|\boldsymbol{BA}|$　　D. $(\boldsymbol{AB})^{\mathrm{T}}=\boldsymbol{A}^{\mathrm{T}}\boldsymbol{B}^{\mathrm{T}}$

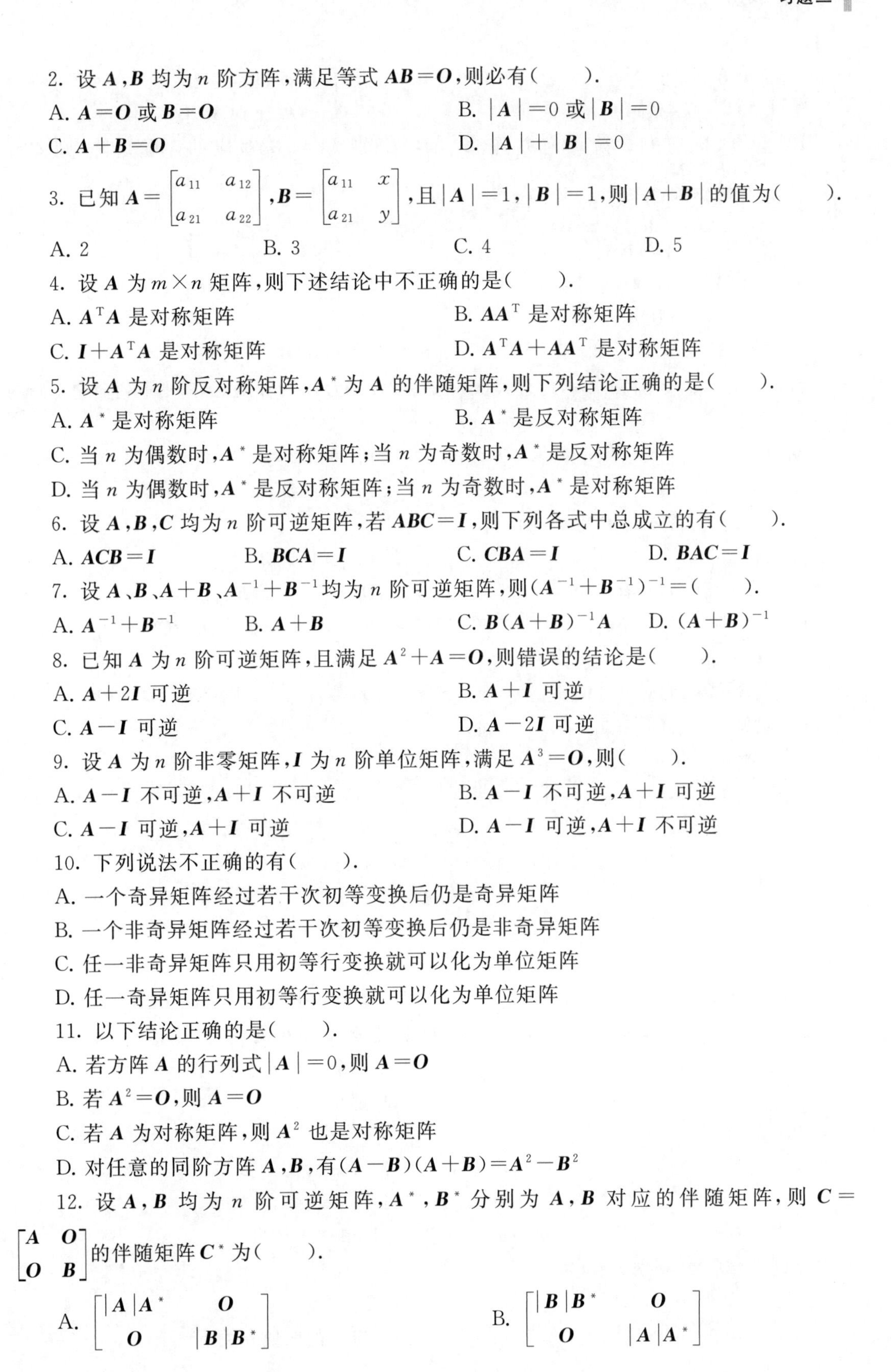

2. 设 $\boldsymbol{A},\boldsymbol{B}$ 均为 n 阶方阵，满足等式 $\boldsymbol{AB}=\boldsymbol{O}$，则必有(　　).

A. $\boldsymbol{A}=\boldsymbol{O}$ 或 $\boldsymbol{B}=\boldsymbol{O}$　　B. $|\boldsymbol{A}|=0$ 或 $|\boldsymbol{B}|=0$

C. $\boldsymbol{A}+\boldsymbol{B}=\boldsymbol{O}$　　D. $|\boldsymbol{A}|+|\boldsymbol{B}|=0$

3. 已知 $\boldsymbol{A}=\begin{bmatrix} a_{11} & a_{12} \\ a_{21} & a_{22} \end{bmatrix}$，$\boldsymbol{B}=\begin{bmatrix} a_{11} & x \\ a_{21} & y \end{bmatrix}$，且 $|\boldsymbol{A}|=1$，$|\boldsymbol{B}|=1$，则 $|\boldsymbol{A}+\boldsymbol{B}|$ 的值为(　　).

A. 2　　B. 3　　C. 4　　D. 5

4. 设 $\boldsymbol{A}$ 为 $m\times n$ 矩阵，则下述结论中不正确的是(　　).

A. $\boldsymbol{A}^{\mathrm{T}}\boldsymbol{A}$ 是对称矩阵　　B. $\boldsymbol{A}\boldsymbol{A}^{\mathrm{T}}$ 是对称矩阵

C. $\boldsymbol{I}+\boldsymbol{A}^{\mathrm{T}}\boldsymbol{A}$ 是对称矩阵　　D. $\boldsymbol{A}^{\mathrm{T}}\boldsymbol{A}+\boldsymbol{A}\boldsymbol{A}^{\mathrm{T}}$ 是对称矩阵

5. 设 $\boldsymbol{A}$ 为 n 阶反对称矩阵，$\boldsymbol{A}^*$ 为 $\boldsymbol{A}$ 的伴随矩阵，则下列结论正确的是(　　).

A. $\boldsymbol{A}^*$ 是对称矩阵　　B. $\boldsymbol{A}^*$ 是反对称矩阵

C. 当 n 为偶数时，$\boldsymbol{A}^*$ 是对称矩阵；当 n 为奇数时，$\boldsymbol{A}^*$ 是反对称矩阵

D. 当 n 为偶数时，$\boldsymbol{A}^*$ 是反对称矩阵；当 n 为奇数时，$\boldsymbol{A}^*$ 是对称矩阵

6. 设 $\boldsymbol{A},\boldsymbol{B},\boldsymbol{C}$ 均为 n 阶可逆矩阵，若 $\boldsymbol{ABC}=\boldsymbol{I}$，则下列各式中总成立的有(　　).

A. $\boldsymbol{ACB}=\boldsymbol{I}$　　B. $\boldsymbol{BCA}=\boldsymbol{I}$　　C. $\boldsymbol{CBA}=\boldsymbol{I}$　　D. $\boldsymbol{BAC}=\boldsymbol{I}$

7. 设 $\boldsymbol{A}$、$\boldsymbol{B}$、$\boldsymbol{A}+\boldsymbol{B}$、$\boldsymbol{A}^{-1}+\boldsymbol{B}^{-1}$ 均为 n 阶可逆矩阵，则 $(\boldsymbol{A}^{-1}+\boldsymbol{B}^{-1})^{-1}=$(　　).

A. $\boldsymbol{A}^{-1}+\boldsymbol{B}^{-1}$　　B. $\boldsymbol{A}+\boldsymbol{B}$　　C. $\boldsymbol{B}(\boldsymbol{A}+\boldsymbol{B})^{-1}\boldsymbol{A}$　　D. $(\boldsymbol{A}+\boldsymbol{B})^{-1}$

8. 已知 $\boldsymbol{A}$ 为 n 阶可逆矩阵，且满足 $\boldsymbol{A}^2+\boldsymbol{A}=\boldsymbol{O}$，则错误的结论是(　　).

A. $\boldsymbol{A}+2\boldsymbol{I}$ 可逆　　B. $\boldsymbol{A}+\boldsymbol{I}$ 可逆

C. $\boldsymbol{A}-\boldsymbol{I}$ 可逆　　D. $\boldsymbol{A}-2\boldsymbol{I}$ 可逆

9. 设 $\boldsymbol{A}$ 为 n 阶非零矩阵，$\boldsymbol{I}$ 为 n 阶单位矩阵，满足 $\boldsymbol{A}^3=\boldsymbol{O}$，则(　　).

A. $\boldsymbol{A}-\boldsymbol{I}$ 不可逆，$\boldsymbol{A}+\boldsymbol{I}$ 不可逆　　B. $\boldsymbol{A}-\boldsymbol{I}$ 不可逆，$\boldsymbol{A}+\boldsymbol{I}$ 可逆

C. $\boldsymbol{A}-\boldsymbol{I}$ 可逆，$\boldsymbol{A}+\boldsymbol{I}$ 可逆　　D. $\boldsymbol{A}-\boldsymbol{I}$ 可逆，$\boldsymbol{A}+\boldsymbol{I}$ 不可逆

10. 下列说法不正确的有(　　).

A. 一个奇异矩阵经过若干次初等变换后仍是奇异矩阵

B. 一个非奇异矩阵经过若干次初等变换后仍是非奇异矩阵

C. 任一非奇异矩阵只用初等行变换就可以化为单位矩阵

D. 任一奇异矩阵只用初等行变换就可以化为单位矩阵

11. 以下结论正确的是(　　).

A. 若方阵 $\boldsymbol{A}$ 的行列式 $|\boldsymbol{A}|=0$，则 $\boldsymbol{A}=\boldsymbol{O}$

B. 若 $\boldsymbol{A}^2=\boldsymbol{O}$，则 $\boldsymbol{A}=\boldsymbol{O}$

C. 若 $\boldsymbol{A}$ 为对称矩阵，则 $\boldsymbol{A}^2$ 也是对称矩阵

D. 对任意的同阶方阵 $\boldsymbol{A},\boldsymbol{B}$，有 $(\boldsymbol{A}-\boldsymbol{B})(\boldsymbol{A}+\boldsymbol{B})=\boldsymbol{A}^2-\boldsymbol{B}^2$

12. 设 $\boldsymbol{A},\boldsymbol{B}$ 均为 n 阶可逆矩阵，$\boldsymbol{A}^*,\boldsymbol{B}^*$ 分别为 $\boldsymbol{A},\boldsymbol{B}$ 对应的伴随矩阵，则 $\boldsymbol{C}=\begin{bmatrix} \boldsymbol{A} & \boldsymbol{O} \\ \boldsymbol{O} & \boldsymbol{B} \end{bmatrix}$ 的伴随矩阵 $\boldsymbol{C}^*$ 为(　　).

A. $\begin{bmatrix} |\boldsymbol{A}|\boldsymbol{A}^* & \boldsymbol{O} \\ \boldsymbol{O} & |\boldsymbol{B}|\boldsymbol{B}^* \end{bmatrix}$　　B. $\begin{bmatrix} |\boldsymbol{B}|\boldsymbol{B}^* & \boldsymbol{O} \\ \boldsymbol{O} & |\boldsymbol{A}|\boldsymbol{A}^* \end{bmatrix}$

C. $\begin{bmatrix} |A|B^* & O \\ O & |B|A^* \end{bmatrix}$　　D. $\begin{bmatrix} |B|A^* & O \\ O & |A|B^* \end{bmatrix}$

13. 设A、B均为2阶可逆方阵,A^*,B^*分别为A、B对应的伴随矩阵,则$C=\begin{bmatrix} O & A \\ B & O \end{bmatrix}$的伴随矩阵$C^*$为(　　).

A. $\begin{bmatrix} O & |B|B^* \\ |A|A^* & O \end{bmatrix}$　　B. $\begin{bmatrix} O & |A|B^* \\ |B|A^* & O \end{bmatrix}$

C. $\begin{bmatrix} O & |B|A^* \\ |A|B^* & O \end{bmatrix}$　　D. $\begin{bmatrix} O & |A|A^* \\ |B|B^* & O \end{bmatrix}$

14. 设A为n阶矩阵($n>3$),且其秩$r(A)=2$,A^*为A的伴随矩阵,则下列命题正确的是(　　).

A. $r(A^*)=0$　　B. $r(A^*)=1$

C. $r(A^*)=n-1$　　D. 以上都不对

15. 设n阶方阵A与B等价,则(　　).

A. $|A|=|B|$　　B. $|A|\neq|B|$

C. 若$|A|\neq 0$,则必有$|B|\neq 0$　　D. $|A|=-|B|$

16. 设n阶方阵B经过若干次初等变换后得到矩阵A,则下面说法正确的是(　　).

A. $|A|=|B|$　　B. $|A|\neq|B|$

C. 若$|A|>0$,则必有$|B|>0$　　D. 若$|A|=0$,则必有$|B|=0$

17. 已知

$$A=\begin{bmatrix} a_{11} & a_{12} & a_{13} \\ a_{21} & a_{22} & a_{23} \\ a_{31} & a_{32} & a_{33} \end{bmatrix},\quad B=\begin{bmatrix} a_{12} & a_{11} & a_{13} \\ a_{22} & a_{21} & a_{23} \\ a_{32}+a_{12} & a_{31}+a_{11} & a_{33}+a_{13} \end{bmatrix},$$

$$C=\begin{bmatrix} 1 & 0 & 0 \\ 0 & 1 & 0 \\ 1 & 0 & 1 \end{bmatrix},\ D=\begin{bmatrix} 0 & 1 & 0 \\ 1 & 0 & 0 \\ 0 & 0 & 1 \end{bmatrix},$$

则(　　).

A. $ADC=B$　　B. $CAD=B$　　C. $DAC=B$　　D. $DCA=B$

18. 设A,B均为n阶非零矩阵,且$AB=O$,则矩阵A和B的秩(　　).

A. 必有一个等于零　　B. 一个等于n,一个小于n

C. 都等于n　　D. 都小于n

19. 设矩阵

$$A=\begin{bmatrix} 1-a & a & 0 & -a \\ -1 & 2 & 1 & -1 \\ 2-a & a-2 & -1 & 1-a \end{bmatrix},$$

其中a是任意常数,则秩$r(A)$为(　　).

A. 3　　B. 2

C. 1　　D. 与a的取值有关

20. 设 $\boldsymbol{A}$、$\boldsymbol{B}$ 都是 $m\times n$ 矩阵,且 $m<n$,则(　　).

A. $\boldsymbol{A}$ 与 $\boldsymbol{B}$ 的秩最大为 m

B. $\boldsymbol{A}$ 与 $\boldsymbol{B}$ 的秩可能是 m 与 n 之间的任一数

C. $\boldsymbol{A}$ 与 $\boldsymbol{B}$ 的秩最大为 n

D. 若 $\boldsymbol{A}$ 与 $\boldsymbol{B}$ 的秩不相等,则 $\boldsymbol{A}$ 与 $\boldsymbol{B}$ 可能等价

21. 设三阶矩阵 $\boldsymbol{A}=\begin{bmatrix} a & b & b \\ b & a & b \\ b & b & a \end{bmatrix}$,若 $\boldsymbol{A}$ 的伴随矩阵的秩等于 1,则必有(　　).

A. $a=b$ 或 $a+2b=0$　　B. $a=b$ 或 $a+2b\neq0$

C. $a\neq b$ 且 $a+2b=0$　　D. $a\neq b$ 且 $a+2b\neq0$

22. 设 $\boldsymbol{A}$ 为 2 阶矩阵,若 $\boldsymbol{A}^{-1}=\begin{bmatrix} 1 & 3 \\ 2 & 5 \end{bmatrix}$,则 $\boldsymbol{A}^{*}=$(　　).

A. $\begin{bmatrix} 1 & 3 \\ 2 & 5 \end{bmatrix}$　　B. $\begin{bmatrix} -1 & -3 \\ -2 & -5 \end{bmatrix}$

C. $\begin{bmatrix} -1 & 3 \\ 2 & -5 \end{bmatrix}$　　D. $\begin{bmatrix} -5 & 3 \\ 2 & -1 \end{bmatrix}$

23. $\begin{bmatrix} 0 & 0 & 1 \\ 0 & 1 & 0 \\ 1 & 0 & 0 \end{bmatrix}^{2018}\begin{bmatrix} 1 & 2 & 3 \\ 4 & 5 & 6 \\ 7 & 8 & 9 \end{bmatrix}\begin{bmatrix} 0 & 1 & 0 \\ 1 & 0 & 0 \\ 0 & 0 & 1 \end{bmatrix}^{2019}=$(　　).

A. $\begin{bmatrix} 1 & 2 & 3 \\ 4 & 5 & 6 \\ 7 & 8 & 9 \end{bmatrix}$　　B. $\begin{bmatrix} 4 & 5 & 6 \\ 1 & 2 & 3 \\ 7 & 8 & 9 \end{bmatrix}$

C. $\begin{bmatrix} 2 & 1 & 3 \\ 5 & 4 & 6 \\ 8 & 7 & 9 \end{bmatrix}$　　D. $\begin{bmatrix} 3 & 2 & 1 \\ 6 & 5 & 4 \\ 9 & 8 & 7 \end{bmatrix}$

第三章 向量

本章数字资源

为了更好地研究线性方程组的问题，这一章我们先介绍向量的概念．本章将主要介绍向量组及其线性组合、向量组的线性相关性、向量组的秩及向量的内积等内容．

§3.1 向量组及其线性组合

在平面直角坐标系中一点的坐标和空间直角坐标系中一点的坐标分别是两个和三个有顺序的数组成的数组(x,y)，(x,y,z)，这就是在解析几何中建立的二维、三维向量的概念．

类似地，我们可以用n个有序的数组成的数组来定义一种向量，即n维向量．

一、n维向量与线性运算

定义 3.1 由n个数$a_1,a_2,\cdots,a_n$组成的n元有序数组$(a_1,a_2,\cdots,a_n)$称为n**维行向量**(row vector)(也称为**行矩阵**)．一般用希腊字母$\boldsymbol{\alpha}$，$\boldsymbol{\beta}$，$\boldsymbol{\gamma}$，…表示，记作

$$\boldsymbol{\alpha}=(a_1,a_2,\cdots a_n).$$

$a_i(i=1,2,\cdots,n)$称为n维行向量的第i个分量，分量是实数的向量称为实向量，分量是复数的向量称为复向量．本书中除特别指明，一般只讨论实向量．

$$\boldsymbol{\alpha}^{\mathrm{T}}=\begin{bmatrix}a_1\\a_2\\\vdots\\a_n\end{bmatrix}$$

称为n**维列向量**(column vector)(也称为**列矩阵**)．

矩阵

$$\boldsymbol{A}=\begin{bmatrix}a_{11}&a_{12}&\cdots&a_{1n}\\a_{21}&a_{22}&\cdots&a_{2n}\\\vdots&\vdots&&\vdots\\a_{m1}&a_{m2}&\cdots&a_{mn}\end{bmatrix}$$

中的每一行$(a_{i1},a_{i2},\cdots,a_{in})(i=1,2,\cdots,m)$都是$n$维行向量，每一列

$$\begin{bmatrix} a_{1j} \\ a_{2j} \\ \vdots \\ a_{mj} \end{bmatrix} \quad (j=1,2,\cdots,n)$$

都是 m 维列向量.

两个 n 维向量当且仅当它们对应的分量都相等时,才是**相等**的,即对于 n 维向量 $\boldsymbol{\alpha}=(a_1,a_2,\cdots,a_n)$ 与 $\boldsymbol{\beta}=(b_1,b_2,\cdots,b_n)$,当且仅当 $a_i=b_i(i=1,2,\cdots,n)$ 时 $\boldsymbol{\alpha}=\boldsymbol{\beta}$.

所有分量均为零的向量称为**零向量**. 记为 $\mathbf{0}=(0,0,\cdots 0)$.

n 维向量 $\boldsymbol{\alpha}=(a_1,a_2,\cdots,a_n)$ 的各分量的相反数组成的 n 维向量,称为 $\boldsymbol{\alpha}$ 的**负向量**,记为 $-\boldsymbol{\alpha}$,即 $-\boldsymbol{\alpha}=(-a_1,-a_2,\cdots,-a_n)$.

定义 3.2 两个 n 维向量 $\boldsymbol{\alpha}=(a_1,a_2,\cdots,a_n)$,$\boldsymbol{\beta}=(b_1,b_2,\cdots,b_n)$ 的对应分量之和所组成的向量,称为向量 $\boldsymbol{\alpha}$ 与 $\boldsymbol{\beta}$ 的和,记为 $\boldsymbol{\alpha}+\boldsymbol{\beta}$,即

$$\boldsymbol{\alpha}+\boldsymbol{\beta}=(a_1+b_1,a_2+b_2,\cdots,a_n+b_n).$$

由上述定义,可推出如下运算规律:

(1) 交换律:$\boldsymbol{\alpha}+\boldsymbol{\beta}=\boldsymbol{\beta}+\boldsymbol{\alpha}$;

(2) 结合律:$\boldsymbol{\alpha}+(\boldsymbol{\beta}+\boldsymbol{\gamma})=(\boldsymbol{\alpha}+\boldsymbol{\beta})+\boldsymbol{\gamma}$;

(3) $\boldsymbol{\alpha}+\mathbf{0}=\boldsymbol{\alpha}$;

(4) $\boldsymbol{\alpha}+(-\boldsymbol{\alpha})=\mathbf{0}$,

其中 $\boldsymbol{\alpha},\boldsymbol{\beta},\boldsymbol{\gamma},\mathbf{0}$ 都是 n 维向量.

我们还可以定义向量的减法:

$$\boldsymbol{\alpha}-\boldsymbol{\beta}=(a_1-b_1,a_2-b_2,\cdots,a_n-b_n).$$

定义 3.3 设 n 维向量 $\boldsymbol{\alpha}=(a_1,a_2,\cdots,a_n)$,$k\in\mathbf{R}$,则 n 维向量 $(ka_1,ka_2,\cdots,ka_n)$ 称为数 k 与 n 维向量 $\boldsymbol{\alpha}$ 的**数量乘积**,简称**数乘**,记作 $k\boldsymbol{\alpha}$,即

$$k\boldsymbol{\alpha}=(ka_1,ka_2,\cdots,ka_n).$$

由定义可以推出向量的数乘有如下运算规律:

(1) $1\cdot\boldsymbol{\alpha}=\boldsymbol{\alpha}$;

(2) $k(l\boldsymbol{\alpha})=(kl)\boldsymbol{\alpha}$;

(3) $k(\boldsymbol{\alpha}+\boldsymbol{\beta})=k\boldsymbol{\alpha}+k\boldsymbol{\beta}$;

(4) $(k+l)\boldsymbol{\alpha}=k\boldsymbol{\alpha}+l\boldsymbol{\alpha}$.

其中 $\boldsymbol{\alpha},\boldsymbol{\beta}$ 都是 n 维向量,k,l 是常数.

向量的和、差及数乘运算统称为线性运算.

注 两个向量只有维数相同时才有相等或不相等的概念,它们才能有加法和减法运算. 换句话说,维数不同的两个向量不能进行比较,也不能进行和或差的运算.

例 3.1 设 $\boldsymbol{\alpha}=(3,1,6,0)$,$\boldsymbol{\beta}=(1,0,2,1)$,若向量 $\boldsymbol{\gamma}$ 满足 $2\boldsymbol{\alpha}-3(\boldsymbol{\gamma}+\boldsymbol{\beta})=\mathbf{0}$,求 $\boldsymbol{\gamma}$.

解 由题设条件,有

$$2\boldsymbol{\alpha}-3\boldsymbol{\gamma}-3\boldsymbol{\beta}=\mathbf{0},$$

所以

$$\boldsymbol{\gamma}=\frac{1}{3}(2\boldsymbol{\alpha}-3\boldsymbol{\beta})=\frac{1}{3}(3,2,6,-3)=\left(1,\frac{2}{3},2,-1\right).$$

二、线性组合

定义 3.4 设 $\boldsymbol{\alpha},\boldsymbol{\alpha}_1,\boldsymbol{\alpha}_2,\cdots\boldsymbol{\alpha}_m$ 都是 n 维向量,如果存在一组数 $k_1,k_2,\cdots,k_m$,使得

$$\boldsymbol{\alpha}=k_1\boldsymbol{\alpha}_1+k_2\boldsymbol{\alpha}_2+\cdots+k_m\boldsymbol{\alpha}_m,$$

那么向量 $\boldsymbol{\alpha}$ 称为 $\boldsymbol{\alpha}_1,\boldsymbol{\alpha}_2,\cdots\boldsymbol{\alpha}_m$ 的**线性组合**(linear combination).或者说,$\boldsymbol{\alpha}$ 可由 $\boldsymbol{\alpha}_1,\boldsymbol{\alpha}_2,\cdots\boldsymbol{\alpha}_m$ **线性表示**(linear representation).

例如,向量 $\boldsymbol{\alpha}_1=(1,0,0),\boldsymbol{\alpha}_2=(0,1,1),\boldsymbol{\alpha}_3=(0,3,3)$,显然 $\boldsymbol{\alpha}_3=0\cdot\boldsymbol{\alpha}_1+3\boldsymbol{\alpha}_2$,故 $\boldsymbol{\alpha}_3$ 可由 $\boldsymbol{\alpha}_1,\boldsymbol{\alpha}_2$ 线性表示.

例 3.2 零向量可由任意向量组 $\boldsymbol{\alpha}_1,\boldsymbol{\alpha}_2,\cdots\boldsymbol{\alpha}_m$ 线性表示.

证 因为

$$\mathbf{0}=0\cdot\boldsymbol{\alpha}_1+0\cdot\boldsymbol{\alpha}_2+\cdots+0\cdot\boldsymbol{\alpha}_i+\cdots+0\cdot\boldsymbol{\alpha}_m.$$

例 3.3 向量组 $\boldsymbol{\alpha}_1,\boldsymbol{\alpha}_2,\cdots\boldsymbol{\alpha}_m$ 中的每一个向量 $\boldsymbol{\alpha}_i(i=1,2,\cdots,m)$ 都可由该向量组线性表示.

证 因为

$$\boldsymbol{\alpha}_i=0\cdot\boldsymbol{\alpha}_1+\cdots+0\cdot\boldsymbol{\alpha}_{i-1}+1\cdot\boldsymbol{\alpha}_i+0\cdot\boldsymbol{\alpha}_{i+1}+\cdots+0\cdot\boldsymbol{\alpha}_m.$$

例 3.4 任何一个 n 维向量 $\boldsymbol{\alpha}=(a_1,a_2,\cdots,a_n)$ 都是 n 维向量组 $\boldsymbol{\varepsilon}_1=(1,0,\cdots,0),\boldsymbol{\varepsilon}_2=(0,1,\cdots,0),\cdots,\boldsymbol{\varepsilon}_n=(0,0,\cdots,1)$ 的线性组合.

证 因为

$$\begin{aligned}&a_1\boldsymbol{\varepsilon}_1+a_2\boldsymbol{\varepsilon}_2+\cdots+a_n\boldsymbol{\varepsilon}_n\\&=a_1(1,0,\cdots,0)+a_2(0,1,\cdots,0)+\cdots+a_n(0,0,\cdots,1)\\&=(a_1,0,\cdots,0)+(0,a_2,\cdots,0)+\cdots+(0,0,\cdots,a_n)\\&=(a_1,a_2,\cdots,a_n)\\&=\boldsymbol{\alpha},\end{aligned}$$

所以

$$\boldsymbol{\alpha}=a_1\boldsymbol{\varepsilon}_1+a_2\boldsymbol{\varepsilon}_2+\cdots+a_n\boldsymbol{\varepsilon}_n.$$

例 3.4 中的向量组 $\boldsymbol{\varepsilon}_1,\boldsymbol{\varepsilon}_2,\cdots,\boldsymbol{\varepsilon}_n$ 称为 n 维单位向量组.

例 3.5 已知向量 $\boldsymbol{\alpha}_1=(1,2,-1),\boldsymbol{\alpha}_2=(0,1,1),\boldsymbol{\alpha}_3=(0,0,3),\boldsymbol{\alpha}=(1,4,7)$,判定向量 $\boldsymbol{\alpha}$ 能否由向量组 $\boldsymbol{\alpha}_1,\boldsymbol{\alpha}_2,\boldsymbol{\alpha}_3$ 线性表示.若能,写出其表达式.

解 设存在常数 k_1,k_2,k_3 使得

$$\boldsymbol{\alpha}=k_1\boldsymbol{\alpha}_1+k_2\boldsymbol{\alpha}_2+k_3\boldsymbol{\alpha}_3.$$

即

$$\begin{cases}k_1=1,\\2k_1+k_2=4,\\-k_1+k_2+3k_3=7.\end{cases}$$

解得

$$\begin{cases}k_1=1,\\k_2=2,\\k_3=2,\end{cases}$$

所以

$$\boldsymbol{\alpha}=\boldsymbol{\alpha}_1+2\boldsymbol{\alpha}_2+2\boldsymbol{\alpha}_3.$$

例 3.6 设有向量组 $\boldsymbol{\alpha}_1=(1,0,0,0),\boldsymbol{\alpha}_2=(0,1,0,0),\boldsymbol{\alpha}_3=(0,0,1,0),\boldsymbol{\alpha}_4=(0,0,0,1)$，试证这四个向量中，任何一个均不能被其余的三个向量线性表示.

证 设存在数 k_1,k_2,k_3,k_4，使得

$$k_1\boldsymbol{\alpha}_1+k_2\boldsymbol{\alpha}_2+k_3\boldsymbol{\alpha}_3+k_4\boldsymbol{\alpha}_4=\mathbf{0},$$

则有

$$k_1=k_2=k_3=k_4=0,$$

即只有

$$0\cdot\boldsymbol{\alpha}_1+0\cdot\boldsymbol{\alpha}_2+0\cdot\boldsymbol{\alpha}_3+0\cdot\boldsymbol{\alpha}_4=\mathbf{0},$$

所以，任何一个均不能被其余的三个向量线性表示.

定义 3.5 设有两个 n 维向量组

$$(\mathrm{I}):\boldsymbol{\alpha}_1,\boldsymbol{\alpha}_2,\cdots,\boldsymbol{\alpha}_r;$$
$$(\mathrm{II}):\boldsymbol{\beta}_1,\boldsymbol{\beta}_2,\cdots,\boldsymbol{\beta}_s.$$

若向量组(Ⅰ)中的每个向量都可由向量组(Ⅱ)中的向量线性表示，则称向量组(Ⅰ)可由向量组(Ⅱ)线性表示. 若向量组(Ⅰ)可由向量组(Ⅱ)线性表示，并且向量组(Ⅱ)可由向量组(Ⅰ)线性表示，则称向量组(Ⅰ)与向量组(Ⅱ)等价.

由上述定义可以得出，等价向量组之间有如下的性质：

(1) 反身性：每一个向量组都与它自身等价；

(2) 对称性：若向量组(Ⅰ)与向量组(Ⅱ)等价，则向量组(Ⅱ)与向量组(Ⅰ)也等价；

(3) 传递性：若向量组(Ⅰ)与向量组(Ⅱ)等价，向量组(Ⅱ)与向量组(Ⅲ)等价，则向量组(Ⅰ)与向量组(Ⅲ)等价.

例 3.7 判断向量组

$$\boldsymbol{\alpha}_1=(1,2,3),\quad \boldsymbol{\alpha}_2=(1,0,2),$$

与向量组

$$\boldsymbol{\beta}_1=(3,4,8),\quad \boldsymbol{\beta}_2=(2,2,5),\quad \boldsymbol{\beta}_3=(0,2,1)$$

是否等价.

解 因为

$$\boldsymbol{\alpha}_1=\boldsymbol{\beta}_1-\boldsymbol{\beta}_2,\boldsymbol{\alpha}_2=2\boldsymbol{\beta}_2-\boldsymbol{\beta}_1;$$
$$\boldsymbol{\beta}_1=2\boldsymbol{\alpha}_1+\boldsymbol{\alpha}_2,\boldsymbol{\beta}_2=\boldsymbol{\alpha}_1+\boldsymbol{\alpha}_2,\boldsymbol{\beta}_3=\boldsymbol{\alpha}_1-\boldsymbol{\alpha}_2.$$

所以这两个向量组等价.

§3.2 向量组的线性相关性

在一个向量组中，是否有某个向量能被其余向量线性表示，这是向量组的一种重要的特性，我们称之为向量组的线性相关性，为此给出如下定义.

一、线性相关与线性无关

定义 3.6 设有 n 维向量组 $\boldsymbol{\alpha}_1,\boldsymbol{\alpha}_2,\cdots\boldsymbol{\alpha}_m$，若存在不全为零的数 $k_1,k_2,\cdots,k_m$，使得

$$k_1\boldsymbol{\alpha}_1+k_2\boldsymbol{\alpha}_2+\cdots+k_m\boldsymbol{\alpha}_m=\mathbf{0}$$

成立,则称向量组 $\boldsymbol{\alpha}_1,\boldsymbol{\alpha}_2,\cdots,\boldsymbol{\alpha}_m$ 线性相关(linear dependence);否则,称向量组 $\boldsymbol{\alpha}_1,\boldsymbol{\alpha}_2,\cdots,\boldsymbol{\alpha}_m$ 线性无关(linear independence),即当且仅当 $k_1=k_2=\cdots=k_m=0$ 时上式才成立.

从几何上看,两个二维向量线性相关,就表示它们共线或者平行,两个二维向量线性无关,就表示它们不共线或相交;三个三维向量线性相关,就表示它们共面,三个三维向量线性无关,就表示它们不共面.

为了加深对定义的理解,下面举几个例子.

例 3.8 判断 n 维单位向量组

$$\boldsymbol{\varepsilon}_1=(1,0,\cdots,0),\quad \boldsymbol{\varepsilon}_2=(0,1,\cdots,0),\quad \cdots,\quad \boldsymbol{\varepsilon}_n=(0,0,\cdots,1)$$

是否线性相关?

解 设存在数 $k_1,k_2,\cdots,k_m$ 使得

$$k_1\boldsymbol{\varepsilon}_1+k_2\boldsymbol{\varepsilon}_2+\cdots+k_n\boldsymbol{\varepsilon}_n=\mathbf{0},$$

即

$$k_1(1,0,\cdots,0)+k_2(0,1,\cdots,0)+\cdots+k_n(0,0,\cdots,1)=(k_1,k_2,\cdots,k_n)=(0,0,\cdots,0),$$

则有

$$k_1=k_2=\cdots=k_n=0.$$

故 n 维单位向量组 $\boldsymbol{\varepsilon}_1,\boldsymbol{\varepsilon}_2,\cdots,\boldsymbol{\varepsilon}_n$ 是线性无关的.

例 3.9 判断向量组

$$\boldsymbol{\alpha}_1=(1,1,1),\quad \boldsymbol{\alpha}_2=(0,2,5),\quad \boldsymbol{\alpha}_3=(1,3,6)$$

的线性相关性.

解 设存在三个数 k_1,k_2,k_3 使得

$$k_1\boldsymbol{\alpha}_1+k_2\boldsymbol{\alpha}_2+k_3\boldsymbol{\alpha}_3=\mathbf{0},$$

即

$$k_1(1,1,1)+k_2(0,2,5)+k_3(1,3,6)=(0,0,0),$$

则有

$$\begin{cases}k_1+\quad\quad k_3=0,\\ k_1+2k_2+3k_3=0,\\ k_1+5k_2+6k_3=0.\end{cases}$$

而系数行列式

$$\begin{vmatrix}1&0&1\\1&2&3\\1&5&6\end{vmatrix}=0,$$

由于齐次线性方程组的系数行列式等于零,因此方程组有非零解,即存在不全为零的数 k_1, k_2,k_3,使得 $k_1\boldsymbol{\alpha}_1+k_2\boldsymbol{\alpha}_2+k_3\boldsymbol{\alpha}_3=\mathbf{0}$ 成立,所以向量组线性相关.

例 3.10 证明:若向量组 $\boldsymbol{\alpha},\boldsymbol{\beta},\boldsymbol{\gamma}$ 线性无关,则向量组 $\boldsymbol{\alpha},\boldsymbol{\alpha}+\boldsymbol{\beta},\boldsymbol{\alpha}+\boldsymbol{\beta}+\boldsymbol{\gamma}$ 也线性无关.

证 设存在三个数 k_1,k_2,k_3,使得

$$k_1\boldsymbol{\alpha}+k_2(\boldsymbol{\alpha}+\boldsymbol{\beta})+k_3(\boldsymbol{\alpha}+\boldsymbol{\beta}+\boldsymbol{\gamma})=\mathbf{0},$$

即

$$(k_1+k_2+k_3)\boldsymbol{\alpha}+(k_2+k_3)\boldsymbol{\beta}+k_3\boldsymbol{\gamma}=\mathbf{0}.$$

因为 $\boldsymbol{\alpha},\boldsymbol{\beta},\boldsymbol{\gamma}$ 线性无关,所以

$$\begin{cases}k_1+k_2+k_3=0,\\ \quad\ \ k_2+k_3=0,\\ \qquad\quad k_3=0.\end{cases}$$

而系数行列式

$$\begin{vmatrix}1&1&1\\0&1&1\\0&0&1\end{vmatrix}=1\neq 0.$$

因此方程组只有零解,即 $k_1=k_2=k_3=0$,故向量组 $\boldsymbol{\alpha},\boldsymbol{\alpha}+\boldsymbol{\beta},\boldsymbol{\alpha}+\boldsymbol{\beta}+\boldsymbol{\gamma}$ 也线性无关.

二、线性相关与线性无关的刻画

第一章中的(1.9)式的齐次方程组的向量表示为 $x_1\boldsymbol{\alpha}_1+x_2\boldsymbol{\alpha}_2+\cdots+x_n\boldsymbol{\alpha}_n=\mathbf{0}$,其中 $\boldsymbol{\alpha}_j$ $(j=1,2,\cdots,n)$都为 n 维列向量,则由定理 1.4 及推论 1.6 有:

命题 3.1 设 n 个 n 维向量所组成的向量组 $\boldsymbol{\alpha}_j=(a_{1j},a_{2j},\cdots,a_{nj})(j=1,2,\cdots,n)$,则有:

(1) 向量组 $\boldsymbol{\alpha}_1,\boldsymbol{\alpha}_2,\cdots,\boldsymbol{\alpha}_n$ 线性相关的充分必要条件为

$$\begin{vmatrix}a_{11}&a_{12}&\cdots&a_{1n}\\a_{21}&a_{22}&\cdots&a_{2n}\\\vdots&\vdots&&\vdots\\a_{n1}&a_{n2}&\cdots&a_{nn}\end{vmatrix}=0;$$

(2) 向量组 $\boldsymbol{\alpha}_1,\boldsymbol{\alpha}_2,\cdots,\boldsymbol{\alpha}_n$ 线性无关的充分必要条件为

$$\begin{vmatrix}a_{11}&a_{12}&\cdots&a_{1n}\\a_{21}&a_{22}&\cdots&a_{2n}\\\vdots&\vdots&&\vdots\\a_{n1}&a_{n2}&\cdots&a_{nn}\end{vmatrix}\neq 0.$$

该命题是判断向量个数与维数相同且已知向量分量的向量组的线性相关性的一种有效方法.

下面我们还要介绍几种判断向量组的线性相关性的方法.

定理 3.1 向量组 $\boldsymbol{\alpha}_1,\boldsymbol{\alpha}_2,\cdots,\boldsymbol{\alpha}_m(m\geqslant 2)$线性相关的充分必要条件是其中至少有一个向量是其余 $m-1$ 个向量的线性组合.

证 充分性. 若向量组 $\boldsymbol{\alpha}_1,\boldsymbol{\alpha}_2,\cdots,\boldsymbol{\alpha}_m(m\geqslant 2)$中至少有一个向量是其余 $m-1$ 个向量的线性组合,不妨设

$$\boldsymbol{\alpha}_m=k_1\boldsymbol{\alpha}_1+k_2\boldsymbol{\alpha}_2+\cdots+k_{m-1}\boldsymbol{\alpha}_{m-1},$$

即

$$k_1\boldsymbol{\alpha}_1+k_2\boldsymbol{\alpha}_2+\cdots+k_{m-1}\boldsymbol{\alpha}_{m-1}+(-1)\boldsymbol{\alpha}_m=\mathbf{0}.$$

由于 $k_1,k_2,\cdots,k_{m-1},-1$ 不全为零,故向量组 $\boldsymbol{\alpha}_1,\boldsymbol{\alpha}_2,\cdots,\boldsymbol{\alpha}_m$ 线性相关.

必要性. 因为向量组 $\boldsymbol{\alpha}_1,\boldsymbol{\alpha}_2,\cdots,\boldsymbol{\alpha}_m$ 线性相关,所以存在不全为零的数 $k_1,k_2,\cdots,k_m$,使

得

$$k_1\boldsymbol{\alpha}_1+k_2\boldsymbol{\alpha}_2+\cdots+k_m\boldsymbol{\alpha}_m=\mathbf{0}$$

成立．不妨设 $k_1\neq 0$,于是

$$\boldsymbol{\alpha}_1=-\frac{k_2}{k_1}\boldsymbol{\alpha}_2-\frac{k_3}{k_1}\boldsymbol{\alpha}_3\cdots-\frac{k_m}{k_1}\boldsymbol{\alpha}_m,$$

这表示向量 $\boldsymbol{\alpha}_1$ 是其余 $m-1$ 个向量 $\boldsymbol{\alpha}_2,\cdots,\boldsymbol{\alpha}_m$ 的线性组合． □

由定理 3.1 的逆否命题可知：向量组 $\boldsymbol{\alpha}_1,\boldsymbol{\alpha}_2,\cdots,\boldsymbol{\alpha}_m(m\geqslant 2)$线性无关的充分必要条件是其中任何一个向量都不是其余 $m-1$ 个向量的线性组合．

推论 3.1 任意一个包含零向量的向量组必线性相关．

证 设所给的向量组 $\boldsymbol{\alpha}_1,\boldsymbol{\alpha}_2,\cdots,\boldsymbol{\alpha}_m$ 中有一个零向量,不妨设 $\boldsymbol{\alpha}_1=\mathbf{0}$. 现取

$$k_1=1,\quad k_2=k_3=\cdots k_m=0,$$

于是有一组不全为零的数 $1,k_2,k_3,\cdots,k_m$,使得

$$k_1\boldsymbol{\alpha}_1+k_2\boldsymbol{\alpha}_2+\cdots+k_m\boldsymbol{\alpha}_m=1\cdot\boldsymbol{\alpha}_1+0\cdot\boldsymbol{\alpha}_2+\cdots+0\cdot\boldsymbol{\alpha}_m=\mathbf{0}.$$

因此向量组 $\boldsymbol{\alpha}_1,\boldsymbol{\alpha}_2,\cdots,\boldsymbol{\alpha}_m$ 线性相关． □

推论 3.2 两个向量线性相关的充分必要条件是它们的各自对应分量成比例．

证 设两个向量 $\boldsymbol{\alpha}_1,\boldsymbol{\alpha}_2$ 的各自对应分量成比例,则

$$\boldsymbol{\alpha}_1=k\boldsymbol{\alpha}_2,$$

即

$$1\cdot\boldsymbol{\alpha}_1+(-k)\boldsymbol{\alpha}_2=\mathbf{0}.$$

由于系数 $1,-k$ 不全为零,所以向量组线性相关．设 $\boldsymbol{\alpha}_1,\boldsymbol{\alpha}_2$ 线性相关,即有不全为零的数 k_1,k_2,使得 $k_1\boldsymbol{\alpha}_1+k_2\boldsymbol{\alpha}_2=\mathbf{0}$,不妨设 $k_1\neq 0$,则

$$\boldsymbol{\alpha}_1=-\frac{k_2}{k_1}\boldsymbol{\alpha}_2,$$

这说明向量 $\boldsymbol{\alpha}_1,\boldsymbol{\alpha}_2$ 的对应分量成比例． □

推论 3.2 的逆否命题表明:两个向量线性无关的充分必要条件是它们的各自对应分量不成比例．

该推论是判断两个已知分量的向量组的线性相关性的一种简便方法．

推论 3.3 若一个向量组的一部分向量线性相关,则整个向量组就线性相关．

证 设向量组为 $\boldsymbol{\alpha}_1,\boldsymbol{\alpha}_2,\cdots,\boldsymbol{\alpha}_s,\cdots,\boldsymbol{\alpha}_m(s\leqslant m)$,不失一般性,假定其中的部分向量 $\boldsymbol{\alpha}_1$,$\boldsymbol{\alpha}_2,\cdots,\boldsymbol{\alpha}_s$ 线性相关,由定义可知,有不全为零的数 $k_1,k_2,\cdots,k_s$ 使得

$$k_1\boldsymbol{\alpha}_1+k_2\boldsymbol{\alpha}_2+\cdots+k_s\boldsymbol{\alpha}_s=\mathbf{0}.$$

由上式,则有

$$k_1\boldsymbol{\alpha}_1+k_2\boldsymbol{\alpha}_2+\cdots+k_s\boldsymbol{\alpha}_s+0\cdot\boldsymbol{\alpha}_{s+1}+\cdots+0\cdot\boldsymbol{\alpha}_m=\mathbf{0}.$$

因为 $k_1,k_2,\cdots,k_s$ 不全为零,所以 $k_1,k_2,\cdots,k_s,0,\cdots,0$ 也不全为零,因此向量组 $\boldsymbol{\alpha}_1,\boldsymbol{\alpha}_2,\cdots$,$\boldsymbol{\alpha}_s,\cdots,\boldsymbol{\alpha}_m$ 线性相关． □

推论 3.3 简要的说法就是,部分相关,则整体相关．

推论 3.3 的逆否命题:如果一个向量组线性无关,那么它的任意一个部分向量组也线性无关．

这个简要的说法就是,整体无关,则部分无关．

定理 3.2 若向量组 $\boldsymbol{\alpha}_1,\boldsymbol{\alpha}_2,\cdots,\boldsymbol{\alpha}_m$ 线性无关,而向量组 $\boldsymbol{\alpha}_1,\boldsymbol{\alpha}_2,\cdots,\boldsymbol{\alpha}_m,\boldsymbol{\beta}$ 线性相关,则向量 $\boldsymbol{\beta}$ 可由向量组 $\boldsymbol{\alpha}_1,\boldsymbol{\alpha}_2,\cdots,\boldsymbol{\alpha}_m$ 线性表示且表示法唯一.

证 先证向量 $\boldsymbol{\beta}$ 可由向量组 $\boldsymbol{\alpha}_1,\boldsymbol{\alpha}_2,\cdots,\boldsymbol{\alpha}_m$ 线性表示.由于 $\boldsymbol{\alpha}_1,\boldsymbol{\alpha}_2,\cdots,\boldsymbol{\alpha}_m,\boldsymbol{\beta}$ 线性相关,因而存在一组不全为零的数 $k_1,k_2,\cdots,k_m$ 及 k,使得

$$k_1\boldsymbol{\alpha}_1+k_2\boldsymbol{\alpha}_2+\cdots+k_m\boldsymbol{\alpha}_m+k\boldsymbol{\beta}=\mathbf{0}$$

成立.则一定有 $k\neq0$,否则,上式成为

$$k_1\boldsymbol{\alpha}_1+k_2\boldsymbol{\alpha}_2+\cdots+k_m\boldsymbol{\alpha}_m=\mathbf{0},$$

且 $k_1,k_2,\cdots,k_m$ 不全为零,这与 $\boldsymbol{\alpha}_1,\boldsymbol{\alpha}_2,\cdots,\boldsymbol{\alpha}_m$ 线性无关矛盾.因此 $k\neq0$. 故

$$\boldsymbol{\beta}=-\frac{k_1}{k}\boldsymbol{\alpha}_1-\frac{k_2}{k}\boldsymbol{\alpha}_2-\cdots-\frac{k_m}{k}\boldsymbol{\alpha}_m,$$

则向量 $\boldsymbol{\beta}$ 可由向量组 $\boldsymbol{\alpha}_1,\boldsymbol{\alpha}_2,\cdots,\boldsymbol{\alpha}_m$ 线性表示.

再证表示法唯一.如果

$$\boldsymbol{\beta}=k_1\boldsymbol{\alpha}_1+k_2\boldsymbol{\alpha}_2+\cdots+k_m\boldsymbol{\alpha}_m,$$

且
$$\boldsymbol{\beta}=l_1\boldsymbol{\alpha}_1+l_2\boldsymbol{\alpha}_2+\cdots+l_m\boldsymbol{\alpha}_m,$$

则有
$$(k_1-l_1)\boldsymbol{\alpha}_1+(k_2-l_2)\boldsymbol{\alpha}_2+\cdots+(k_m-l_m)\boldsymbol{\alpha}_m=\mathbf{0}$$

成立.由 $\boldsymbol{\alpha}_1,\boldsymbol{\alpha}_2,\cdots,\boldsymbol{\alpha}_m$ 线性无关可知

$$k_1-l_1=k_2-l_2=\cdots=k_m-l_m=0,$$

即 $k_1=l_1,k_2=l_2,\cdots,k_m=l_m$,所以表示法是唯一的. □

例 3.11 判断下列各向量组的线性相关性:

(1) $\boldsymbol{\alpha}_1=(1,2,1,2),\boldsymbol{\alpha}_2=(1,3,1,3),\boldsymbol{\alpha}_3=(0,0,0,0)$;

(2) $\boldsymbol{\alpha}_1=(1,-1,0),\boldsymbol{\alpha}_2=(2,3,4),\boldsymbol{\alpha}_3=(4,6,8)$.

解 (1) 由于 $\boldsymbol{\alpha}_3=(0,0,0,0)$是零向量,根据推论 3.1 可知,向量组 $\boldsymbol{\alpha}_1,\boldsymbol{\alpha}_2,\boldsymbol{\alpha}_3$ 线性相关.

(2) 容易看出,$\boldsymbol{\alpha}_3=2\boldsymbol{\alpha}_2$,由推论 3.2 可知,向量组 $\boldsymbol{\alpha}_2,\boldsymbol{\alpha}_3$ 线性相关,再根据推论 3.3 可知向量组 $\boldsymbol{\alpha}_1,\boldsymbol{\alpha}_2,\boldsymbol{\alpha}_3$ 线性相关. □

例 3.12 设向量组 $\boldsymbol{\alpha}_1,\boldsymbol{\alpha}_2,\boldsymbol{\alpha}_3,\boldsymbol{\alpha}_4$ 线性无关,向量组 $\boldsymbol{\alpha}_1,\boldsymbol{\alpha}_2,\boldsymbol{\alpha}_3,\boldsymbol{\beta}$ 线性相关,证明 $\boldsymbol{\beta}$ 可由向量组 $\boldsymbol{\alpha}_1,\boldsymbol{\alpha}_2,\boldsymbol{\alpha}_3,\boldsymbol{\alpha}_4$ 线性表示.

证 因为向量组 $\boldsymbol{\alpha}_1,\boldsymbol{\alpha}_2,\boldsymbol{\alpha}_3,\boldsymbol{\alpha}_4$ 线性无关,所以根据推论 3.3 的逆否命题可知,向量组 $\boldsymbol{\alpha}_1,\boldsymbol{\alpha}_2,\boldsymbol{\alpha}_3$ 线性无关.又因为向量组 $\boldsymbol{\alpha}_1,\boldsymbol{\alpha}_2,\boldsymbol{\alpha}_3,\boldsymbol{\beta}$ 线性相关,所以根据定理 3.2 可知,$\boldsymbol{\beta}$ 可由向量组 $\boldsymbol{\alpha}_1,\boldsymbol{\alpha}_2,\boldsymbol{\alpha}_3$ 线性表示,即

$$\boldsymbol{\beta}=k_1\boldsymbol{\alpha}_1+k_2\boldsymbol{\alpha}_2+k_3\boldsymbol{\alpha}_3.$$

于是

$$\boldsymbol{\beta}=k_1\boldsymbol{\alpha}_1+k_2\boldsymbol{\alpha}_2+k_3\boldsymbol{\alpha}_3+0\boldsymbol{\alpha}_4,$$

因此 $\boldsymbol{\beta}$ 可由向量组 $\boldsymbol{\alpha}_1,\boldsymbol{\alpha}_2,\boldsymbol{\alpha}_3,\boldsymbol{\alpha}_4$ 线性表示. □

定理 3.3 设

$$\boldsymbol{\alpha}_i=(a_{i1},a_{i2},\cdots,a_{ir})\quad(i=1,2,\cdots,m),$$
$$\boldsymbol{\beta}_i=(a_{i1},a_{i2},\cdots,a_{ir},a_{i,r+1})\quad(i=1,2,\cdots,m).$$

若 r 维向量组 $\boldsymbol{\alpha}_1,\boldsymbol{\alpha}_2,\cdots,\boldsymbol{\alpha}_m$ 线性无关,则 $r+1$ 维向量组 $\boldsymbol{\beta}_1,\boldsymbol{\beta}_2,\cdots,\boldsymbol{\beta}_m$ 也线性无关.

证 设存在 m 个数 $k_1,k_2,\cdots,k_m$ 使得

$$k_1\boldsymbol{\beta}_1+k_2\boldsymbol{\beta}_2+\cdots+k_m\boldsymbol{\beta}_m=\mathbf{0},$$

即

$$k_1(a_{11},a_{12},\cdots,a_{1r},a_{1,r+1})+k_2(a_{21},a_{22},\cdots,a_{2r},a_{2,r+1})$$
$$+\cdots+k_m(a_{m1},a_{m2},\cdots,a_{mr},a_{m,r+1})=(0,0,\cdots,0).$$

$$\begin{cases}k_1a_{11}+k_2a_{21}+\cdots+k_ma_{m1}=0,\\k_1a_{12}+k_2a_{22}+\cdots+k_ma_{m2}=0,\\\cdots\cdots\cdots\cdots\cdots\cdots\cdots\cdots\cdots\cdots\\k_1a_{1r}+k_2a_{2r}+\cdots+k_ma_{mr}=0,\\k_1a_{1,r+1}+k_2a_{2,r+1}+\cdots+k_ma_{m,r+1}=0,\end{cases}$$

从这 $r+1$ 个等式的前 r 个等式可得

$$k_1\boldsymbol{\alpha}_1+k_2\boldsymbol{\alpha}_2+\cdots+k_m\boldsymbol{\alpha}_m=\mathbf{0}.$$

由假设知 $\boldsymbol{\alpha}_1,\boldsymbol{\alpha}_2,\cdots,\boldsymbol{\alpha}_m$ 线性无关,所以 $k_1=k_2=\cdots=k_m=0$,故 $\boldsymbol{\beta}_1,\boldsymbol{\beta}_2,\cdots,\boldsymbol{\beta}_m$ 线性无关.

□

这定理说明,线性无关的向量组,在每一个向量上添一个分量所得到的新向量组仍线性无关.这个定理可以推广到添加若干个分量的情形.

推论 3.4 在 r 维向量组的每个向量上添加 $n-r$ 个分量,使之成为 n 维向量组.若原来的 r 维向量组线性无关,则后来的 n 维向量组也线性无关.

推论 3.4 的逆否命题也是正确的,即:

推论 3.5 在 n 维向量组的每个向量上减少 $n-r$ 个分量,使之成为 r 维向量组.若原来的 n 维向量组线性相关,则后来的 r 维向量组也线性相关.

为了方便记忆,这两个推论可简单地叙述为:无关组增加分量后仍无关,相关组减少分量后仍相关.

例 3.13 设 $\boldsymbol{\alpha}=(1,0,0,1)$,$\boldsymbol{\beta}=(0,1,0,2)$,$\boldsymbol{\gamma}=(0,0,1,3)$,判断向量组的线性相关性.

解 取向量组 $\boldsymbol{\alpha},\boldsymbol{\beta},\boldsymbol{\gamma}$ 的前三个分量作行列式,得

$$\begin{vmatrix}1&0&0\\0&1&0\\0&0&1\end{vmatrix}=1\neq0,$$

因此向量组 $\boldsymbol{\alpha},\boldsymbol{\beta},\boldsymbol{\gamma}$ 的前三个分量构成的向量组线性无关,所以由定理 3.3 可知 $\boldsymbol{\alpha},\boldsymbol{\beta},\boldsymbol{\gamma}$ 线性无关.

定理 3.4 任意 $n+1$ 个 n 维向量都是线性相关的.

证 设 $n+1$ 个 n 维向量为

$$\boldsymbol{\alpha}_1=(a_{11},a_{12},\cdots,a_{1n}),$$
$$\boldsymbol{\alpha}_2=(a_{21},a_{22},\cdots,a_{2n}),\cdots,$$
$$\boldsymbol{\alpha}_n=(a_{n1},a_{n2},\cdots,a_{nn}),$$
$$\boldsymbol{\alpha}_{n+1}=(a_{n+1,1},a_{n+1,2},\cdots,a_{n+1,n}).$$

在这 $n+1$ 个向量中同时增加一个分量 0,得到下列 $n+1$ 个 $n+1$ 维向量

$$\boldsymbol{\beta}_1=(a_{11},a_{12},\cdots,a_{1n},0),$$
$$\boldsymbol{\beta}_2=(a_{21},a_{22},\cdots,a_{2n},0),\cdots,$$

$$\boldsymbol{\beta}_n=(a_{n1},a_{n2},\cdots,a_{nn},0),$$
$$\boldsymbol{\beta}_{n+1}=(a_{n+1,1},a_{n+1,2},\cdots,a_{n+1,n},0).$$

由这 $n+1$ 个向量构成的行列式

$$\begin{vmatrix} a_{11} & a_{12} & \cdots & a_{1n} & 0 \\ a_{21} & a_{22} & \cdots & a_{2n} & 0 \\ \vdots & \vdots & & \vdots & \vdots \\ a_{n1} & a_{n2} & \cdots & a_{nn} & 0 \\ a_{n+1,1} & a_{n+1,2} & \cdots & a_{n+1,n} & 0 \end{vmatrix}=0.$$

故 $\boldsymbol{\beta}_1,\boldsymbol{\beta}_2,\cdots\boldsymbol{\beta}_n,\boldsymbol{\beta}_{n+1}$ 线性相关，由推论 3.5 知，$\boldsymbol{\alpha}_1,\boldsymbol{\alpha}_2,\cdots\boldsymbol{\alpha}_n,\boldsymbol{\alpha}_{n+1}$ 也线性相关． □

推论 3.6 设 $\boldsymbol{\alpha}_1,\boldsymbol{\alpha}_2,\cdots\boldsymbol{\alpha}_m$ 都是 n 维向量，若 $m>n$，则 $\boldsymbol{\alpha}_1,\boldsymbol{\alpha}_2,\cdots\boldsymbol{\alpha}_m$ 必线性相关．

定理 3.4 及推论 3.6 可简单地叙述为：向量个数大于维数的向量组是线性相关的．逆否命题的说法是，线性无关的向量组一定是它的向量个数不超过其维数的．

§3.3 向量组的秩

一、极大无关组

定义 3.7 设有向量组 A，若在 A 中能选出 r 个向量 $\boldsymbol{\alpha}_1,\boldsymbol{\alpha}_2,\cdots,\boldsymbol{\alpha}_r$，满足：

(1) $\boldsymbol{\alpha}_1,\boldsymbol{\alpha}_2,\cdots,\boldsymbol{\alpha}_r$ 线性无关；

(2) 向量组 A 中任意 $r+1$ 个向量都线性相关，

则称 $\boldsymbol{\alpha}_1,\boldsymbol{\alpha}_2,\cdots,\boldsymbol{\alpha}_r$ 是向量组 A 的一个**极大线性无关向量组**(简称极大无关组)(maximum linear independence system of vectors)．

注 该定义中(2)等价于任意一个向量 $\boldsymbol{\alpha}$ 可由 $\boldsymbol{\alpha}_1,\boldsymbol{\alpha}_2,\cdots,\boldsymbol{\alpha}_r$ 线性表示.

例 3.14 设有向量组

$$\boldsymbol{\alpha}_1=(1,0,0),\quad \boldsymbol{\alpha}_2=(0,1,0),\quad \boldsymbol{\alpha}_3=(2,1,0),$$

试求向量组的一个极大无关组．

解 因为 $\boldsymbol{\alpha}_1,\boldsymbol{\alpha}_2$ 对应分量不成比例，所以 $\boldsymbol{\alpha}_1,\boldsymbol{\alpha}_2$ 线性无关．又因为 $\boldsymbol{\alpha}_3=2\boldsymbol{\alpha}_1+\boldsymbol{\alpha}_2$，所以 $\boldsymbol{\alpha}_1,\boldsymbol{\alpha}_2,\boldsymbol{\alpha}_3$ 线性相关．故 $\boldsymbol{\alpha}_1,\boldsymbol{\alpha}_2$ 是一个极大线性无关组．同理可得，$\boldsymbol{\alpha}_1,\boldsymbol{\alpha}_3$ 或 $\boldsymbol{\alpha}_2,\boldsymbol{\alpha}_3$ 也都是向量组的极大无关组．

例 3.15 全体 n 维向量所构成的向量组记作 $\mathbf{R}^n$. 设 n 维单位向量组为 $\boldsymbol{\varepsilon}_1,\boldsymbol{\varepsilon}_2,\cdots,\boldsymbol{\varepsilon}_n$，则该向量组是 $\mathbf{R}^n$ 的一个极大线性无关组．

证 在例 3.6 中，我们就已经证明了单位向量组 $\boldsymbol{\varepsilon}_1,\boldsymbol{\varepsilon}_2,\cdots,\boldsymbol{\varepsilon}_n$ 是线性无关的，而任意向量 $\boldsymbol{\alpha}\in\mathbf{R}^n$，都有 $\boldsymbol{\varepsilon}_1,\boldsymbol{\varepsilon}_2,\cdots,\boldsymbol{\varepsilon}_n,\boldsymbol{\alpha}$ 线性相关(个数大于维数). 故由定义 3.7 可知它是 $\mathbf{R}^n$ 的一个极大线性无关组．

定理 3.5 设有两个 n 维向量组

$$A:\boldsymbol{\alpha}_1,\boldsymbol{\alpha}_2,\cdots,\boldsymbol{\alpha}_r;\quad B:\boldsymbol{\beta}_1,\boldsymbol{\beta}_2,\cdots,\boldsymbol{\beta}_s.$$

若向量组 A 可以由向量组 B 线性表示，而且向量组 A 线性无关，则 $r\leqslant s$.

证 用反证法，假设 $r>s$，由于向量组 A 可以由向量组 B 线性表示，故有

$$\begin{cases}\boldsymbol{\alpha}_1=a_{11}\beta_1+a_{12}\beta_2+\cdots+a_{1s}\beta_s,\\ \boldsymbol{\alpha}_2=a_{21}\beta_1+a_{22}\beta_2+\cdots+a_{2s}\beta_s,\\ \cdots\cdots\cdots\cdots\cdots\cdots\cdots\cdots\cdots\cdots\\ \boldsymbol{\alpha}_r=a_{r1}\beta_1+a_{r2}\beta_2+\cdots+a_{rs}\beta_s,\end{cases} \tag{3.1}$$

上式的系数构成 r 个 s 维向量

$$\boldsymbol{\delta}_1=(a_{11},a_{12},\cdots,a_{1s}),\quad \boldsymbol{\delta}_2=(a_{21},a_{22},\cdots,a_{2s}),\quad \cdots,\quad \boldsymbol{\delta}_r=(a_{r1},a_{r2},\cdots,a_{rs}),$$

因为 $r>s$,即向量的个数 r 大于向量维数 s,所以它们是线性相关的,于是存在一组不全为零的数 $k_1,k_2,\cdots,k_r$,使

$$k_1\boldsymbol{\delta}_1+k_2\boldsymbol{\delta}_2+\cdots+k_r\boldsymbol{\delta}_r=\mathbf{0}. \tag{3.2}$$

以这 r 个数 $k_1,k_2,\cdots,k_r$ 作线性组合

$$k_1\boldsymbol{\alpha}_1+k_2\boldsymbol{\alpha}_2+\cdots+k_r\boldsymbol{\alpha}_r. \tag{3.3}$$

将(3.1)式代入(3.3)式,整理得

$$\begin{aligned}&k_1\boldsymbol{\alpha}_1+k_2\boldsymbol{\alpha}_2+\cdots+k_r\boldsymbol{\alpha}_r\\ &\quad=k_1(a_{11}\boldsymbol{\beta}_1+a_{12}\boldsymbol{\beta}_2+\cdots+a_{1s}\boldsymbol{\beta}_s)+k_2(a_{21}\boldsymbol{\beta}_1+a_{22}\boldsymbol{\beta}_2+\cdots+a_{2s}\boldsymbol{\beta}_s)\\ &\qquad+\cdots+k_r(a_{r1}\boldsymbol{\beta}_1+a_{r2}\boldsymbol{\beta}_2+\cdots+a_{rs}\boldsymbol{\beta}_s)\\ &\quad=(k_1a_{11}+k_2a_{21}+\cdots+k_ra_{r1})\boldsymbol{\beta}_1+\cdots+(k_1a_{1s}+k_2a_{2s}+\cdots+k_ra_{rs})\boldsymbol{\beta}_s,\end{aligned}$$

由(3.2)式知,上式中 $\boldsymbol{\beta}_i(i=1,2,\cdots,s)$ 前的系数全为 0,故

$$k_1\boldsymbol{\alpha}_1+k_2\boldsymbol{\alpha}_2+\cdots+k_r\boldsymbol{\alpha}_r=\mathbf{0}.$$

于是 $\boldsymbol{\alpha}_1,\boldsymbol{\alpha}_2,\cdots,\boldsymbol{\alpha}_r$ 线性相关,这与假设向量组 A 线性无关矛盾,即 r 不可能大于 s,因此 $r\leqslant s$. □

推论 3.7　设有两个 n 维向量组

$$A:\boldsymbol{\alpha}_1,\boldsymbol{\alpha}_2,\cdots,\boldsymbol{\alpha}_r;\quad B:\boldsymbol{\beta}_1,\boldsymbol{\beta}_2,\cdots,\boldsymbol{\beta}_s.$$

如果向量组 A 可以由向量组 B 线性表示,且 $r>s$,则向量组 A 线性相关.

证　用反证法.假设向量组 A 线性无关,且向量组 A 可以由向量组 B 线性表示,则由定理 3.5 可知 $r\leqslant s$,与题设相矛盾,所以假设不成立,即向量组 A 线性相关. □

该推论简便说法就是,多数向量可以用少数向量表示,则多数向量一定是线性相关的.

推论 3.8　两个线性无关的等价的向量组,一定包含相同个数的向量.

证　设有两个等价的线性无关的向量组

$$A:\boldsymbol{\alpha}_1,\boldsymbol{\alpha}_2,\cdots,\boldsymbol{\alpha}_r;\quad B:\boldsymbol{\beta}_1,\boldsymbol{\beta}_2,\cdots,\boldsymbol{\beta}_s.$$

因为等价,所以向量组 A 可以由向量组 B 线性表示,且向量组 A 线性无关,则 $r\leqslant s$. 又因为向量组 B 可以由向量组 A 线性表示,且向量组 B 线性无关,则 $s\leqslant r$. 所以 $r=s$. □

二、向量组的秩

虽然向量组的极大无关组不是唯一的,但是极大无关组中所含的向量个数是唯一确定的,这就有:

定义 3.8　若向量组 $\boldsymbol{\alpha}_1,\boldsymbol{\alpha}_2,\cdots,\boldsymbol{\alpha}_m$ 的极大无关组所含向量的个数是 r,则称 r 为这个向量组的**秩**(rank),记作 $\mathrm{r}(\boldsymbol{\alpha}_1,\boldsymbol{\alpha}_2,\cdots,\boldsymbol{\alpha}_m)=r$.

推论 3.9　等价的向量组有相同的秩.

证 设有两个等价的向量组

$$A:\boldsymbol{\alpha}_1,\boldsymbol{\alpha}_2,\cdots,\boldsymbol{\alpha}_r;\quad B:\boldsymbol{\beta}_1,\boldsymbol{\beta}_2,\cdots,\boldsymbol{\beta}_s.$$

且向量组 A 的秩为 m，向量组 B 的秩为 n，设它们的一个极大无关组分别为

$$A_1:\boldsymbol{\alpha}_{i1},\boldsymbol{\alpha}_{i2},\cdots,\boldsymbol{\alpha}_{im};\quad B_1:\boldsymbol{\beta}_{i1},\boldsymbol{\beta}_{i2},\cdots,\boldsymbol{\beta}_{in}.$$

由等价的传递性可知 A_1 和 B_1 等价，又因为它们线性无关，由推论 3.8 可知 $m=n$. □

注 上面推论的逆命题不一定正确，即秩相同的两个向量组不一定是等价的，例如，$\boldsymbol{\alpha}_1=\begin{bmatrix}1\\0\end{bmatrix}$与 $\boldsymbol{\alpha}_2=\begin{bmatrix}0\\1\end{bmatrix}$的秩都是 1，但 $\boldsymbol{\alpha}_1$ 与 $\boldsymbol{\alpha}_2$ 不等价．进一步，若两个向量组的秩相同，并且其中一个向量组能由另一个向量组线性表示，则这两个向量组一定等价．

推论 3.10 设有两个 n 维向量组 $\boldsymbol{\alpha}_1,\boldsymbol{\alpha}_2,\cdots,\boldsymbol{\alpha}_s$ 与 $\boldsymbol{\beta}_1,\boldsymbol{\beta}_2,\cdots,\boldsymbol{\beta}_t$. 若向量组 $\boldsymbol{\alpha}_1,\boldsymbol{\alpha}_2,\cdots,\boldsymbol{\alpha}_s$ 可以由向量组 $\boldsymbol{\beta}_1,\boldsymbol{\beta}_2,\cdots,\boldsymbol{\beta}_t$ 线性表示，则 $\mathrm{r}(\boldsymbol{\alpha}_1,\boldsymbol{\alpha}_2,\cdots,\boldsymbol{\alpha}_s)\leqslant\mathrm{r}(\boldsymbol{\beta}_1,\boldsymbol{\beta}_2,\cdots,\boldsymbol{\beta}_t)$.

证 设 $\mathrm{r}(\boldsymbol{\alpha}_1,\boldsymbol{\alpha}_2,\cdots,\boldsymbol{\alpha}_s)=m$，$\mathrm{r}(\boldsymbol{\beta}_1,\boldsymbol{\beta}_2,\cdots,\boldsymbol{\beta}_t)=n$. 不妨设 $\boldsymbol{\alpha}_1,\boldsymbol{\alpha}_2,\cdots,\boldsymbol{\alpha}_s$ 与 $\boldsymbol{\beta}_1,\boldsymbol{\beta}_2,\cdots,\boldsymbol{\beta}_t$ 的一个极大无关组分别为 $\boldsymbol{\alpha}_1,\boldsymbol{\alpha}_2,\cdots,\boldsymbol{\alpha}_m$ 与 $\boldsymbol{\beta}_1,\boldsymbol{\beta}_2,\cdots,\boldsymbol{\beta}_n$. 由于向量组 $\boldsymbol{\alpha}_1,\boldsymbol{\alpha}_2,\cdots,\boldsymbol{\alpha}_s$ 可以由向量组 $\boldsymbol{\beta}_1,\boldsymbol{\beta}_2,\cdots,\boldsymbol{\beta}_t$ 线性表示，则 $\boldsymbol{\alpha}_1,\boldsymbol{\alpha}_2,\cdots,\boldsymbol{\alpha}_m$ 也可以由 $\boldsymbol{\beta}_1,\boldsymbol{\beta}_2,\cdots,\boldsymbol{\beta}_n$ 线性表示，$\boldsymbol{\alpha}_1,\boldsymbol{\alpha}_2,\cdots,\boldsymbol{\alpha}_m$ 线性无关，由定理 3.5 可知 $m\leqslant n$，即 $\mathrm{r}(\boldsymbol{\alpha}_1,\boldsymbol{\alpha}_2,\cdots,\boldsymbol{\alpha}_s)\leqslant\mathrm{r}(\boldsymbol{\beta}_1,\boldsymbol{\beta}_2,\cdots,\boldsymbol{\beta}_t)$. □

注意到线性无关的向量组的极大无关组就是自身，我们有：

命题 3.2 设有向量组 $\boldsymbol{\alpha}_1,\boldsymbol{\alpha}_2,\cdots,\boldsymbol{\alpha}_s$，则

(1) $\boldsymbol{\alpha}_1,\boldsymbol{\alpha}_2,\cdots,\boldsymbol{\alpha}_s$ 线性无关的充要条件是 $\mathrm{r}(\boldsymbol{\alpha}_1,\boldsymbol{\alpha}_2,\cdots,\boldsymbol{\alpha}_s)=s$；

(2) $\boldsymbol{\alpha}_1,\boldsymbol{\alpha}_2,\cdots,\boldsymbol{\alpha}_s$ 线性相关的充要条件是 $\mathrm{r}(\boldsymbol{\alpha}_1,\boldsymbol{\alpha}_2,\cdots,\boldsymbol{\alpha}_s)<s$.

对于矩阵 $\boldsymbol{A}=(a_{ij})_{m\times n}$，按照分块矩阵的思想，我们知道 $\boldsymbol{A}$ 的每一行(列)是一个 $n(m)$ 维行(列)向量，称其为 $\boldsymbol{A}$ 的一个行(列)向量，而矩阵 $\boldsymbol{A}$ 的行(列)向量的全体称为 $\boldsymbol{A}$ 的**行(列)向量组**，我们把矩阵 $\boldsymbol{A}$ 的行向量组的秩称为矩阵 $\boldsymbol{A}$ 的**行秩**；矩阵 $\boldsymbol{A}$ 的列向量组的秩称为矩阵 $\boldsymbol{A}$ 的**列秩**．

定理 3.6 设 $\boldsymbol{A}$ 为 $m\times n$ 矩阵，则 $\mathrm{r}(\boldsymbol{A})=\boldsymbol{A}$ 的列秩 $=\boldsymbol{A}$ 的行秩．

证 令 $\boldsymbol{A}=(a_{ij})_{m\times n}$，将其列分块为 $\boldsymbol{A}=(\boldsymbol{\alpha}_1,\boldsymbol{\alpha}_2,\cdots,\boldsymbol{\alpha}_n)$，设 $\mathrm{r}(\boldsymbol{A})=r$ 则存在 $\boldsymbol{A}$ 的 r 阶子式 $D_r\neq0$，不妨设

$$D_r=\begin{vmatrix}a_{11}&a_{12}&\cdots&a_{1r}\\a_{21}&a_{22}&\cdots&a_{2r}\\\vdots&\vdots&&\vdots\\a_{r1}&a_{r2}&\cdots&a_{rr}\end{vmatrix}\neq0,$$

则由命题 3.1 可知 D_r 所在的 r 列组成的向量组线性无关，由推论 3.4 可知，与 D_r 对应的 $\boldsymbol{A}$ 中 r 列组成的向量组 $\boldsymbol{\alpha}_1,\boldsymbol{\alpha}_2,\cdots,\boldsymbol{\alpha}_r$ 线性无关．

下证 $\boldsymbol{A}$ 的第 l 个列向量 $\boldsymbol{\alpha}_l(l=r+1,\cdots,n)$ 可由 $\boldsymbol{\alpha}_1,\boldsymbol{\alpha}_2,\cdots,\boldsymbol{\alpha}_r$ 线性表示．构造一个 $r+1$ 阶行列式

$$D_k=\begin{vmatrix}a_{11}&a_{12}&\cdots&a_{1r}&a_{1l}\\a_{21}&a_{22}&\cdots&a_{2r}&a_{2l}\\\vdots&\vdots&&\vdots&\vdots\\a_{r1}&a_{r2}&\cdots&a_{rr}&a_{rl}\\a_{k1}&a_{k2}&\cdots&a_{kr}&a_{kl}\end{vmatrix}.$$

当 $k\leqslant r$ 时,由于 D_k 中有两行相同,则 $D_k=0$;当 $k>r$ 时,由已知条件可知 $D_k=0$,因此,对于任意 $k(k=1,2,\cdots,m)$ 都有 $D_k=0$.

现在将 D_k 按照最后一行进行展开,得

$$D_k=a_{k1}A_{r+1,1}+a_{k2}A_{r+1,2}+\cdots+a_{kr}A_{r+1,r}+a_{kl}D=0\quad(k=1,2,\cdots,m),$$

记

$$d_j=-\frac{A_{r+1,j}}{D}\quad(j=1,2,\cdots,r).$$

则

$$\begin{aligned}a_{kl}&=-\frac{1}{D}(a_{k1}A_{r+1,1}+a_{k2}A_{r+1,2}+\cdots+a_{kr}A_{r+1,r})\\&=d_1a_{k1}+d_2a_{k2}+\cdots+d_ra_{kr}\quad(k=1,2,\cdots,m),\end{aligned}$$

故我们有

$$\boldsymbol{\alpha}_l=d_1\boldsymbol{\alpha}_1+d_2\boldsymbol{\alpha}_2+\cdots+d_r\boldsymbol{\alpha}_r\quad(l=r+1,\cdots,n).$$

上式表明矩阵 $\boldsymbol{A}$ 的第 $r+1$ 到第 n 个列向量分别都可以由前面 r 个线性无关的列向量 $\boldsymbol{\alpha}_1,\boldsymbol{\alpha}_2,\cdots,\boldsymbol{\alpha}_r$ 线性表示,即 $\boldsymbol{\alpha}_1,\boldsymbol{\alpha}_2,\cdots,\boldsymbol{\alpha}_r$ 为 $\boldsymbol{A}$ 的列向量组的极大无关组,所以 $\boldsymbol{A}$ 的列秩 $=r=\mathrm{r}(\boldsymbol{A})$.

另一方面,由于 $\boldsymbol{A}$ 的行秩 $=\boldsymbol{A}^{\mathrm{T}}$ 的列秩 $=\mathrm{r}(\boldsymbol{A}^{\mathrm{T}})=\mathrm{r}(\boldsymbol{A})$,所以 $\mathrm{r}(\boldsymbol{A})=\boldsymbol{A}$ 的列秩 $=\boldsymbol{A}$ 的行秩. □

该定理表明,求向量组的秩可以转化为求相应矩阵的秩,而利用矩阵的初等变换比较容易求出矩阵的秩. 由定理的证明过程可知,若 $\mathrm{r}(\boldsymbol{A})=r$,则 $\boldsymbol{A}$ 的非零的 r 阶子式所在的行(或列)就构成了 $\boldsymbol{A}$ 的行(或列)向量组的一个极大无关组,所以该定理提供了一种求向量组的秩和极大无关组的一种简便方法.

由命题 3.2 和定理 3.6 有:

推论 3.11 设有向量组 $\boldsymbol{\alpha}_1,\boldsymbol{\alpha}_2,\cdots,\boldsymbol{\alpha}_s$,记 $\boldsymbol{A}=(\boldsymbol{\alpha}_1,\boldsymbol{\alpha}_2,\cdots,\boldsymbol{\alpha}_s)$,则:

(1) $\boldsymbol{\alpha}_1,\boldsymbol{\alpha}_2,\cdots,\boldsymbol{\alpha}_s$ 线性无关的充要条件是 $\mathrm{r}(\boldsymbol{A})=s$,即以 $\boldsymbol{\alpha}_1,\boldsymbol{\alpha}_2,\cdots,\boldsymbol{\alpha}_s$ 为列向量的矩阵的秩等于向量的个数;

(2) $\boldsymbol{\alpha}_1,\boldsymbol{\alpha}_2,\cdots,\boldsymbol{\alpha}_s$ 线性相关的充要条件是 $\mathrm{r}(\boldsymbol{A})<s$,即以 $\boldsymbol{\alpha}_1,\boldsymbol{\alpha}_2,\cdots,\boldsymbol{\alpha}_s$ 为列向量的矩阵的秩小于向量的个数.

命题 3.3 若对矩阵 $\boldsymbol{A}$ 仅进行初等行(列)变换化为 $\boldsymbol{B}$,则 $\boldsymbol{B}$ 的列(行)向量组与 $\boldsymbol{A}$ 的列(行)向量组间有相同的线性关系,即

(1) 若 $\boldsymbol{A}$ 的列(行)向量组 $\boldsymbol{\alpha}_1,\boldsymbol{\alpha}_2,\cdots,\boldsymbol{\alpha}_n$ 中 $\boldsymbol{\alpha}_1,\boldsymbol{\alpha}_2,\cdots,\boldsymbol{\alpha}_r$ 线性无关,则 $\boldsymbol{B}$ 的列(行)向量组 $\boldsymbol{\beta}_1,\boldsymbol{\beta}_2,\cdots,\boldsymbol{\beta}_n$ 中,对应的 $\boldsymbol{\beta}_1,\boldsymbol{\beta}_2,\cdots,\boldsymbol{\beta}_r$ 也线性无关. 反之也真.

(2) 若 $\boldsymbol{A}$ 的列(行)向量组 $\boldsymbol{\alpha}_1,\boldsymbol{\alpha}_2,\cdots,\boldsymbol{\alpha}_n$ 中,$\boldsymbol{\alpha}_i$ 可由 $\boldsymbol{\alpha}_{i1},\boldsymbol{\alpha}_{i2},\cdots,\boldsymbol{\alpha}_{i_r}$ 线性表示:

$$\boldsymbol{\alpha}_i=k_1\boldsymbol{\alpha}_{i1}+k_2\boldsymbol{\alpha}_{i2}+\cdots+k_r\boldsymbol{\alpha}_{ir}$$

则 $\boldsymbol{B}$ 的列(行)向量组 $\boldsymbol{\beta}_1,\boldsymbol{\beta}_2,\cdots,\boldsymbol{\beta}_n$ 中,对应的 $\boldsymbol{\beta}_i$ 可由 $\boldsymbol{\beta}_{i1},\boldsymbol{\beta}_{i2},\cdots,\boldsymbol{\beta}_{i_r}$ 线性表示:

$$\boldsymbol{\beta}_i=k_1\boldsymbol{\beta}_{i1}+k_2\boldsymbol{\beta}_{i2}+\cdots+k_r\boldsymbol{\beta}_{i_r}.$$

证明过程从略.该命题表明,矩阵的初等行(列)变换不改变其列(行)向量间的线性关系.

例 3.16 求向量组 $\boldsymbol{\alpha}_1=(2,4,2)$,$\boldsymbol{\alpha}_2=(1,1,0)$,$\boldsymbol{\alpha}_3=(2,3,1)$,$\boldsymbol{\alpha}_4=(3,5,2)$ 的一个极大无关组,并把其余向量用该极大无关组线性表示.

解 对矩阵 $\boldsymbol{A}=(\boldsymbol{\alpha}_1^{\mathrm{T}},\boldsymbol{\alpha}_2^{\mathrm{T}},\boldsymbol{\alpha}_3^{\mathrm{T}},\boldsymbol{\alpha}_4^{\mathrm{T}})$仅进行初等行变换,化成最简形:

$$\boldsymbol{A}=\begin{bmatrix}2&1&2&3\\4&1&3&5\\2&0&1&2\end{bmatrix}\xrightarrow[r_3-r_1]{r_2-2r_1}\begin{bmatrix}2&1&2&3\\0&-1&-1&-1\\0&-1&-1&-1\end{bmatrix}$$

$$\xrightarrow[r_3-r_2]{-r_2}\begin{bmatrix}2&1&2&3\\0&1&1&1\\0&0&0&0\end{bmatrix}\xrightarrow[\frac{1}{2}r_1]{r_1-r_2}\begin{bmatrix}1&0&\frac{1}{2}&1\\0&1&1&1\\0&0&0&0\end{bmatrix}.$$

由最后一个矩阵可知:$\boldsymbol{\alpha}_1,\boldsymbol{\alpha}_2$ 是一个极大无关组,且 $\boldsymbol{\alpha}_3=\frac{1}{2}\boldsymbol{\alpha}_1+\boldsymbol{\alpha}_2,\boldsymbol{\alpha}_4=\boldsymbol{\alpha}_1+\boldsymbol{\alpha}_2$.

定理 3.7 设 $\boldsymbol{A},\boldsymbol{B}$ 为 $m\times n$ 矩阵,则 $\mathrm{r}(\boldsymbol{A}+\boldsymbol{B})\leqslant\mathrm{r}(\boldsymbol{A})+\mathrm{r}(\boldsymbol{B})$.

证 令

$$\boldsymbol{A}=\begin{bmatrix}\boldsymbol{\alpha}_1\\\boldsymbol{\alpha}_2\\\vdots\\\boldsymbol{\alpha}_m\end{bmatrix},\quad\boldsymbol{B}=\begin{bmatrix}\boldsymbol{\beta}_1\\\boldsymbol{\beta}_2\\\vdots\\\boldsymbol{\beta}_m\end{bmatrix},\quad\boldsymbol{A}+\boldsymbol{B}=\begin{bmatrix}\boldsymbol{\gamma}_1\\\boldsymbol{\gamma}_2\\\vdots\\\boldsymbol{\gamma}_m\end{bmatrix},$$

则由分块矩阵运算,得

$$\begin{cases}\boldsymbol{\gamma}_1=\boldsymbol{\alpha}_1+\boldsymbol{\beta}_1,\\\boldsymbol{\gamma}_2=\boldsymbol{\alpha}_2+\boldsymbol{\beta}_2,\\\cdots\cdots\cdots\cdots\\\boldsymbol{\gamma}_m=\boldsymbol{\alpha}_m+\boldsymbol{\beta}_m,\end{cases}$$

即 $\boldsymbol{\gamma}_1,\boldsymbol{\gamma}_2,\cdots,\boldsymbol{\gamma}_m$ 可由 $\boldsymbol{\alpha}_1,\boldsymbol{\alpha}_2,\cdots,\boldsymbol{\alpha}_m,\boldsymbol{\beta}_1,\boldsymbol{\beta}_2,\cdots,\boldsymbol{\beta}_m$ 线性表示,所以

$$\mathrm{r}(\boldsymbol{\gamma}_1,\boldsymbol{\gamma}_2,\cdots,\boldsymbol{\gamma}_m)\leqslant\mathrm{r}(\boldsymbol{\alpha}_1,\boldsymbol{\alpha}_2,\cdots,\boldsymbol{\alpha}_m,\boldsymbol{\beta}_1,\boldsymbol{\beta}_2,\cdots,\boldsymbol{\beta}_m).$$

令 $\mathrm{r}(\boldsymbol{\alpha}_1,\boldsymbol{\alpha}_2,\cdots,\boldsymbol{\alpha}_m)=r,\mathrm{r}(\boldsymbol{\beta}_1,\boldsymbol{\beta}_2,\cdots,\boldsymbol{\beta}_m)=s$,设 $\boldsymbol{\alpha}_1,\boldsymbol{\alpha}_2,\cdots,\boldsymbol{\alpha}_m$ 的极大无关组为 $\boldsymbol{\alpha}_{i1},\boldsymbol{\alpha}_{i2},\cdots,\boldsymbol{\alpha}_{i_r}$;$\boldsymbol{\beta}_1,\boldsymbol{\beta}_2,\cdots,\boldsymbol{\beta}_m$ 的极大无关组为 $\boldsymbol{\beta}_{j1},\boldsymbol{\beta}_{j2},\cdots,\boldsymbol{\beta}_{j_s}$,则 $\boldsymbol{\alpha}_1,\boldsymbol{\alpha}_2,\cdots,\boldsymbol{\alpha}_m,\boldsymbol{\beta}_1,\boldsymbol{\beta}_2,\cdots,\boldsymbol{\beta}_m$ 可由 $\boldsymbol{\alpha}_{i1},\boldsymbol{\alpha}_{i2},\cdots,\boldsymbol{\alpha}_{i_r},\boldsymbol{\beta}_{j1},\boldsymbol{\beta}_{j2},\cdots,\boldsymbol{\beta}_{j_s}$ 线性表示,因此,

$$\begin{aligned}\mathrm{r}(\boldsymbol{\alpha}_1,\boldsymbol{\alpha}_2,\cdots,\boldsymbol{\alpha}_m,\boldsymbol{\beta}_1,\boldsymbol{\beta}_2,\cdots,\boldsymbol{\beta}_m)&\leqslant\mathrm{r}(\boldsymbol{\alpha}_{i1},\boldsymbol{\alpha}_{i2},\cdots,\boldsymbol{\alpha}_{i_r},\boldsymbol{\beta}_{j1},\boldsymbol{\beta}_{j2},\cdots,\boldsymbol{\beta}_{j_s})\leqslant r+s\\&=\mathrm{r}(\boldsymbol{\alpha}_1,\boldsymbol{\alpha}_2,\cdots,\boldsymbol{\alpha}_m)+\mathrm{r}(\boldsymbol{\beta}_1,\boldsymbol{\beta}_2,\cdots,\boldsymbol{\beta}_m),\end{aligned}$$

即

$$\mathrm{r}(\boldsymbol{A}+\boldsymbol{B})\leqslant\mathrm{r}(\boldsymbol{A})+\mathrm{r}(\boldsymbol{B}).$$ □

定理 3.8 设 $\boldsymbol{A}$ 为 $m\times s$ 矩阵,$\boldsymbol{B}$ 为 $s\times n$ 矩阵,则 $\mathrm{r}(\boldsymbol{AB})\leqslant\min\{\mathrm{r}(\boldsymbol{A}),\mathrm{r}(\boldsymbol{B})\}$.

证 令

$$\boldsymbol{A}=\begin{bmatrix}a_{11}&a_{12}&\cdots&a_{1s}\\a_{21}&a_{22}&\cdots&a_{2s}\\\vdots&\vdots&&\vdots\\a_{m1}&a_{m2}&\cdots&a_{ms}\end{bmatrix},\quad\boldsymbol{B}=\begin{bmatrix}\boldsymbol{\beta}_1\\\boldsymbol{\beta}_2\\\vdots\\\boldsymbol{\beta}_s\end{bmatrix},\quad\boldsymbol{AB}=\begin{bmatrix}\boldsymbol{\gamma}_1\\\boldsymbol{\gamma}_2\\\vdots\\\boldsymbol{\gamma}_m\end{bmatrix},$$

则由分块矩阵运算,得

$$\begin{cases}\boldsymbol{\gamma}_1=a_{11}\boldsymbol{\beta}_1+a_{12}\boldsymbol{\beta}_2+\cdots+a_{1s}\boldsymbol{\beta}_s,\\ \boldsymbol{\gamma}_2=a_{21}\boldsymbol{\beta}_1+a_{22}\boldsymbol{\beta}_2+\cdots+a_{2s}\boldsymbol{\beta}_s,\\ \cdots\cdots\cdots\cdots\cdots\cdots\cdots\cdots\cdots\cdots\cdots\cdots\\ \boldsymbol{\gamma}_m=a_{m1}\boldsymbol{\beta}_1+a_{m2}\boldsymbol{\beta}_2+\cdots+a_{ms}\boldsymbol{\beta}_s,\end{cases}$$

即 $\boldsymbol{\gamma}_1,\boldsymbol{\gamma}_2,\cdots,\boldsymbol{\gamma}_m$ 可由 $\boldsymbol{\beta}_1,\boldsymbol{\beta}_2,\cdots,\boldsymbol{\beta}_s$ 线性表示,所以

$$\mathrm{r}(\boldsymbol{\gamma}_1,\boldsymbol{\gamma}_2,\cdots,\boldsymbol{\gamma}_m)\leqslant\mathrm{r}(\boldsymbol{\beta}_1,\boldsymbol{\beta}_2,\cdots,\boldsymbol{\beta}_s),$$

即

$$\mathrm{r}(\boldsymbol{AB})\leqslant\mathrm{r}(\boldsymbol{B}).$$

类似地,把 $\boldsymbol{A},\boldsymbol{AB}$ 进行列分块,$\boldsymbol{B}$ 不分块,可证 $\mathrm{r}(\boldsymbol{AB})\leqslant\mathrm{r}(\boldsymbol{A})$. 故

$$\mathrm{r}(\boldsymbol{AB})\leqslant\min\{\mathrm{r}(\boldsymbol{A}),\mathrm{r}(\boldsymbol{B})\}.$$

□

三、向量空间

定义 3.9 设 V 为 n 维向量的非空集合,如果集合 V 对于向量的加法及数乘两种运算封闭,那么就称集合 V 为**向量空间**(vector space).

所谓封闭,是指对于集合 V,若 $\boldsymbol{\alpha}\in V,\boldsymbol{\beta}\in V$,则 $\boldsymbol{\alpha}+\boldsymbol{\beta}\in V$;若 $\boldsymbol{\alpha}\in V,\lambda\in\mathbf{R}$,则 $\lambda\boldsymbol{\alpha}\in V$.

例 3.17 证明:所有的 n 维向量所成的集合

$$\mathbf{R}^n=\{\boldsymbol{\alpha}=(a_1,a_2,\cdots,a_n)\mid a_1,a_2,\cdots,a_n\in\mathbf{R}\}$$

是向量空间.

证 首先,显然集合是非空集合,又因为任意的 $\boldsymbol{\alpha}\in\mathbf{R}^n,\boldsymbol{\beta}\in\mathbf{R}^n,\lambda\in\mathbf{R}$,都有 $\boldsymbol{\alpha}+\boldsymbol{\beta}\in\mathbf{R}^n$,$\lambda\boldsymbol{\alpha}\in\mathbf{R}^n$. 由上述定义可知,$\mathbf{R}^n$ 是一个向量空间.

例 3.18 证明:集合

$$V=\{\boldsymbol{\alpha}=(1,a_2,a_3,\cdots,a_n)\mid a_2,a_3,\cdots,a_n\in\mathbf{R}\}$$

不是向量空间.

证 因为任意的 $\boldsymbol{\alpha}=(1,a_2,a_3,\cdots,a_n)\in V$,则 $3\boldsymbol{\alpha}=(3,a_2,a_3,\cdots,a_n)\notin V$,对数乘运算不满足封闭性.

定义 3.10 在向量空间 V 中,如果存在 r 个向量 $\boldsymbol{\alpha}_1,\boldsymbol{\alpha}_2,\cdots,\boldsymbol{\alpha}_r$ 满足:

(1) $\boldsymbol{\alpha}_1,\boldsymbol{\alpha}_2,\cdots,\boldsymbol{\alpha}_r$ 线性无关;

(2) V 中任一向量总可由 $\boldsymbol{\alpha}_1,\boldsymbol{\alpha}_2,\cdots,\boldsymbol{\alpha}_r$ 线性表示,则称向量组 $\boldsymbol{\alpha}_1,\boldsymbol{\alpha}_2,\cdots,\boldsymbol{\alpha}_r$ 为向量空间 V 的一组**基**,r 称为向量空间的**维数**(dimension).

维数为 r 的向量空间,称为 r 维向量空间. 在 r 维向量空间中,任意 r 个线性无关的向量均可作为向量空间的基. 一个向量空间的维数是唯一的,但是它的基不是唯一的.

若把向量空间看作向量组,则 V 的基就是向量组的极大无关组, V 的维数就是向量组的秩.

例 3.19 在向量空间

$$\mathbf{R}^n=\{\boldsymbol{\alpha}=(a_1,a_2,\cdots,a_n)\mid a_1,a_2,\cdots,a_n\in\mathbf{R}\}$$

中,单位向量组 $\boldsymbol{\varepsilon}_1,\boldsymbol{\varepsilon}_2,\cdots,\boldsymbol{\varepsilon}_n$ 是 $\mathbf{R}^n$ 的一组基,因此 $\mathbf{R}^n$ 是 n 维向量空间.

§3.4 向量的内积

以前我们学习过二维及三维向量的数量积、长度及夹角等概念，现在我们将这些概念推广到一般的 n 维向量的情形．

一、向量的内积

定义 3.11 设有 n 维列向量

$$\boldsymbol{\alpha}=\begin{bmatrix}a_1\\a_2\\\vdots\\a_n\end{bmatrix},\quad \boldsymbol{\beta}=\begin{bmatrix}b_1\\b_2\\\vdots\\b_n\end{bmatrix},$$

数 $a_1b_1+a_2b_2+\cdots+a_nb_n$ 称为向量 $\boldsymbol{\alpha}$ 与 $\boldsymbol{\beta}$ 的**内积**(inner product)，记作$[\boldsymbol{\alpha},\boldsymbol{\beta}]$.

由于 n 维行向量可以看成是 $1\times n$ 矩阵，n 维列向量看成是 $n\times 1$ 矩阵，且 1 阶矩阵就看作一个数，所以内积可用矩阵的乘法来表示，即$[\boldsymbol{\alpha},\boldsymbol{\beta}]=\boldsymbol{\alpha}^{\mathrm{T}}\boldsymbol{\beta}$.

例如，$\boldsymbol{\alpha}=\begin{bmatrix}1\\2\\3\\4\end{bmatrix}$，$\boldsymbol{\beta}=\begin{bmatrix}-1\\2\\0\\3\end{bmatrix}$，则$[\boldsymbol{\alpha},\boldsymbol{\beta}]=15$.

根据矩阵运算可以直接证明内积有以下性质(其中 $\boldsymbol{\alpha},\boldsymbol{\beta},\boldsymbol{\gamma}$ 为 n 维向量，k 为实数)

(1) 对称性：$[\boldsymbol{\alpha},\boldsymbol{\beta}]=[\boldsymbol{\beta},\boldsymbol{\alpha}]$；

(2) 可加性：$[\boldsymbol{\alpha}+\boldsymbol{\beta},\boldsymbol{\gamma}]=[\boldsymbol{\alpha},\boldsymbol{\gamma}]+[\boldsymbol{\beta},\boldsymbol{\gamma}]$；

(3) 齐次性：$[k\boldsymbol{\alpha},\boldsymbol{\beta}]=k[\boldsymbol{\alpha},\boldsymbol{\beta}]$；

(4) 当 $\boldsymbol{\alpha}=\mathbf{0}$ 时，$[\boldsymbol{\alpha},\boldsymbol{\alpha}]=0$；当 $\boldsymbol{\alpha}\neq\mathbf{0}$ 时，$[\boldsymbol{\alpha},\boldsymbol{\alpha}]>0$.

定义 3.12 非负数$\sqrt{[\boldsymbol{\alpha},\boldsymbol{\alpha}]}$称为 $\boldsymbol{\alpha}$ 的**长度**(或**范数**)(norm)，记作$\|\boldsymbol{\alpha}\|$.

即$[\boldsymbol{\alpha},\boldsymbol{\alpha}]=\|\boldsymbol{\alpha}\|^2=a_1^2+a_2^2+\cdots+a_n^2$，其中 $\boldsymbol{\alpha}=\begin{bmatrix}a_1\\a_2\\\vdots\\a_n\end{bmatrix}$.

显然，非零向量 $\boldsymbol{\alpha}$ 的长度是一个正数，只有零向量的长度才是零．

$\|\boldsymbol{\alpha}\|=1$ 时，称向量 $\boldsymbol{\alpha}$ 为单位向量．例如，$\boldsymbol{\varepsilon}=(1,0,0,0)$是一个 4 维单位向量．

引理 3.1(柯西-施瓦茨(Cauchy-Schwarz)不等式) 对于任意向量 $\boldsymbol{\alpha},\boldsymbol{\beta}$ 有

$$|[\boldsymbol{\alpha},\boldsymbol{\beta}]|\leqslant\|\boldsymbol{\alpha}\|\|\boldsymbol{\beta}\|.$$

证 若 $\boldsymbol{\alpha}=\mathbf{0}$，不等式显然成立．设 $\boldsymbol{\alpha}\neq\mathbf{0}$，则对任意实数 t，有

$$\|t\boldsymbol{\alpha}+\boldsymbol{\beta}\|^2=[t\boldsymbol{\alpha}+\boldsymbol{\beta},t\boldsymbol{\alpha}+\boldsymbol{\beta}]\geqslant 0,$$

即

$$t^2\|\boldsymbol{\alpha}\|^2+2t[\boldsymbol{\alpha},\boldsymbol{\beta}]+\|\boldsymbol{\beta}\|^2\geqslant 0.$$

由于 $\boldsymbol{\alpha}$ 和 $\boldsymbol{\beta}$ 为给定的向量，所以上述关于 t 的二次三项式的判别式

$$4[\boldsymbol{\alpha},\boldsymbol{\beta}]^2-4\|\boldsymbol{\alpha}\|^2\|\boldsymbol{\beta}\|^2\leqslant 0,$$

即

$$[\boldsymbol{\alpha},\boldsymbol{\beta}]^2\leqslant\|\boldsymbol{\alpha}\|^2\|\boldsymbol{\beta}\|^2,$$

故

$$|[\boldsymbol{\alpha},\boldsymbol{\beta}]|\leqslant\|\boldsymbol{\alpha}\|\|\boldsymbol{\beta}\|.$$ □

向量的长度具有下列性质：

(1) 非负性：当 $\boldsymbol{\alpha}=\mathbf{0}$ 时，$\|\boldsymbol{\alpha}\|=0$；当 $\boldsymbol{\alpha}\neq\mathbf{0}$ 时，$\|\boldsymbol{\alpha}\|>0$；

(2) 齐次性：$\|k\boldsymbol{\alpha}\|=|k|\|\boldsymbol{\alpha}\|$；

(3) 三角不等式：$\|\boldsymbol{\alpha}+\boldsymbol{\beta}\|\leqslant\|\boldsymbol{\alpha}\|+\|\boldsymbol{\beta}\|$；

(4) 单位化：若 $\boldsymbol{\alpha}\neq\mathbf{0}$，则 $\frac{1}{\|\boldsymbol{\alpha}\|}\boldsymbol{\alpha}$ 为单位向量.

证 (1)和(2)是显然的.

(3) 由于

$$\|\boldsymbol{\alpha}+\boldsymbol{\beta}\|^2=[\boldsymbol{\alpha}+\boldsymbol{\beta},\boldsymbol{\alpha}+\boldsymbol{\beta}]=[\boldsymbol{\alpha},\boldsymbol{\alpha}]+2[\boldsymbol{\alpha},\boldsymbol{\beta}]+[\boldsymbol{\beta},\boldsymbol{\beta}],$$

则由施瓦茨不等式，有

$$|[\boldsymbol{\alpha},\boldsymbol{\beta}]|\leqslant\sqrt{[\boldsymbol{\alpha},\boldsymbol{\alpha}][\boldsymbol{\beta},\boldsymbol{\beta}]},$$

从而

$$\begin{aligned}\|\boldsymbol{\alpha}+\boldsymbol{\beta}\|^2&\leqslant[\boldsymbol{\alpha},\boldsymbol{\alpha}]+2\sqrt{[\boldsymbol{\alpha},\boldsymbol{\alpha}][\boldsymbol{\beta},\boldsymbol{\beta}]}+[\boldsymbol{\beta},\boldsymbol{\beta}],\\&=\|\boldsymbol{\alpha}\|^2+2\|\boldsymbol{\alpha}\|\|\boldsymbol{\beta}\|+\|\boldsymbol{\beta}\|^2\\&=(\|\boldsymbol{\alpha}\|+\|\boldsymbol{\beta}\|)^2,\end{aligned}$$

即

$$\|\boldsymbol{\alpha}+\boldsymbol{\beta}\|\leqslant\|\boldsymbol{\alpha}\|+\|\boldsymbol{\beta}\|.$$

(4) 由(2)可知，$\left\|\frac{1}{\|\boldsymbol{\alpha}\|}\boldsymbol{\alpha}\right\|=\frac{1}{\|\boldsymbol{\alpha}\|}\|\boldsymbol{\alpha}\|=1$，故 $\frac{1}{\|\boldsymbol{\alpha}\|}\boldsymbol{\alpha}$ 为单位向量. □

由施瓦茨不等式可知，当 $\|\boldsymbol{\alpha}\|\neq 0$，$\|\boldsymbol{\beta}\|\neq 0$ 时，

$$\left|\frac{[\boldsymbol{\alpha},\boldsymbol{\beta}]}{\|\boldsymbol{\alpha}\|\|\boldsymbol{\beta}\|}\right|\leqslant 1.$$

于是可定义向量夹角.

定义 3.13 非零向量 $\boldsymbol{\alpha}$ 与 $\boldsymbol{\beta}$ 的**夹角**(included angle)$\langle\boldsymbol{\alpha},\boldsymbol{\beta}\rangle$ 规定为

$$\langle\boldsymbol{\alpha},\boldsymbol{\beta}\rangle=\arccos\frac{[\boldsymbol{\alpha},\boldsymbol{\beta}]}{\|\boldsymbol{\alpha}\|\|\boldsymbol{\beta}\|},$$

其中 $0\leqslant\langle\boldsymbol{\alpha},\boldsymbol{\beta}\rangle\leqslant\pi$.

当 $[\boldsymbol{\alpha},\boldsymbol{\beta}]=0$ 时，$\langle\boldsymbol{\alpha},\boldsymbol{\beta}\rangle=\frac{\pi}{2}$，则称向量 $\boldsymbol{\alpha}$ 与 $\boldsymbol{\beta}$ **正交**(orthogonal). 显然，若 $\boldsymbol{\alpha}=\mathbf{0}$，则 $\boldsymbol{\alpha}$ 与任何向量都正交.

例 3.20 设 $\boldsymbol{\alpha}=\begin{bmatrix}2\\0\\-1\end{bmatrix}$，$\boldsymbol{\beta}=\begin{bmatrix}5\\3\\0\end{bmatrix}$，若 $\boldsymbol{\beta}=\lambda\boldsymbol{\alpha}+\boldsymbol{\gamma}$，且 $\boldsymbol{\gamma}$ 与 $\boldsymbol{\alpha}$ 正交，求 λ 和 $\boldsymbol{\gamma}$.

解 由 $\boldsymbol{\beta}=\lambda\boldsymbol{\alpha}+\boldsymbol{\gamma}$，得

$$\boldsymbol{\gamma}=\boldsymbol{\beta}-\lambda\boldsymbol{\alpha}=\begin{bmatrix}5-2\lambda\\3\\\lambda\end{bmatrix},$$

因为 $\boldsymbol{\gamma}$ 与 $\boldsymbol{\alpha}$ 正交,所以$[\boldsymbol{\gamma},\boldsymbol{\alpha}]=0$,即

$$(5-2\lambda)\times 2+3\times 0+\lambda\times(-1)=0.$$

故 $\lambda=2$ 且 $\boldsymbol{\gamma}=\begin{bmatrix}1\\3\\2\end{bmatrix}$.

二、正交向量组

定义 3.14 一组非零向量,如果它们两两正交,则称这组向量为**正交向量组**(orthogonal system of vectors).

例如,n 维单位向量组 $\boldsymbol{\varepsilon}_1=(1,0,\cdots,0)$,$\boldsymbol{\varepsilon}_2=(0,1,\cdots,0)$,$\cdots$,$\boldsymbol{\varepsilon}_n=(0,0,\cdots,1)$就是正交向量组.

定理 3.9 若 n 维向量 $\boldsymbol{\alpha}_1,\boldsymbol{\alpha}_2,\cdots,\boldsymbol{\alpha}_r$ 是正交向量组,则 $\boldsymbol{\alpha}_1,\boldsymbol{\alpha}_2,\cdots,\boldsymbol{\alpha}_r$ 线性无关.

证 设 $\boldsymbol{\alpha}_1,\boldsymbol{\alpha}_2,\cdots,\boldsymbol{\alpha}_r$ 是正交向量组,且存在实数 $k_1,k_2,\cdots,k_r$,使得

$$k_1\boldsymbol{\alpha}_1+k_2\boldsymbol{\alpha}_2+\cdots+k_r\boldsymbol{\alpha}_r=\boldsymbol{0}.$$

用 $\boldsymbol{\alpha}_i(i=1,2,\cdots,r)$与上式两边分别作内积,因为$[\boldsymbol{\alpha}_i,\boldsymbol{\alpha}_j]=0(i\neq j)$,故得

$$k_i[\boldsymbol{\alpha}_i,\boldsymbol{\alpha}_i]=0.$$

又 $\boldsymbol{\alpha}_i\neq\boldsymbol{0}$,故$[\boldsymbol{\alpha}_i,\boldsymbol{\alpha}_i]\neq 0$,从而 $k_i=0(i=1,2,\cdots,r)$,所以向量组 $\boldsymbol{\alpha}_1,\boldsymbol{\alpha}_2,\cdots,\boldsymbol{\alpha}_r$ 线性无关.

□

由该定理可知,在 n 维向量空间 $\mathbf{R}^n$ 中,正交向量组所包含的向量个数不能超过 n 个.

注 定理 3.9 的逆命题不一定正确,即线性无关组不一定是正交向量组. 例如,$\boldsymbol{\alpha}_1=\begin{bmatrix}1\\0\end{bmatrix}$与 $\boldsymbol{\alpha}_2=\begin{bmatrix}1\\2\end{bmatrix}$是线性无关但不是正交的. 但是我们可以将一组线性无关的向量组化为正交向量组且它们还是等价的.

给定一组线性无关的向量组 $\boldsymbol{\alpha}_1,\boldsymbol{\alpha}_2,\cdots,\boldsymbol{\alpha}_r$,我们给出一种将其化为两两正交的单位向量组的方法:

首先正交化:取

$$\boldsymbol{\beta}_1=\boldsymbol{\alpha}_1;$$

$$\boldsymbol{\beta}_2=\boldsymbol{\alpha}_2-\frac{[\boldsymbol{\alpha}_2,\boldsymbol{\beta}_1]}{[\boldsymbol{\beta}_1,\boldsymbol{\beta}_1]}\boldsymbol{\beta}_1;$$

$$\cdots\cdots\cdots\cdots$$

$$\boldsymbol{\beta}_r=\boldsymbol{\alpha}_r-\frac{[\boldsymbol{\alpha}_r,\boldsymbol{\beta}_1]}{[\boldsymbol{\beta}_1,\boldsymbol{\beta}_1]}\boldsymbol{\beta}_1-\frac{[\boldsymbol{\alpha}_r,\boldsymbol{\beta}_2]}{[\boldsymbol{\beta}_2,\boldsymbol{\beta}_2]}\boldsymbol{\beta}_2-\cdots-\frac{[\boldsymbol{\alpha}_r,\boldsymbol{\beta}_{r-1}]}{[\boldsymbol{\beta}_{r-1},\boldsymbol{\beta}_{r-1}]}\boldsymbol{\beta}_{r-1};$$

容易验证 $\boldsymbol{\beta}_1,\boldsymbol{\beta}_2,\cdots,\boldsymbol{\beta}_r$ 两两正交且与原来线性无关组 $\boldsymbol{\alpha}_1,\boldsymbol{\alpha}_2,\cdots,\boldsymbol{\alpha}_r$ 是等价的.

然后再单位化:

$$\boldsymbol{e}_1=\frac{1}{\|\boldsymbol{\beta}_1\|}\boldsymbol{\beta}_1,\quad \boldsymbol{e}_2=\frac{1}{\|\boldsymbol{\beta}_2\|}\boldsymbol{\beta}_2,\quad \cdots,\quad \boldsymbol{e}_r=\frac{1}{\|\boldsymbol{\beta}_r\|}\boldsymbol{\beta}_r,$$

上述从线性无关的向量组 $\boldsymbol{\alpha}_1,\boldsymbol{\alpha}_2,\cdots,\boldsymbol{\alpha}_r$ 得出正交向量组 $\boldsymbol{\beta}_1,\boldsymbol{\beta}_2,\cdots,\boldsymbol{\beta}_r$ 的方法称为**施密特**(Schmidt)正交化方法,而 $\boldsymbol{e}_1,\boldsymbol{e}_2,\cdots,\boldsymbol{e}_r$ 称为**规范正交向量组**.

定义 3.15 设 V 是 r 维向量空间,向量组 $\boldsymbol{e}_1,\boldsymbol{e}_2,\cdots,\boldsymbol{e}_r$ 是 V 的一个基. 若 $\boldsymbol{e}_1,\boldsymbol{e}_2,\cdots,\boldsymbol{e}_r$ 两两正交,则称 $\boldsymbol{e}_1,\boldsymbol{e}_2,\cdots,\boldsymbol{e}_r$ 是 V 的一个**正交基**(orthogonal basis),若 $\boldsymbol{e}_1,\boldsymbol{e}_2,\cdots,\boldsymbol{e}_r$ 两两正交,且都是单位向量,则称 $\boldsymbol{e}_1,\boldsymbol{e}_2,\cdots,\boldsymbol{e}_r$ 是 V 的一个**正交规范基**或**标准正交基**(normal orthogonal basis).

例如,n 维单位向量组 $\boldsymbol{\varepsilon}_1,\boldsymbol{\varepsilon}_2,\cdots,\boldsymbol{\varepsilon}_n$ 就是 n 维向量空间 $\mathbf{R}^n$ 的一个正交规范基.

设 $\boldsymbol{\alpha}_1,\boldsymbol{\alpha}_2,\cdots,\boldsymbol{\alpha}_r$ 是向量空间 V 的一个基,那么如何求 V 的正交规范基?

第一步:将 $\boldsymbol{\alpha}_1,\boldsymbol{\alpha}_2,\cdots,\boldsymbol{\alpha}_r$ 进行施密特正交化为 $\boldsymbol{\beta}_1,\boldsymbol{\beta}_2,\cdots,\boldsymbol{\beta}_r$;

第二步:将 $\boldsymbol{\beta}_1,\boldsymbol{\beta}_2,\cdots,\boldsymbol{\beta}_r$ 单位化为 $\boldsymbol{e}_1,\boldsymbol{e}_2,\cdots,\boldsymbol{e}_3$.

则 $\boldsymbol{e}_1,\boldsymbol{e}_2,\cdots,\boldsymbol{e}_r$ 是向量空间 V 的一个正交规范基.

例 3.21 已知一组基

$$\boldsymbol{\alpha}_1=\begin{bmatrix}2\\1\\1\end{bmatrix},\quad \boldsymbol{\alpha}_2=\begin{bmatrix}1\\1\\0\end{bmatrix},\quad \boldsymbol{\alpha}_3=\begin{bmatrix}0\\0\\1\end{bmatrix},$$

把它化为正交规范基.

解 取

$$\boldsymbol{\beta}_1=\boldsymbol{\alpha}_1=\begin{bmatrix}2\\1\\1\end{bmatrix}.$$

令

$$\boldsymbol{\beta}_2=\boldsymbol{\alpha}_2-\frac{[\boldsymbol{\alpha}_2,\boldsymbol{\beta}_1]}{[\boldsymbol{\beta}_1,\boldsymbol{\beta}_1]}\boldsymbol{\beta}_1=\begin{bmatrix}0\\ \frac{1}{2}\\ -\frac{1}{2}\end{bmatrix},$$

$$\boldsymbol{\beta}_3=\boldsymbol{\alpha}_3-\frac{[\boldsymbol{\alpha}_3,\boldsymbol{\beta}_1]}{[\boldsymbol{\beta}_1,\boldsymbol{\beta}_1]}\boldsymbol{\beta}_1-\frac{[\boldsymbol{\alpha}_3,\boldsymbol{\beta}_2]}{[\boldsymbol{\beta}_2,\boldsymbol{\beta}_2]}\boldsymbol{\beta}_2=\begin{bmatrix}-\frac{1}{3}\\ \frac{1}{3}\\ \frac{1}{3}\end{bmatrix}.$$

再单位化,化成一个正交规范基:

$$\boldsymbol{e}_1=\frac{\boldsymbol{\beta}_1}{\|\boldsymbol{\beta}_1\|}=\begin{bmatrix}\frac{2}{\sqrt{6}}\\ \frac{1}{\sqrt{6}}\\ \frac{1}{\sqrt{6}}\end{bmatrix},\quad \boldsymbol{e}_2=\frac{\boldsymbol{\beta}_2}{\|\boldsymbol{\beta}_2\|}=\begin{bmatrix}0\\ \frac{1}{\sqrt{2}}\\ -\frac{1}{\sqrt{2}}\end{bmatrix},\quad \boldsymbol{e}_3=\frac{\boldsymbol{\beta}_3}{\|\boldsymbol{\beta}_3\|}=\begin{bmatrix}-\frac{1}{\sqrt{3}}\\ \frac{1}{\sqrt{3}}\\ \frac{1}{\sqrt{3}}\end{bmatrix}.$$

□

三、正交矩阵

定义 3.16 若 n 阶方阵 $\boldsymbol{A}$ 满足

$$\boldsymbol{A}^{\mathrm{T}}\boldsymbol{A}=\boldsymbol{I},$$

则称 $\boldsymbol{A}$ 为**正交矩阵**(orthogonal matrix).

由于

$$\boldsymbol{A}^{\mathrm{T}}\boldsymbol{A}=\boldsymbol{I}\Leftrightarrow\boldsymbol{A}^{\mathrm{T}}=\boldsymbol{A}^{-1},$$

所以 $\boldsymbol{A}$ 为正交矩阵的充要条件是 $\boldsymbol{A}^{\mathrm{T}}=\boldsymbol{A}^{-1}$.

又由定义 3.16 及矩阵乘法,有

$$a_{1i}a_{1j}+a_{2i}a_{2j}+\cdots+a_{ni}a_{nj}=\begin{cases}1, & i=j,\\0, & i\neq j\end{cases}\quad(i,j=1,2,\cdots,n),$$

所以 $\boldsymbol{A}$ 为正交矩阵的充要条件是 $\boldsymbol{A}$ 的列向量都是单位向量,且两两正交.

因为 $\boldsymbol{A}^{\mathrm{T}}\boldsymbol{A}=\boldsymbol{I}$,则 $\boldsymbol{A}\boldsymbol{A}^{\mathrm{T}}=\boldsymbol{I}$,所以 $\boldsymbol{A}$ 为正交矩阵的充要条件是 $\boldsymbol{A}$ 的行向量都是单位向量,且两两正交.

正交矩阵有下列性质:

(1) 若 $\boldsymbol{A}$ 为正交矩阵,则 $|\boldsymbol{A}|=\pm1$;

(2) 若 $\boldsymbol{A}$ 为正交矩阵,则 $\boldsymbol{A}^{\mathrm{T}},\boldsymbol{A}^{-1},\boldsymbol{A}^{*}$ 也是正交矩阵;

(3) 若 $\boldsymbol{A}$ 和 $\boldsymbol{B}$ 为正交矩阵,则 $\boldsymbol{AB}$ 也是正交矩阵.

证 (1)因为 $\boldsymbol{A}$ 为正交矩阵,则有 $\boldsymbol{A}^{\mathrm{T}}\boldsymbol{A}=\boldsymbol{I}$,两边取行列式,$|\boldsymbol{A}^{\mathrm{T}}\boldsymbol{A}|=|\boldsymbol{A}^{\mathrm{T}}||\boldsymbol{A}|=|\boldsymbol{I}|$,即 $|\boldsymbol{A}|^2=1$,$|\boldsymbol{A}|=\pm1$.

(2) 若 $\boldsymbol{A}$ 为正交矩阵,则有 $\boldsymbol{A}^{\mathrm{T}}\boldsymbol{A}=\boldsymbol{I}$,又因为

$$(\boldsymbol{A}^{\mathrm{T}})^{\mathrm{T}}\boldsymbol{A}^{\mathrm{T}}=\boldsymbol{A}\boldsymbol{A}^{\mathrm{T}}=\boldsymbol{I},$$

$$(\boldsymbol{A}^{-1})^{\mathrm{T}}\boldsymbol{A}^{-1}=(\boldsymbol{A}^{\mathrm{T}})^{-1}\boldsymbol{A}^{-1}=(\boldsymbol{A}^{\mathrm{T}}\boldsymbol{A})^{-1}=\boldsymbol{I},$$

$$(\boldsymbol{A}^{*})^{\mathrm{T}}\boldsymbol{A}^{*}=(|\boldsymbol{A}|\boldsymbol{A}^{-1})^{\mathrm{T}}\cdot|\boldsymbol{A}|\boldsymbol{A}^{-1}=|\boldsymbol{A}|^2(\boldsymbol{A}\boldsymbol{A}^{\mathrm{T}})^{-1}=\boldsymbol{I}.$$

所以由定义 3.16 可知 $\boldsymbol{A}^{\mathrm{T}},\boldsymbol{A}^{-1},\boldsymbol{A}^{*}$ 也是正交矩阵.

(3) 若 $\boldsymbol{A}$ 和 $\boldsymbol{B}$ 为正交矩阵,则有 $\boldsymbol{A}^{\mathrm{T}}\boldsymbol{A}=\boldsymbol{I},\boldsymbol{B}^{\mathrm{T}}\boldsymbol{B}=\boldsymbol{I}$,又因为 $(\boldsymbol{AB})^{\mathrm{T}}\boldsymbol{AB}=\boldsymbol{B}^{\mathrm{T}}\boldsymbol{A}^{\mathrm{T}}\boldsymbol{AB}=\boldsymbol{I}$,所以 $\boldsymbol{AB}$ 也是正交矩阵. □

习 题 三

(A)

1. 已知向量 $\boldsymbol{\alpha}=(6,-1,2)$,且 $2\boldsymbol{\alpha}+3\boldsymbol{\beta}=(9,-2,13)$,试求 $\boldsymbol{\alpha}-2\boldsymbol{\beta}$.

2. 已知向量 $\boldsymbol{\alpha}_1=(1,0,0),\boldsymbol{\alpha}_2=(0,2,1),\boldsymbol{\alpha}_3=(1,3,1),\boldsymbol{\alpha}_4=(5,4,1)$,试问 $\boldsymbol{\alpha}_4$ 是否可由 $\boldsymbol{\alpha}_1,\boldsymbol{\alpha}_2,\boldsymbol{\alpha}_3$ 线性表示?

3. 设 $\boldsymbol{\alpha}_1,\boldsymbol{\alpha}_2,\boldsymbol{\alpha}_3$ 线性无关,$\boldsymbol{\beta}_1=\boldsymbol{\alpha}_1-\boldsymbol{\alpha}_2+2\boldsymbol{\alpha}_3,\boldsymbol{\beta}_2=\boldsymbol{\alpha}_2-\boldsymbol{\alpha}_3,\boldsymbol{\beta}_3=2\boldsymbol{\alpha}_1-\boldsymbol{\alpha}_2+3\boldsymbol{\alpha}_3$,试用定义判别 $\boldsymbol{\beta}_1,\boldsymbol{\beta}_2,\boldsymbol{\beta}_3$ 是否线性相关?

4. 已知 $\boldsymbol{\alpha}_1=(3,2,1),\boldsymbol{\alpha}_2=(1,-1,2),\boldsymbol{\alpha}_3=(2,c,3)$,试问:

(1) 当 c 为何值时,$\boldsymbol{\alpha}_1,\boldsymbol{\alpha}_2,\boldsymbol{\alpha}_3$ 线性无关?

(2) 当 c 为何值时,$\boldsymbol{\alpha}_1,\boldsymbol{\alpha}_2,\boldsymbol{\alpha}_3$ 线性相关?并把 $\boldsymbol{\alpha}_3$ 表示为 $\boldsymbol{\alpha}_1,\boldsymbol{\alpha}_2$ 的线性组合.

5. 设 $\boldsymbol{\alpha}_1,\boldsymbol{\alpha}_2,\cdots,\boldsymbol{\alpha}_n$ 是一组 n 维向量,证明它们线性无关的充分必要条件是任意一个 n 维向量均可由它们线性表示。

6. 若 $\boldsymbol{\alpha}$ 可由向量组 $\boldsymbol{\alpha}_1,\boldsymbol{\alpha}_2,\cdots,\boldsymbol{\alpha}_r$ 线性表示,即 $\boldsymbol{\alpha}=k_1\boldsymbol{\alpha}_1+k_2\boldsymbol{\alpha}_2+\cdots+k_r\boldsymbol{\alpha}_r$,问:这种表示法是否唯一?并给出证明.

7. 判别下列向量组的线性相关性:

(1) $\boldsymbol{\alpha}_1=(2,1),\boldsymbol{\alpha}_2=(2,1,5,3)$;

(2) $\boldsymbol{\alpha}_1=(1,2,1),\boldsymbol{\alpha}_2=(1,1,1),\boldsymbol{\alpha}_3=(2,0,-1)$;

(3) $\boldsymbol{\alpha}_1=(5,1,2),\boldsymbol{\alpha}_2=(4,3,2),\boldsymbol{\alpha}_3=(0,3,0),\boldsymbol{\alpha}_4=(4,3,2)$;

(4) $\boldsymbol{\alpha}_1=(-2,6,2,4)$, $\boldsymbol{\alpha}_2=(-1,3,1,2),\boldsymbol{\alpha}_3=(0,2,-1,3),\boldsymbol{\alpha}_4=(1,1,-3,4)$.

8. 问 a 取什么值时,下列向量组线性相关?

$$\boldsymbol{\alpha}_1=(1,1,a),\boldsymbol{\alpha}_2=(-1,a,1),\boldsymbol{\alpha}_3=(a,-1,1).$$

9. 设向量组 $\boldsymbol{\alpha}_1,\boldsymbol{\alpha}_2,\cdots,\boldsymbol{\alpha}_r$ 线性无关,试讨论向量组 $\boldsymbol{\beta}_1=\boldsymbol{\alpha}_1+\boldsymbol{\alpha}_2,\boldsymbol{\beta}_2=\boldsymbol{\alpha}_2+\boldsymbol{\alpha}_3,\cdots,\boldsymbol{\beta}_r=\boldsymbol{\alpha}_r+\boldsymbol{\alpha}_1$ 的线性相关性.

10. 已知向量组 $\boldsymbol{\beta}_1=\begin{bmatrix}0\\1\\-1\end{bmatrix},\boldsymbol{\beta}_2=\begin{bmatrix}a\\2\\1\end{bmatrix},\boldsymbol{\beta}_3=\begin{bmatrix}b\\1\\0\end{bmatrix}$ 与向量组 $\boldsymbol{\alpha}_1=\begin{bmatrix}1\\2\\-3\end{bmatrix},\boldsymbol{\alpha}_2=\begin{bmatrix}3\\0\\1\end{bmatrix},\boldsymbol{\alpha}_3=\begin{bmatrix}9\\6\\-7\end{bmatrix}$ 具有相同的秩,且 $\boldsymbol{\beta}_3$ 可由 $\boldsymbol{\alpha}_1,\boldsymbol{\alpha}_2,\boldsymbol{\alpha}_3$ 线性表示,求 a,b 的值.

11. 求下列向量组的一个极大线性无关组及其秩.

$\boldsymbol{\alpha}_1=(2,1,3,-1)$, $\boldsymbol{\alpha}_2=(3,-1,2,0)$, $\boldsymbol{\alpha}_3=(4,2,6,-2)$, $\boldsymbol{\alpha}_4=(4,-3,1,1)$.

12. 证明:若向量组Ⅰ:$\boldsymbol{\alpha}_1,\boldsymbol{\alpha}_2,\cdots,\boldsymbol{\alpha}_r$ 与向量组Ⅱ:$\boldsymbol{\beta}_1,\boldsymbol{\beta}_2,\cdots,\boldsymbol{\beta}_s$ 有相同的秩,且向量组Ⅰ可由向量组Ⅱ线性表示,则向量组Ⅰ与向量组Ⅱ等价.

13. 已知向量组 $\boldsymbol{\alpha}_1,\boldsymbol{\alpha}_2,\boldsymbol{\alpha}_3$ 的秩为 2,向量组 $\boldsymbol{\alpha}_2,\boldsymbol{\alpha}_3,\boldsymbol{\alpha}_4$ 的秩为 3,问:

(1) $\boldsymbol{\alpha}_1$ 能不能由 $\boldsymbol{\alpha}_2,\boldsymbol{\alpha}_3$ 线性表示?

(2) $\boldsymbol{\alpha}_4$ 能不能由 $\boldsymbol{\alpha}_1,\boldsymbol{\alpha}_2,\boldsymbol{\alpha}_3$ 线性表示?

14. 判断下列各向量是否构成向量空间:

(1) $V_1=\{\boldsymbol{\alpha}=(a_1,a_2,\cdots,a_n)\mid a_1,a_2,\cdots,a_n\in\mathbf{R},且\ a_1+2a_2+\cdots+na_n=0\}$;

(2) $V_2=\{\boldsymbol{\alpha}=(a_1,a_2,\cdots,a_n)\mid a_1,a_2,\cdots,a_n\in\mathbf{R},且\ a_1\cdot a_2\cdot\cdots\cdot a_n=0\}$.

15. 已知

$$\boldsymbol{\alpha}=\begin{bmatrix}2\\1\\3\\2\end{bmatrix},\quad \boldsymbol{\beta}=\begin{bmatrix}1\\2\\-2\\1\end{bmatrix},$$

求它们的内积,长度和夹角.

16. 已知一组向量

$$\boldsymbol{\alpha}_1=\begin{bmatrix}1\\1\\1\\1\end{bmatrix},\quad \boldsymbol{\alpha}_2=\begin{bmatrix}1\\2\\2\\1\end{bmatrix},\quad \boldsymbol{\alpha}_3=\begin{bmatrix}2\\3\\1\\6\end{bmatrix},$$

把它化为正交规范基.

(B)

1. 设向量 $\boldsymbol{\alpha}_1=(1,2,t)$,$\boldsymbol{\alpha}_2=(2,1,1)$,$\boldsymbol{\alpha}_3=(-1,2,7)$,若 $\boldsymbol{\alpha}_1$ 可以由 $\boldsymbol{\alpha}_2,\boldsymbol{\alpha}_3$ 线性表示,则 $t=$(　　).

A. 2　　B. -2　　C. 5　　D. -5

2. 设向量组 $\boldsymbol{\alpha}_1,\boldsymbol{\alpha}_2,\boldsymbol{\alpha}_3$ 线性相关,则下列说法正确的是(　　).

A. $\boldsymbol{\alpha}_1,\boldsymbol{\alpha}_2,\boldsymbol{\alpha}_3$ 中必有零向量　　B. $\boldsymbol{\alpha}_1,\boldsymbol{\alpha}_2$ 必线性无关

C. $\boldsymbol{\alpha}_1,\boldsymbol{\alpha}_2$ 必线性相关

D. $\boldsymbol{\alpha}_1,\boldsymbol{\alpha}_2,\boldsymbol{\alpha}_3,\boldsymbol{\alpha}_4$($\boldsymbol{\alpha}_4$ 与 $\boldsymbol{\alpha}_1,\boldsymbol{\alpha}_2,\boldsymbol{\alpha}_3$ 的维数相同)必线性相关

3. 向量组 $\boldsymbol{\alpha}_1,\boldsymbol{\alpha}_2,\cdots,\boldsymbol{\alpha}_s$($s\geqslant 2$)线性无关的充分必要条件是(　　).

A. 都不是零向量

B. 任意两个向量的分量不成比例

C. 至少有一个向量不可由其余向量线性表示

D. 每一个向量均不可由其余向量线性表示

4. 下列说法不正确的是(　　).

A. 如果 r 个向量 $\boldsymbol{\alpha}_1,\boldsymbol{\alpha}_2,\cdots,\boldsymbol{\alpha}_r$ 线性无关,则加入 k 个向量 $\boldsymbol{\beta}_1,\boldsymbol{\beta}_2,\cdots,\boldsymbol{\beta}_k$ 后,仍然线性无关

B. 如果 r 个向量 $\boldsymbol{\alpha}_1,\boldsymbol{\alpha}_2,\cdots,\boldsymbol{\alpha}_r$ 线性无关,则在每个向量中增加 k 个分量后所得向量组仍然线性无关

C. 如果 r 个向量 $\boldsymbol{\alpha}_1,\boldsymbol{\alpha}_2,\cdots,\boldsymbol{\alpha}_r$ 线性相关,则加入 k 个向量 $\boldsymbol{\beta}_1,\boldsymbol{\beta}_2,\cdots,\boldsymbol{\beta}_k$ 后,仍然线性相关

D. 如果 r 个向量 $\boldsymbol{\alpha}_1,\boldsymbol{\alpha}_2,\cdots,\boldsymbol{\alpha}_r$ 线性相关,则在每个向量中去掉 k 个分量后所得向量组仍然线性相关

5. 向量组Ⅰ:$\boldsymbol{\alpha}_1,\boldsymbol{\alpha}_2,\cdots,\boldsymbol{\alpha}_r$ 可由向量组Ⅱ:$\boldsymbol{\beta}_1,\boldsymbol{\beta}_2,\cdots,\boldsymbol{\beta}_s$ 线性表示,则(　　).

A. 当 $r>s$ 时,向量组Ⅰ必线性相关

B. 当 $r>s$ 时,向量组Ⅱ必线性相关

C. 当 $r<s$ 时,向量组Ⅰ必线性相关

D. 当 $r<s$ 时,向量组Ⅱ必线性相关

6. 设 $\boldsymbol{\alpha}_1=(0,0,k_1)$,$\boldsymbol{\alpha}_2=(1,0,k_2)$,$\boldsymbol{\alpha}_3=(-1,1,k_3)$,$\boldsymbol{\alpha}_4=(1,-1,k_4)$,其中 k_1,k_2,k_3,k_4 为任意常数,则下列向量组线性相关的为(　　).

A. $\boldsymbol{\alpha}_1,\boldsymbol{\alpha}_2,\boldsymbol{\alpha}_3$　　B. $\boldsymbol{\alpha}_1,\boldsymbol{\alpha}_2,\boldsymbol{\alpha}_4$　　C. $\boldsymbol{\alpha}_1,\boldsymbol{\alpha}_3,\boldsymbol{\alpha}_4$　　D. $\boldsymbol{\alpha}_2,\boldsymbol{\alpha}_3,\boldsymbol{\alpha}_4$

7. 设向量组 $\boldsymbol{\alpha}_1=(a,1,0)$,$\boldsymbol{\alpha}_2=(0,b,1)$,$\boldsymbol{\alpha}_3=(1,0,c)$线性无关,则 a,b,c 必满足关系式(　　).

A. $abc=0$　　B. $abc=-1$　　C. $abc\neq 0$.　　D. $abc\neq -1$

8. 设向量组 $\boldsymbol{\alpha}_1=(2,1,0,0)$,$\boldsymbol{\alpha}_2=(1,0,3,0)$,$\boldsymbol{\alpha}_3=(4,0,0,5)$则下列说法正确的是

( ).

A. $\boldsymbol{\alpha}_1$ 可由 $\boldsymbol{\alpha}_2$, $\boldsymbol{\alpha}_3$ 线性表示　B. $\boldsymbol{\alpha}_2$ 可由 $\boldsymbol{\alpha}_1$, $\boldsymbol{\alpha}_3$ 线性表示

C. $\boldsymbol{\alpha}_3$ 可由 $\boldsymbol{\alpha}_1$, $\boldsymbol{\alpha}_2$ 线性表示

D. 任何一个向量都不能由其他向量线性表示

9. 设 $\boldsymbol{\beta},\boldsymbol{\alpha}_1,\boldsymbol{\alpha}_2$ 线性相关,$\boldsymbol{\beta},\boldsymbol{\alpha}_2,\boldsymbol{\alpha}_3$ 线性无关,则( ).

A. $\boldsymbol{\alpha}_1,\boldsymbol{\alpha}_2,\boldsymbol{\alpha}_3$ 线性相关　B. $\boldsymbol{\alpha}_1,\boldsymbol{\alpha}_2,\boldsymbol{\alpha}_3$ 线性无关

C. $\boldsymbol{\alpha}_1$ 可用 $\boldsymbol{\beta},\boldsymbol{\alpha}_2,\boldsymbol{\alpha}_3$ 线性表示　D. $\boldsymbol{\beta}$ 可用 $\boldsymbol{\alpha}_1,\boldsymbol{\alpha}_2$ 线性表示

10. 下列命题正确的是( ).

A. 若 $\boldsymbol{\alpha}_1,\boldsymbol{\alpha}_2$ 线性相关,$\boldsymbol{\beta}_1,\boldsymbol{\beta}_2$ 线性相关,则 $\boldsymbol{\alpha}_1+\boldsymbol{\alpha}_1,\boldsymbol{\alpha}_2+\boldsymbol{\beta}_2$ 线性相关

B. 若 $\boldsymbol{\alpha}$ 不能由 $\boldsymbol{\alpha}_1,\boldsymbol{\alpha}_2,\cdots,\boldsymbol{\alpha}_s$ 线性表示,则 $\boldsymbol{\alpha}_1,\boldsymbol{\alpha}_2,\cdots,\boldsymbol{\alpha}_s,\boldsymbol{\alpha}$ 线性无关

C. 若 $\boldsymbol{\alpha}_1,\boldsymbol{\alpha}_2,\cdots,\boldsymbol{\alpha}_s$ 线性相关,且 $\boldsymbol{\alpha}_s$ 不能由 $\boldsymbol{\alpha}_1,\boldsymbol{\alpha}_2,\cdots,\boldsymbol{\alpha}_{s-1}$ 线性表示,则 $\boldsymbol{\alpha}_1,\boldsymbol{\alpha}_2,\cdots,\boldsymbol{\alpha}_{s-1}$ 线性相关

D. 若 $\boldsymbol{\alpha}_1,\boldsymbol{\alpha}_2,\cdots,\boldsymbol{\alpha}_s$ 线性相关,则该向量组中任一向量均可由其余向量线性表示

11. 设向量 $\boldsymbol{\beta}$ 可由向量组 $\boldsymbol{\alpha}_1,\boldsymbol{\alpha}_2,\cdots,\boldsymbol{\alpha}_m$ 线性表示,但不能由向量组Ⅰ:$\boldsymbol{\alpha}_1,\boldsymbol{\alpha}_2,\cdots,\boldsymbol{\alpha}_{m-1}$ 线性表示,记向量组Ⅱ:$\boldsymbol{\alpha}_1,\boldsymbol{\alpha}_2,\cdots,\boldsymbol{\alpha}_{m-1},\boldsymbol{\beta}$,则( ).

A. $\boldsymbol{\alpha}_m$ 不能由Ⅰ线性表示,也不能由Ⅱ线性表示

B. $\boldsymbol{\alpha}_m$ 不能由Ⅰ线性表示,但可由Ⅱ线性表示

C. $\boldsymbol{\alpha}_m$ 可由Ⅰ线性表示,也可由Ⅱ线性表示

D. $\boldsymbol{\alpha}_m$ 可由Ⅰ线性表示,但不可由Ⅱ线性表示

12. 设有向量组 $\boldsymbol{\alpha}_1=(1,-1,2,4),\boldsymbol{\alpha}_2=(0,3,1,2),\boldsymbol{\alpha}_3=(2,1,5,10),\boldsymbol{\alpha}_4=(1,-2,2,0),\boldsymbol{\alpha}_5=(3,-9,4,8)$,则该向量组的极大线性无关组是( ).

A. $\boldsymbol{\alpha}_1,\boldsymbol{\alpha}_2,\boldsymbol{\alpha}_3$.　B. $\boldsymbol{\alpha}_1,\boldsymbol{\alpha}_2,\boldsymbol{\alpha}_4$　C. $\boldsymbol{\alpha}_1,\boldsymbol{\alpha}_2,\boldsymbol{\alpha}_5$　D. $\boldsymbol{\alpha}_1,\boldsymbol{\alpha}_2,\boldsymbol{\alpha}_4,\boldsymbol{\alpha}_5$

13. 已知向量组 $\boldsymbol{\alpha}_1=(2,1,-1,1),\boldsymbol{\alpha}_2=(6,0,t,4),\boldsymbol{\alpha}_3=(0,-3,4,1)$的秩为 2,则 t 是( ).

A. 1.　B. 2.　C. -1.　D. -2

14. 若两个向量组 $\boldsymbol{\alpha}_1=(1,2,3),\boldsymbol{\alpha}_2=(1,0,1)$与 $\boldsymbol{\beta}_1=(-1,2,t),\boldsymbol{\beta}_2=(4,1,5)$等价,则 t 是( ).

A. 1.　B. 2.　C. -1.　D. 0

15. 设 $\boldsymbol{\alpha}_1,\boldsymbol{\alpha}_2,\cdots,\boldsymbol{\alpha}_s$ 均为 n 维向量,下列结论不正确的是( ).

A. 若对于任意一组不全为零的数 $k_1,k_2,\cdots,k_s$,都有 $k_1\boldsymbol{\alpha}_1+k_2\boldsymbol{\alpha}_2+\cdots+k_s\boldsymbol{\alpha}_s\neq\boldsymbol{0}$,则 $\boldsymbol{\alpha}_1,\boldsymbol{\alpha}_2,\cdots,\boldsymbol{\alpha}_s$ 线性无关

B. 若 $\boldsymbol{\alpha}_1,\boldsymbol{\alpha}_2,\cdots,\boldsymbol{\alpha}_s$ 线性相关,则对于任意一组不全为零的数 $k_1,k_2,\cdots,k_s$,都有 $k_1\boldsymbol{\alpha}_1+k_2\boldsymbol{\alpha}_2+\cdots+k_s\boldsymbol{\alpha}_s=\boldsymbol{0}$

C. $\boldsymbol{\alpha}_1,\boldsymbol{\alpha}_2,\cdots,\boldsymbol{\alpha}_s$ 线性无关的充分必要条件是此向量组的秩为 s

D. $\boldsymbol{\alpha}_1,\boldsymbol{\alpha}_2,\cdots,\boldsymbol{\alpha}_s(s\geqslant 2)$线性相关的充分必要条件是 $\boldsymbol{\alpha}_1,\boldsymbol{\alpha}_2,\cdots,\boldsymbol{\alpha}_s$ 中至少有一个向量可由其余 $s-1$ 个向量线性表示

16. 设向量组 $\boldsymbol{\alpha}_1,\boldsymbol{\alpha}_2,\cdots,\boldsymbol{\alpha}_s$ 的秩为 r(其中 $r<s$),则有( ).

A. $\boldsymbol{\alpha}_1,\boldsymbol{\alpha}_2,\cdots,\boldsymbol{\alpha}_s$ 中任何包含 r 个向量的部分组一定线性无关

B. $\boldsymbol{\alpha}_1,\boldsymbol{\alpha}_2,\cdots,\boldsymbol{\alpha}_s$ 中任何包含 r 个向量的部分组一定线性相关

C. $\boldsymbol{\alpha}_1,\boldsymbol{\alpha}_2,\cdots,\boldsymbol{\alpha}_s$ 中任何包含 $r+1$ 个向量的部分组一定线性无关

D. $\boldsymbol{\alpha}_1,\boldsymbol{\alpha}_2,\cdots,\boldsymbol{\alpha}_s$ 中任何包含 $r+1$ 个向量的部分组一定线性相关

17. 向量组 $\boldsymbol{\alpha}_1,\boldsymbol{\alpha}_2,\cdots,\boldsymbol{\alpha}_s$ 的秩不为零的充分必要条件是(　　).

A. 向量组 $\boldsymbol{\alpha}_1,\boldsymbol{\alpha}_2,\cdots,\boldsymbol{\alpha}_s$ 全是非零向量

B. 向量组 $\boldsymbol{\alpha}_1,\boldsymbol{\alpha}_2,\cdots,\boldsymbol{\alpha}_s$ 线性相关

C. 向量组 $\boldsymbol{\alpha}_1,\boldsymbol{\alpha}_2,\cdots,\boldsymbol{\alpha}_s$ 线性无关

D. 向量组 $\boldsymbol{\alpha}_1,\boldsymbol{\alpha}_2,\cdots,\boldsymbol{\alpha}_s$ 中有一个线性无关的部分组

18. 设向量组 $\boldsymbol{\alpha}_1,\boldsymbol{\alpha}_2,\boldsymbol{\alpha}_3$ 线性无关，则下列向量组线性相关的是(　　).

A. $\boldsymbol{\alpha}_1-\boldsymbol{\alpha}_2,\boldsymbol{\alpha}_2-\boldsymbol{\alpha}_3,\boldsymbol{\alpha}_3-\boldsymbol{\alpha}_1$　　B. $\boldsymbol{\alpha}_1+\boldsymbol{\alpha}_2,\boldsymbol{\alpha}_2+\boldsymbol{\alpha}_3,\boldsymbol{\alpha}_3+\boldsymbol{\alpha}_1$

C. $\boldsymbol{\alpha}_1-2\boldsymbol{\alpha}_2,\boldsymbol{\alpha}_2-2\boldsymbol{\alpha}_3,\boldsymbol{\alpha}_3-2\boldsymbol{\alpha}_1$　　D. $\boldsymbol{\alpha}_1+2\boldsymbol{\alpha}_2,\boldsymbol{\alpha}_2+2\boldsymbol{\alpha}_3,\boldsymbol{\alpha}_3+2\boldsymbol{\alpha}_1$

19. 设 $\boldsymbol{A},\boldsymbol{B},\boldsymbol{C}$ 均为 n 阶矩阵，若 $\boldsymbol{AB}=\boldsymbol{C}$，且 $\boldsymbol{B}$ 可逆，则(　　).

A. 矩阵 $\boldsymbol{C}$ 的行向量组与矩阵 $\boldsymbol{A}$ 的行向量组等价

B. 矩阵 $\boldsymbol{C}$ 的列向量组与矩阵 $\boldsymbol{A}$ 的列向量组等价

C. 矩阵 $\boldsymbol{C}$ 的行向量组与矩阵 $\boldsymbol{B}$ 的行向量组等价

D. 矩阵 $\boldsymbol{C}$ 的列向量组与矩阵 $\boldsymbol{B}$ 的列向量组等价

20. 已知 $\boldsymbol{\alpha}=(1,2,0)$，$\boldsymbol{\beta}=(5,10,5)$，且 $\boldsymbol{\alpha}$ 与 $k\boldsymbol{\alpha}+\boldsymbol{\beta}$ 正交，则 k 是(　　).

A. 5　　B. -5　　C. 0　　D. 1

第四章 线性方程组

本章数字资源

线性方程组是线性代数的一个重要研究内容，是解决很多生产和生活等实际问题的有效工具，在经济活动分析、工程技术和许多科技领域中都有着十分广泛的应用，许多科技问题建立数学模型后都可以归结为解线性方程组，因此，线性方程组理论已经成为应用领域不可或缺的重要工具。本章将主要介绍高斯消元法、线性方程组解的结构等内容．

§4.1 消 元 法

先看一个物资调运的实际问题：

引例 设有三家工厂 A_1,A_2,A_3 都生产同一品牌的共享单车，它们年产量分别为 7，8，9（单位：万辆），该三家工厂每年都有两家固定的销售公司 B_1,B_2，其用量分别为 10，8.5（单位：万辆），各工厂 A_i 到各销售公司 B_j 的距离如表 4.1 所示（$i=1,2,3;j=1,2$）（单位：千米），不妨设每万辆单车每千米的费用为 1（单位：百元），问各厂的单车如何调配才会使得总运费最少？

表 4.1

距离 工厂 / 公司	A_1	A_2	A_3
B_1	40	55	90
B_2	50	70	30

分析：为了解决这一问题，我们假设各厂运到各公司的单车数量如表 4.2 所示：

表 4.2

数量 工厂 / 公司	A_1	A_2	A_3
B_1	x_1	x_2	x_3
B_2	x_4	x_5	x_6

由题意可知,这里有相等数量关系是三个工厂的总产量与两家销售公司的总需求量恰好相等. 从产地的角度来看,单车应该全部调出,所以有

$$x_1+x_4=7, \quad ①$$

$$x_2+x_5=8, \quad ②$$

$$x_3+x_6=9. \quad ③$$

从销售公司的角度来看,调运出的单车恰好是它们所需要的,所以又有

$$x_1+x_2+x_3=10, \quad ④$$

$$x_4+x_5+x_6=8.5. \quad ⑤$$

最后来看如何刻画运费(单位:百元).将单车 x_1 由 A_1 运输到 B_1 的运费为 $40x_1$,将单车 x_4 由 A_1 运输到 B_2 的运费为 $50x_4$,…,它们的总和就是总运费 y,即

$$y=40x_1+55x_2+90x_3+50x_4+70x_5+30x_6.$$

因此,该题目要求解的问题是:选择合适的非负整数 $x_1,\cdots,x_6$ 满足①~⑤,且使得目标函数 y 最小. 这就是数学建模中的物资调运问题的数学模型.

该物资调运问题的求解,首先要研究方程①~⑤. 由于①~⑤中的每个方程都是线性方程,则将这些线性方程联立在一起,称之为线性方程组(system of linear equations). 由①~⑤可构成一个有 6 个未知量和 5 个方程的线性方程组.

与上面类似的例子还可以列举很多。即很多实际问题都可以转化为线性方程组的问题,这样的方程组所含的未知量可能有很多个,方程的个数也会有很多。因此,为了解决这些问题,我们往往需要讨论含有 m 个方程和 n 个未知量的线性方程组,其一般形式可以表示成如下形式:

$$\begin{cases} a_{11}x_1+a_{12}x_2+\cdots+a_{1n}x_n=b_1, \\ a_{21}x_1+a_{22}x_2+\cdots+a_{2n}x_n=b_2, \\ \cdots\cdots\cdots\cdots\cdots\cdots\cdots\cdots \\ a_{m1}x_1+a_{m2}x_2+\cdots+a_{mn}x_n=b_m, \end{cases} \tag{4.1}$$

其中 $a_{ij}(i=1,2,\cdots,m;j=1,2,\cdots,n)$为已知数,它表示第 i 个方程中第 j 个未知量 x_j 的系数,$b_i(i=1,2,\cdots,m)$也为已知数,它表示第 i 个方程的常数项. 记

$$\boldsymbol{A}=\begin{bmatrix} a_{11} & a_{12} & \cdots & a_{1n} \\ a_{21} & a_{22} & \cdots & a_{2n} \\ \vdots & \vdots & & \vdots \\ a_{m1} & a_{m2} & \cdots & a_{mn} \end{bmatrix}, \quad \boldsymbol{x}=\begin{bmatrix} x_1 \\ x_2 \\ \vdots \\ x_n \end{bmatrix}, \quad \boldsymbol{b}=\begin{bmatrix} b_1 \\ b_2 \\ \vdots \\ b_m \end{bmatrix},$$

则该方程组的矩阵方程形式为

$$\boldsymbol{Ax}=\boldsymbol{b}. \tag{4.2}$$

我们把 $\boldsymbol{A}$ 称为该方程组的**系数矩阵**(coefficient matrix),$\boldsymbol{x}$ 称为 n 元**未知量矩阵**(unknown number matrix),$\boldsymbol{b}$ 称为**常数项矩阵**(constant matrix).

若方程组(4.1)的常数项 $b_1=b_2=\cdots=b_m=0$ 时,则称其为**齐次线性方程组**(system of homogeneous linear equations);若常数项不全为零时,则称其为**非齐次线性方程组**(system of inhomogeneous linear equations).

把方程组的系数矩阵 $\boldsymbol{A}$ 与常数项矩阵 $\boldsymbol{b}$ 放在一起构成的矩阵

$$(\boldsymbol{A},\boldsymbol{b})=\begin{bmatrix} a_{11} & a_{12} & \cdots & a_{1n} & b_1 \\ a_{21} & a_{22} & \cdots & a_{2n} & b_2 \\ \vdots & \vdots & & \vdots & \vdots \\ a_{m1} & a_{m2} & \cdots & a_{mn} & b_m \end{bmatrix}$$

称为线性方程组(4.1)的**增广矩阵**(augmented matrix).

在方程组(4.1)中,当 n 个未知量 $x_1,x_2,\cdots,x_n$ 分别取值 $c_1,c_2,\cdots,c_n$ 代入该方程组中的每一个方程后,若能使每一个方程称为恒等式,则称 $x_1=c_1,x_2=c_2,\cdots,x_n=c_n$ 为该方程组的一个**解**(solution). 方程组(4.1)解的全体组成一个集合,称之为该方程组的**解集**(合)(solution set),通常解方程组就是指求出其解集. 若两个方程组有相同的解集,则称它们是**同解方程组**,也称它们同解.

一般地,方程组的同解变形有以下三种情形:

(1) 交换某两个方程的位置;

(2) 在一个方程的两边同时乘以一个非零数;

(3) 把一个方程两边乘以一个数加到另一个方程上去.

由中学代数知识我们知道利用消元法求解简单的方程组,这一方法也适用于求解一般的线性方程组(4.1),并可用其增广矩阵的初等行变换来表示其求解过程.

例 4.1 解线性方程组 $\begin{cases} 2x_1+2x_2-x_3=9, \\ x_1-2x_2+4x_3=6, \\ 5x_1+6x_2+x_3=17. \end{cases}$ ⑥

解 交换方程组⑥中第一个方程与第二个方程,得

$\begin{cases} x_1-2x_2+4x_3=6, \\ 2x_1+2x_2-x_3=9, \\ 5x_1+6x_2+x_3=17, \end{cases}$ ⑦ 其增广矩阵为 $\begin{bmatrix} 1 & -2 & 4 & 6 \\ 2 & 2 & -1 & 9 \\ 5 & 6 & 1 & 17 \end{bmatrix}$.

将方程组⑦中第一个方程分别乘以 -2 和 -5 加到第二和第三个方程,得

$\begin{cases} x_1-2x_2+4x_3=6, \\ 6x_2-9x_3=-3, \\ 16x_2-19x_3=-13, \end{cases}$ ⑧ 其增广矩阵为 $\begin{bmatrix} 1 & -2 & 4 & 6 \\ 0 & 6 & -9 & -3 \\ 0 & 16 & -19 & -13 \end{bmatrix}$.

将方程组⑧中第二个方程两边同乘以 $\frac{1}{3}$,得

$\begin{cases} x_1-2x_2+4x_3=6, \\ 2x_2-3x_3=-1, \\ 16x_2-19x_3=-13, \end{cases}$ ⑨ 其增广矩阵为 $\begin{bmatrix} 1 & -2 & 4 & 6 \\ 0 & 2 & -3 & -1 \\ 0 & 16 & -19 & -13 \end{bmatrix}$.

将方程组⑨中第二个方程两边同乘以 -8 加到第三个方程,得

$\begin{cases} x_1-2x_2+4x_3=6, \\ 2x_2-3x_3=-1, \\ 5x_3=-5, \end{cases}$ ⑩ 其增广矩阵为 $\begin{bmatrix} 1 & -2 & 4 & 6 \\ 0 & 2 & -3 & -1 \\ 0 & 0 & 5 & -5 \end{bmatrix}$.

我们把方程组⑩称为一个**阶梯形方程组**(echelon equations),将该方程组的第三个方程的 $x_3=1$ 代入前面两个方程,就可以求出 x_2,x_1 的值. 现将该方法叙述如下:

将方程组⑩中第三个方程两边同乘以$\frac{1}{5}$,得

$$\begin{cases}x_1-2x_2+4x_3=6,\\ \quad 2x_2-3x_3=-1,\\ \quad\quad x_3=-1,\end{cases}\quad ⑪ \quad 其增广矩阵为 \begin{bmatrix}1&-2&4&6\\0&2&-3&-1\\0&0&1&-1\end{bmatrix}.$$

将方程组⑪中第三个方程两边同乘以 3 加到第二个方程,得

$$\begin{cases}x_1-2x_2+4x_3=6,\\ \quad 2x_2\quad =-4,\\ \quad\quad x_3=-1,\end{cases}\quad ⑫ \quad 其增广矩阵为 \begin{bmatrix}1&-2&4&6\\0&2&0&-4\\0&0&1&-1\end{bmatrix}.$$

将方程组⑫中第二个方程两边同乘以$\frac{1}{2}$,得

$$\begin{cases}x_1-2x_2+4x_3=6,\\ \quad x_2\quad =-2,\\ \quad\quad x_3=-1,\end{cases}\quad ⑬ \quad 其增广矩阵为 \begin{bmatrix}1&-2&4&6\\0&1&0&-2\\0&0&1&-1\end{bmatrix}.$$

将方程组⑬中第二和第三个方程两边分别乘以 2 和 −4 加到第一个方程,得

$$\begin{cases}x_1=6,\\ x_2=-2,\\ x_3=-1,\end{cases}\quad ⑭ \quad 其增广矩阵为 \begin{bmatrix}1&0&0&6\\0&1&0&-2\\0&0&1&-1\end{bmatrix}.$$

显然,方程组⑥~⑭都是同解方程组,因此⑭是原方程组的解.

通常把过程⑥~⑪称为**消元过程**,⑫~⑭是**回代过程**,这种解法称为**(高斯)消元法**.

上面的求解过程,也可以对原方程组⑥的增广矩阵利用初等行变换来处理:

$$(\boldsymbol{A},\boldsymbol{b})=\begin{bmatrix}2&2&-1&9\\1&-2&4&6\\5&6&1&17\end{bmatrix}\xrightarrow{r_1\leftrightarrow r_2}\begin{bmatrix}1&-2&4&6\\2&2&-1&9\\5&6&1&17\end{bmatrix}\xrightarrow[r_3-5r_1]{r_2-2r_1}\begin{bmatrix}1&-2&4&6\\0&6&-9&-3\\0&16&-19&-13\end{bmatrix}$$

$$\xrightarrow{\frac{1}{3}r_2}\begin{bmatrix}1&-2&4&6\\0&2&-3&-1\\0&16&-19&-13\end{bmatrix}\xrightarrow{r_3-8r_2}\begin{bmatrix}1&-2&4&6\\0&2&-3&-1\\0&0&5&-5\end{bmatrix}\xrightarrow{\frac{1}{5}r_3}\begin{bmatrix}1&-2&4&6\\0&2&-3&-1\\0&0&1&-1\end{bmatrix}$$

$$\xrightarrow{r_2+3r_3}\begin{bmatrix}1&-2&4&6\\0&2&0&-4\\0&0&1&-1\end{bmatrix}\xrightarrow{\frac{1}{2}r_2}\begin{bmatrix}1&-2&4&6\\0&1&0&-2\\0&0&1&-1\end{bmatrix}\xrightarrow[r_1+2r_2]{r_1-4r_3}\begin{bmatrix}1&0&0&6\\0&1&0&-2\\0&0&1&-1\end{bmatrix},$$

由最后一个矩阵得到原方程组的解

$$x_1=6,\quad x_2=-2,\quad x_3=-1.$$

由该例子可以看出,用消元法解线性方程组的过程,本质上就是对该方程组的增广矩阵进行初等行变换,将其化为行阶梯形矩阵,直至化为行最简形为止的过程. 所以今后解线性方程组时,为了简写起见,我们只需要写出方程组的增广矩阵的变换过程就可以了.

注 消元过程不唯一,阶梯形方程组也不唯一.

例 4.2 解线性方程组$\begin{cases}x_1+2x_2-x_3=4,\\ 2x_1+3x_2-2x_3=6,\\ -3x_1-x_2+3x_3=5.\end{cases}$

解 $$(\boldsymbol{A},\boldsymbol{b})=\begin{bmatrix}1&2&-1&4\\2&3&-2&6\\-3&-1&3&5\end{bmatrix}\xrightarrow[r_3+3r_1]{r_2-2r_1}\begin{bmatrix}1&2&-1&4\\0&-1&0&-2\\0&5&0&17\end{bmatrix}$$

$$\xrightarrow{r_3+5r_2}\begin{bmatrix}1&2&-1&4\\0&-1&0&-2\\0&0&0&7\end{bmatrix},$$

由于该矩阵所对应的阶梯形方程组中的第三个方程是一个矛盾方程,即无论 x_1,x_2,x_3 取什么值,该等式都不成立,所以该方程组无解.

例 4.3 解线性方程组 $$\begin{cases}x_1+2x_2-x_3+x_4=1,\\x_2-2x_3+3x_4=1,\\-3x_1-6x_2+3x_3-3x_4=-3,\\x_1+3x_2-3x_3+4x_4=2.\end{cases}$$

解 $$(\boldsymbol{A},\boldsymbol{b})=\begin{bmatrix}1&2&-1&1&1\\0&1&-2&3&1\\-3&-6&3&-3&-3\\1&3&-3&4&2\end{bmatrix}\xrightarrow[r_4-r_1]{r_3+3r_1}\begin{bmatrix}1&2&-1&1&1\\0&1&-2&3&1\\0&0&0&0&0\\0&1&-2&3&1\end{bmatrix}$$

$$\xrightarrow{r_4-r_2}\begin{bmatrix}1&2&-1&1&1\\0&1&-2&3&1\\0&0&0&0&0\\0&0&0&0&0\end{bmatrix}\xrightarrow{r_1-2r_2}\begin{bmatrix}1&0&3&-5&-1\\0&1&-2&3&1\\0&0&0&0&0\\0&0&0&0&0\end{bmatrix},$$

其所对应的阶梯形方程组

$$\begin{cases}x_1+3x_3-5x_4=-1,\\x_2-2x_3+3x_4=1\end{cases}$$

与原方程组同解,整理为

$$\begin{cases}x_1=-1-3x_3+5x_4,\\x_2=1+2x_3-3x_4.\end{cases}$$

令自由未知量 $x_3=c_1,x_4=c_2$,则原方程组的全部解为

$$\begin{cases}x_1=-1-3c_1+5c_2,\\x_2=1+2c_1-3c_2,\\x_3=c_1,\\x_4=c_2\end{cases}\quad(\text{其中 } c_1,c_2 \text{ 为任意常数}).$$

§4.2 齐次线性方程组

设有齐次线性方程组

$$\begin{cases}a_{11}x_1+a_{12}x_2+\cdots+a_{1n}x_n=0,\\a_{21}x_1+a_{22}x_2+\cdots+a_{2n}x_n=0,\\\cdots\cdots\cdots\cdots\cdots\cdots\cdots\cdots\\a_{m1}x_1+a_{m2}x_2+\cdots+a_{mn}x_n=0.\end{cases}\tag{4.3}$$

记

$$A=\begin{bmatrix}a_{11} & a_{12} & \cdots & a_{1n}\\ a_{21} & a_{22} & \cdots & a_{2n}\\ \vdots & \vdots & & \vdots\\ a_{m1} & a_{m2} & \cdots & a_{mn}\end{bmatrix},\quad \boldsymbol{x}=\begin{bmatrix}x_1\\ x_2\\ \vdots\\ x_n\end{bmatrix},\quad \boldsymbol{0}=\begin{bmatrix}0\\ 0\\ \vdots\\ 0\end{bmatrix}$$

则该方程组的矩阵方程形式为

$$A\boldsymbol{x}=\boldsymbol{0}. \tag{4.4}$$

若 $x_1=c_1,x_2=c_2,\cdots,x_n=c_n$ 是方程组(4.3)的一个解,则

$$\boldsymbol{x}=\boldsymbol{\xi}=\begin{bmatrix}c_1\\ c_2\\ \vdots\\ c_n\end{bmatrix}$$

称为方程组(4.3)的一个**解向量**,它也是(4.4)式的解. 反之也真.

显然,齐次线性方程组一定有解,这是由于 $x_1=0,x_2=0,\cdots,x_n=0$ 是方程组(4.3)的一个解,我们称之为**零解**(zero solution). 现在的问题是:该方程组是否存在非零解? 即 x_1, $x_2,\cdots,x_n$ 不同时为零的解.

首先,我们来探讨方程组(4.3)或(4.4)式解的若干性质:

性质 4.1 若 $\boldsymbol{\xi}_1$ 和 $\boldsymbol{\xi}_2$ 都是方程组(4.3)的解,则它们的线性组合 $\boldsymbol{x}=k_1\boldsymbol{\xi}_1+k_2\boldsymbol{\xi}_2$($k_1$, k_2 为任意常数)也是该方程组自身的解.

证 由于 $\boldsymbol{x}=\boldsymbol{\xi}_1$ 和 $\boldsymbol{x}=\boldsymbol{\xi}_2$ 都是方程组(4.3)的解,所以

$$A\boldsymbol{\xi}_1=\boldsymbol{0},\quad A\boldsymbol{\xi}_2=\boldsymbol{0}$$

从而 $A(k_1\boldsymbol{\xi}_1+k_2\boldsymbol{\xi}_2)=k_1A\boldsymbol{\xi}_1+k_2A\boldsymbol{\xi}_2=\boldsymbol{0}+\boldsymbol{0}=\boldsymbol{0}$,故 $\boldsymbol{x}=k_1\boldsymbol{\xi}_1+k_2\boldsymbol{\xi}_2$($k_1,k_2$ 为任意常数)是该方程组的解. □

特别地,$\boldsymbol{\xi}_1+\boldsymbol{\xi}_2,\boldsymbol{\xi}_1-\boldsymbol{\xi}_2,k_1\boldsymbol{\xi}_1$ 都是该齐次方程组的解.

类似可证,若 $\boldsymbol{\xi}_1,\boldsymbol{\xi}_2,\cdots,\boldsymbol{\xi}_s$ 都是方程组(4.3)的解,则它们的线性组合 $\boldsymbol{x}=k_1\boldsymbol{\xi}_1+k_2\boldsymbol{\xi}_2+\cdots+k_s\boldsymbol{\xi}_s$($k_1,k_2,\cdots,k_s$ 为任意常数)也是该方程组的解.

由此可知,若一个齐次线性方程组有非零解,则它就有无数多个解,这无数多个解就构成了一个向量组.若我们能求出该向量组的一个极大无关组,则能够用它的线性组合来表示齐次线性方程组的全部解,我们称之为**通解**.

定义 4.1 若 $\boldsymbol{\xi}_1,\boldsymbol{\xi}_2,\cdots,\boldsymbol{\xi}_s$ 是齐次线性方程组(4.3)的解向量组的一个极大无关组,则称 $\boldsymbol{\xi}_1,\boldsymbol{\xi}_2,\cdots,\boldsymbol{\xi}_s$ 是该方程组的一个**基础解系**(fundamental system of solutions).

定理 4.1 若齐次线性方程组(4.3)的系数矩阵 A 的秩 $\mathrm{r}(A)=r<n$,则该方程组的基础解系一定存在,且每个基础解系中有且只有 $n-r$ 个向量,即解向量组的秩为 $n-r$.

证 因为 $\mathrm{r}(A)=r<n$,所以对齐次线性方程组(4.3)的增广矩阵 $(A,\boldsymbol{0})$ 作有限次初等行变换(必要时另作交换两列的初等列变换),可化为如下形式:

$$(\boldsymbol{A},\boldsymbol{0})\xrightarrow{\text{有限次初等行变换}}\left[\begin{array}{cccccccc|c}1&0&\cdots&0&c_{1,r+1}&\cdots&c_{1n}&0\\0&1&\cdots&0&c_{2,r+1}&\cdots&c_{2n}&0\\\vdots&\vdots&&\vdots&\vdots&&\vdots&\vdots\\0&0&\cdots&1&c_{r,r+1}&\cdots&c_{rn}&0\\0&0&\cdots&0&0&\cdots&0&0\\\vdots&\vdots&&\vdots&\vdots&&\vdots&\vdots\\0&0&\cdots&0&0&\cdots&0&0\end{array}\right].$$

从而方程组(4.3)与下面的方程组同解

$$\begin{cases}x_1=-c_{1,r+1}x_{r+1}-c_{1,r+2}x_{r+2}\cdots-c_{1n}x_{1n},\\x_2=-c_{2,r+1}x_{r+1}-c_{2,r+2}x_{r+2}\cdots-c_{2n}x_{1n},\\\cdots\cdots\cdots\cdots\cdots\cdots\cdots\cdots\cdots\cdots\cdots\cdots\\x_r=-c_{r,r+1}x_{r+1}-c_{r,r+2}x_{r+2}\cdots-c_{rn}x_{1n},\end{cases}\tag{4.5}$$

其中 $x_{r+1},x_{r+2},\cdots,x_n$ 为自由未知量.

对这 $n-r$ 个自由未知量 $x_{r+1},x_{r+2},\cdots,x_n$ 分别取

$$\left.\begin{bmatrix}1\\0\\\vdots\\0\end{bmatrix},\begin{bmatrix}0\\1\\\vdots\\0\end{bmatrix},\cdots,\begin{bmatrix}0\\0\\\vdots\\1\end{bmatrix}\right\}(n-r\text{ 维}),\tag{4.6}$$

代入方程组(4.5),可得到方程组(4.5)的 $n-r$ 个解:

$$\begin{cases}x_1=-c_{1,r+1},\\x_2=-c_{2,r+1},\\\cdots\cdots\cdots\\x_r=-c_{r,r+1},\end{cases}\quad\begin{cases}x_1=-c_{1,r+2},\\x_2=-c_{2,r+2},\\\cdots\cdots\cdots\\x_r=-c_{r,r+2},\end{cases}\quad\cdots\quad\begin{cases}x_1=-c_{1n},\\x_2=-c_{2n},\\\cdots\cdots\cdots\\x_r=-c_{rn}.\end{cases}\tag{4.7}$$

将(4.6)与(4.7)式合在一起,便可得到原方程组(4.3)的 $n-r$ 个解:

$$\boldsymbol{\xi}_1=\begin{bmatrix}-c_{1,r+1}\\-c_{2,r+1}\\\vdots\\-c_{r,r+1}\\1\\0\\\vdots\\0\end{bmatrix},\quad\boldsymbol{\xi}_2=\begin{bmatrix}-c_{1,r+2}\\-c_{2,r+2}\\\vdots\\-c_{r,r+2}\\0\\1\\\vdots\\0\end{bmatrix},\quad\cdots,\quad\boldsymbol{\xi}_{n-r}=\begin{bmatrix}-c_{1n}\\-c_{2n}\\\vdots\\-c_{rn}\\0\\0\\\vdots\\1\end{bmatrix}.$$

下证 $\boldsymbol{\xi}_1,\boldsymbol{\xi}_2,\cdots,\boldsymbol{\xi}_{n-r}$ 就是齐次线性方程组(4.3)的一个基础解系.

首先,$\boldsymbol{\xi}_1,\boldsymbol{\xi}_2,\cdots,\boldsymbol{\xi}_{n-r}$ 是线性无关的. 事实上,这 $n-r$ 个向量的后 $n-r$ 维对应的向量组是线性无关的,所以由推论 3.4 可知 $\boldsymbol{\xi}_1,\boldsymbol{\xi}_2,\cdots,\boldsymbol{\xi}_{n-r}$ 是线性无关的.

其次,齐次线性方程组(4.3)的任一个解

$$\boldsymbol{x}=\begin{bmatrix}d_1\\d_2\\\vdots\\d_n\end{bmatrix}$$

都是$\boldsymbol{\xi}_1,\boldsymbol{\xi}_2,\cdots,\boldsymbol{\xi}_{n-r}$的线性组合．事实上，根据(4.5)式，我们有

$$\begin{cases}d_1=-c_{1,r+1}d_{r+1}-c_{1,r+2}d_{r+2}-\cdots-c_{1n}d_n,\\d_2=-c_{2,r+1}d_{r+1}-c_{2,r+2}d_{r+2}-\cdots-c_{2n}d_n,\\\cdots\cdots\cdots\cdots\cdots\cdots\cdots\cdots\cdots\cdots\cdots\cdots\\d_r=-c_{r,r+1}d_{r+1}-c_{r,r+2}d_{r+2}-\cdots-c_{rn}d_n,\end{cases}$$

所以

$$\boldsymbol{x}=\begin{bmatrix}d_1\\d_2\\\vdots\\d_r\\d_{r+1}\\d_{r+2}\\\vdots\\d_n\end{bmatrix}=\begin{bmatrix}-c_{1,r+1}d_{r+1}-c_{1,r+2}d_{r+2}-\cdots-c_{1n}d_n\\-c_{2,r+1}d_{r+1}-c_{2,r+2}d_{r+2}-\cdots-c_{2n}d_n\\\vdots\\-c_{r,r+1}d_{r+1}-c_{r,r+2}d_{r+2}-\cdots-c_{rn}d_n\\d_{r+1}\\d_{r+2}\\\vdots\\d_n\end{bmatrix}$$

$$=d_{r+1}\begin{bmatrix}-c_{1,r+1}\\-c_{2,r+1}\\\vdots\\-c_{r,r+1}\\1\\0\\\vdots\\0\end{bmatrix}+d_{r+2}\begin{bmatrix}-c_{1,r+2}\\-c_{2,r+2}\\\vdots\\-c_{r,r+2}\\0\\1\\\vdots\\0\end{bmatrix}+\cdots+d_n\begin{bmatrix}-c_{1n}\\-c_{2n}\\\vdots\\-c_{rn}\\0\\0\\\vdots\\1\end{bmatrix}$$

$$=d_{r+1}\boldsymbol{\xi}_1+d_{r+2}\boldsymbol{\xi}_2+\cdots+d_n\boldsymbol{\xi}_{n-r},$$

即$\boldsymbol{x}$是$\boldsymbol{\xi}_1,\boldsymbol{\xi}_2,\cdots,\boldsymbol{\xi}_{n-r}$的线性组合.

所以$\boldsymbol{\xi}_1,\boldsymbol{\xi}_2,\cdots,\boldsymbol{\xi}_{n-r}$就是齐次线性方程组(4.3)的一个基础解系，从而方程组(4.3)的全部解(或通解)可表示为

$$\boldsymbol{x}=k_1\boldsymbol{\xi}_1+k_2\boldsymbol{\xi}_2+\cdots+k_{n-r}\boldsymbol{\xi}_{n-r}\quad(k_1,k_2,\cdots,k_{n-r}\text{ 为任意常数}).$$ □

注 (1) 若$\mathrm{r}(\boldsymbol{A})=r=n$，则该齐次线性方程组只有零解，没有基础解系.

(2) 齐次线性方程组的基础解系不唯一，但其所含的解向量个数是唯一确定的.

(3) 该定理的证明过程也给我们提供了如何求齐次线性方程组的基础解系的方法.

例 4.4 求方程组

$$\begin{cases} x_1+2x_2-x_3+x_4=0, \\ x_2-2x_3+3x_4=0, \\ -3x_1-6x_2+3x_3-3x_4=0, \\ x_1+3x_2-3x_3+4x_4=0 \end{cases}$$

的通解.

解 $(\boldsymbol{A},\boldsymbol{0})=\begin{bmatrix} 1 & 2 & -1 & 1 & 0 \\ 0 & 1 & -2 & 3 & 0 \\ -3 & -6 & 3 & -3 & 0 \\ 1 & 3 & -3 & 4 & 0 \end{bmatrix} \xrightarrow[r_4-r_1]{r_3+3r_1} \begin{bmatrix} 1 & 2 & -1 & 1 & 0 \\ 0 & 1 & -2 & 3 & 0 \\ 0 & 0 & 0 & 0 & 0 \\ 0 & 1 & -2 & 3 & 0 \end{bmatrix}$

$$\xrightarrow{r_4-r_2} \begin{bmatrix} 1 & 2 & -1 & 1 & 0 \\ 0 & 1 & -2 & 3 & 0 \\ 0 & 0 & 0 & 0 & 0 \\ 0 & 0 & 0 & 0 & 0 \end{bmatrix} \xrightarrow{r_1-2r_2} \begin{bmatrix} 1 & 0 & 3 & -5 & 0 \\ 0 & 1 & -2 & 3 & 0 \\ 0 & 0 & 0 & 0 & 0 \\ 0 & 0 & 0 & 0 & 0 \end{bmatrix},$$

则可知 $\mathrm{r}(\boldsymbol{A})=2<4$,所以该方程组的基础解系中含有 $n-r=4-2=2$ 个解向量,取同解方程组为

$$\begin{cases} x_1+3x_3-5x_4=0, \\ x_2-2x_3+3x_4=0, \end{cases}$$

移项后,得

$$\begin{cases} x_1=-3x_3+5x_4, \\ x_2=2x_3-3x_4, \end{cases}$$

让自由未知量 $\begin{bmatrix} x_3 \\ x_4 \end{bmatrix}$ 分别取 $\begin{bmatrix} 1 \\ 0 \end{bmatrix}$, $\begin{bmatrix} 0 \\ 1 \end{bmatrix}$,得原方程组的基础解系为

$$\xi_1=\begin{bmatrix} -3 \\ 2 \\ 1 \\ 0 \end{bmatrix}, \quad \xi_2=\begin{bmatrix} 5 \\ -3 \\ 0 \\ 1 \end{bmatrix},$$

所以原方程组的通解为

$$\boldsymbol{x}=k_1\boldsymbol{\xi}_1+k_2\boldsymbol{\xi}_2,$$

即

$$\begin{bmatrix} x_1 \\ x_2 \\ x_3 \\ x_4 \end{bmatrix}=k_1\begin{bmatrix} -3 \\ 2 \\ 1 \\ 0 \end{bmatrix}+k_2\begin{bmatrix} 5 \\ -3 \\ 0 \\ 1 \end{bmatrix} \quad (k_1,k_2 \text{ 为任意常数}).$$

注 这里 $\begin{bmatrix} x_3 \\ x_4 \end{bmatrix}$ 取法不唯一,只要保证取的两组值得到的向量组是线性无关就可以了.显然题目中取的情形是比较简单的.

例 4.5 设矩阵 $\boldsymbol{A}=(a_{ij})_{m\times n}$,$\boldsymbol{B}=(b_{ij})_{n\times t}$ 满足 $\boldsymbol{AB}=\boldsymbol{O}$,并且 $\mathrm{r}(\boldsymbol{A})=r$,证明:$\mathrm{r}(\boldsymbol{A})+\mathrm{r}(\boldsymbol{B})\leqslant n$.

证 设 $\boldsymbol{B}=(b_{ij})_{n\times t}$,将其列分块为 $\boldsymbol{B}=(\boldsymbol{\beta}_1,\boldsymbol{\beta}_2,\cdots,\boldsymbol{\beta}_t)$,其中

$$\boldsymbol{\beta}_j=\begin{bmatrix}b_{1j}\\b_{2j}\\\vdots\\b_{nj}\end{bmatrix}\quad(j=1,2,\cdots,t).$$

则

$$\boldsymbol{AB}=\boldsymbol{A}(\boldsymbol{\beta}_1,\boldsymbol{\beta}_2,\cdots,\boldsymbol{\beta}_t)=(\boldsymbol{A\beta}_1,\boldsymbol{A\beta}_2,\cdots,\boldsymbol{A\beta}_t).$$

又

$$\boldsymbol{AB}=\boldsymbol{O},$$

故 $\boldsymbol{A\beta}_j=\boldsymbol{0}(j=1,2,\cdots,t)$,其中 $\boldsymbol{0}=(0,0,\cdots,0)^{\mathrm{T}}$ 为 n 维零向量.这说明 $\boldsymbol{B}$ 的 t 个列向量 $\boldsymbol{\beta}_1$,$\boldsymbol{\beta}_2,\cdots,\boldsymbol{\beta}_t$ 都是齐次线性方程组 $\boldsymbol{Ax}=\boldsymbol{0}$ 的解向量.由于 $\mathrm{r}(\boldsymbol{A})=r$,所以由定理 4.1 可知,方程组 $\boldsymbol{Ax}=\boldsymbol{0}$ 的基础解系中恰好有 $n-r$ 个向量,不妨设为 $\boldsymbol{\xi}_1,\boldsymbol{\xi}_2,\cdots,\boldsymbol{\xi}_{n-r}$. 所以列向量组 $\boldsymbol{\beta}_1$,$\boldsymbol{\beta}_2,\cdots,\boldsymbol{\beta}_t$ 可由极大无关组 $\boldsymbol{\xi}_1,\boldsymbol{\xi}_2,\cdots,\boldsymbol{\xi}_{n-r}$ 线性表示.因此

$$\mathrm{r}(\boldsymbol{B})=\mathrm{r}(\boldsymbol{\beta}_1,\boldsymbol{\beta}_2,\cdots,\boldsymbol{\beta}_t)\leqslant\mathrm{r}(\boldsymbol{\xi}_1,\boldsymbol{\xi}_2,\cdots,\boldsymbol{\xi}_{n-r})=n-r,$$

即

$$\mathrm{r}(\boldsymbol{A})+\mathrm{r}(\boldsymbol{B})\leqslant n.$$

□

注 上述结论也可以作为定理来使用.

§4.3 非齐次线性方程组

在§4.1 中我们讨论了一般的非齐次线性方程组的消元解法,在本节中,我们将给出非齐次线性方程组有解的充要条件及其通解结构.

已知非齐次线性方程组(4.1)

$$\begin{cases}a_{11}x_1+a_{12}x_2+\cdots+a_{1n}x_n=b_1,\\a_{21}x_1+a_{22}x_2+\cdots+a_{2n}x_n=b_2,\\\cdots\cdots\cdots\cdots\cdots\cdots\cdots\cdots\cdots\cdots\\a_{m1}x_1+a_{m2}x_2+\cdots+a_{mn}x_n=b_m,\end{cases}$$

其中 $b_1,b_2,\cdots,b_m$ 不全为零.

记

$$\boldsymbol{A}=\begin{bmatrix}a_{11}&a_{12}&\cdots&a_{1n}\\a_{21}&a_{22}&\cdots&a_{2n}\\\vdots&\vdots&&\vdots\\a_{m1}&a_{m2}&\cdots&a_{mn}\end{bmatrix},\quad\boldsymbol{x}=\begin{bmatrix}x_1\\x_2\\\vdots\\x_n\end{bmatrix},\quad\boldsymbol{b}=\begin{bmatrix}b_1\\b_2\\\vdots\\b_m\end{bmatrix},$$

则方程组(4.1)的矩阵方程形式为(4.2)式

$$\boldsymbol{Ax}=\boldsymbol{b}.$$

与齐次线性方程组类似,若把方程组(4.1)的解看成为一个向量,则称之为一个解向量.显然,方程组(4.1)的解向量与其矩阵方程 $\boldsymbol{Ax}=\boldsymbol{b}$ 的解是相同的.

通过前面学习,我们知道齐次线性方程组一定是有解的,但是非齐次线性方程组不一定

总是有解的.

下面我们来探讨本节的主要工作——非齐次线性方程组有解的充要条件.

为了讨论的需要,将非齐次线性方程组(4.1)的系数矩阵列分块为 $\boldsymbol{A}=(\boldsymbol{\alpha}_1,\boldsymbol{\alpha}_2,\cdots,\boldsymbol{\alpha}_n)$,其中

$$\boldsymbol{\alpha}_j=\begin{bmatrix}a_{1j}\\a_{2j}\\\vdots\\a_{mj}\end{bmatrix}\quad(j=1,2,\cdots,n),$$

则方程组(4.1)可用向量的线性组合来表示为

$$x_1\boldsymbol{\alpha}_1+x_2\boldsymbol{\alpha}_2+\cdots+x_n\boldsymbol{\alpha}_n=\boldsymbol{b}.\tag{4.8}$$

因此,方程组(4.1)有解的等价说法就是向量 $\boldsymbol{b}$ 可以由向量组 $\boldsymbol{\alpha}_1,\boldsymbol{\alpha}_2,\cdots,\boldsymbol{\alpha}_n$ 来线性表示.

引理 4.1 对于非齐次线性方程组(4.1)而言,以下条件是等价的:

(1) 方程组(4.1)有解;

(2) 向量 $\boldsymbol{b}$ 可以由向量组 $\boldsymbol{\alpha}_1,\boldsymbol{\alpha}_2,\cdots,\boldsymbol{\alpha}_n$ 来线性表示;

(3) 向量组 $\boldsymbol{\alpha}_1,\boldsymbol{\alpha}_2,\cdots,\boldsymbol{\alpha}_n$ 与向量组 $\boldsymbol{\alpha}_1,\boldsymbol{\alpha}_2,\cdots,\boldsymbol{\alpha}_n,\boldsymbol{b}$ 等价;

(4) $\mathrm{r}(\boldsymbol{A})=\mathrm{r}(\boldsymbol{A},\boldsymbol{b})$.

证 (1)$\Leftrightarrow$(2),(2)$\Leftrightarrow$(3)由定义显然成立.

(3)$\Rightarrow$(4)由推论 3.9 和定理 3.6 可得.

(4)$\Rightarrow$(3)由推论 3.9 的注可得. □

由引理 4.1,我们有:

定理 4.2 非齐次线性方程组(4.1)有解的充要条件是它的系数矩阵 $\boldsymbol{A}$ 与其增广矩阵 $\boldsymbol{B}=(\boldsymbol{A},\boldsymbol{b})$ 的秩相等,即 $\mathrm{r}(\boldsymbol{A})=\mathrm{r}(\boldsymbol{A},\boldsymbol{b})$.

接下来我们来探讨非齐次线性方程组(4.1)的通解结构.在非齐次线性方程组

$$\boldsymbol{Ax}=\boldsymbol{b}$$

中,若 $\boldsymbol{b}=\boldsymbol{0}$,则得到齐次线性方程组

$$\boldsymbol{Ax}=\boldsymbol{0}.$$

称之为非齐次线性方程组对应的齐次线性方程组.

下面我们给出非齐次线性方程组解的基本性质:

性质 4.2 若 $\boldsymbol{\eta}$ 是非齐次线性方程组(4.1)的一个解,$\boldsymbol{\xi}$ 是其对应的齐次线性方程组的一个解,则 $\boldsymbol{\eta}+\boldsymbol{\xi}$ 仍然是方程组(4.1)的一个解.

证 设 $\boldsymbol{\eta}$ 是非齐次线性方程组(4.1)的一个解,$\boldsymbol{\xi}$ 是其对应的齐次线性方程组的一个解,则由解的定义有

$$\boldsymbol{A\eta}=\boldsymbol{b},\quad \boldsymbol{A\xi}=\boldsymbol{0},$$

得

$$\boldsymbol{A}(\boldsymbol{\eta}+\boldsymbol{\xi})=\boldsymbol{A\eta}+\boldsymbol{A\xi}=\boldsymbol{0}+\boldsymbol{b}=\boldsymbol{b},$$

所以 $\boldsymbol{\eta}+\boldsymbol{\xi}$ 仍然是方程组(4.1)的一个解. □

性质 4.3 若 $\boldsymbol{\eta}_1$ 和 $\boldsymbol{\eta}_2$ 都是非齐次线性方程组(4.1)的一个解,则:

(1) $\boldsymbol{\eta}_1-\boldsymbol{\eta}_2$ 是非齐次线性方程组(4.1)对应的齐次线性方程组的一个解;

(2) $\frac{\boldsymbol{\eta}_1+\boldsymbol{\eta}_2}{2}$仍然是非齐次线性方程组(4.1)自身的一个解.

证 (1) 设 $\boldsymbol{\eta}_1$ 和 $\boldsymbol{\eta}_2$ 都是非齐次线性方程组(4.1)的一个解,则由

$$\boldsymbol{A}\boldsymbol{\eta}_1=\boldsymbol{b},\quad \boldsymbol{A}\boldsymbol{\eta}_2=\boldsymbol{b}$$

得

$$\boldsymbol{A}(\boldsymbol{\eta}_1-\boldsymbol{\eta}_2)=\boldsymbol{A}\boldsymbol{\eta}_1-\boldsymbol{A}\boldsymbol{\eta}_2=\boldsymbol{b}-\boldsymbol{b}=\boldsymbol{0},$$

所以 $\boldsymbol{\eta}_1-\boldsymbol{\eta}_2$ 是非齐次线性方程组(4.1)对应的齐次线性方程组的一个解.

(2) 由 $\boldsymbol{A}\boldsymbol{\eta}_1=\boldsymbol{b},\boldsymbol{A}\boldsymbol{\eta}_2=\boldsymbol{b}$,得

$$\boldsymbol{A}\left(\frac{\boldsymbol{\eta}_1+\boldsymbol{\eta}_2}{2}\right)=\frac{1}{2}(\boldsymbol{A}\boldsymbol{\eta}_1+\boldsymbol{A}\boldsymbol{\eta}_2)=\frac{1}{2}(\boldsymbol{b}+\boldsymbol{b})=\boldsymbol{b},$$

所以$\frac{\boldsymbol{\eta}_1+\boldsymbol{\eta}_2}{2}$仍然是非齐次线性方程组(4.1)自身的一个解. □

定理 4.3 若 $\boldsymbol{\eta}$ 是非齐次线性方程组(4.1)的一个解,$\boldsymbol{\xi}$ 是其对应的齐次线性方程组的通解,则 $\boldsymbol{x}=\boldsymbol{\eta}+\boldsymbol{\xi}$ 是方程组(4.1)的通解.

证 由性质 4.1 可知,$\boldsymbol{\eta}+\boldsymbol{\xi}$ 是方程组(4.1)的解,所以,我们只需证明非齐次线性方程组(4.1)的任一个解 $\boldsymbol{x}$ 一定是 $\boldsymbol{\eta}$ 与其对应的齐次线性方程组某一个解 $\boldsymbol{\xi}_0$ 的和. 取

$$\boldsymbol{\xi}_0=\boldsymbol{x}-\boldsymbol{\eta}$$

由性质 4.3 可知,$\boldsymbol{\xi}_0$ 是对应的齐次线性方程组的通解 $\boldsymbol{\xi}$ 中的某一个解,因此,我们有

$$\boldsymbol{x}=\boldsymbol{\eta}+\boldsymbol{\xi}_0,$$

即非齐次线性方程组(4.1)的任一个解都是其的一个解与其对应的齐次线性方程组某一个解之和,亦即 $\boldsymbol{x}=\boldsymbol{\eta}+\boldsymbol{\xi}$ 是方程组(4.1)的通解. □

若设 $\boldsymbol{\xi}_1,\boldsymbol{\xi}_2,\cdots,\boldsymbol{\xi}_{n-r}$ 是非齐次线性方程组(4.1)的对应的齐次线性方程组的一个基础解系,则非齐次线性方程组(4.1)的通解结构可以表示为

$$\boldsymbol{x}=\boldsymbol{\eta}+k_1\boldsymbol{\xi}_1+k_2\boldsymbol{\xi}_2+\cdots+k_{n-r}\boldsymbol{\xi}_{n-r},$$

其中 $k_1,k_2,\cdots,k_{n-r}$ 为任意常数,$\boldsymbol{\eta}$ 是方程组(4.1)的一个解(也称其为特解).

综合定理 4.2 和定理 4.3,我们有:

定理 4.4 对于非齐次线性方程组(4.1)而言:

(1) 方程组(4.1)有解的充要条件是 $\mathrm{r}(\boldsymbol{A})=\mathrm{r}(\boldsymbol{A},\boldsymbol{b})$,且当 $\mathrm{r}(\boldsymbol{A},\boldsymbol{b})=n$ 时,方程组(4.1)有唯一解;当 $\mathrm{r}(\boldsymbol{A},\boldsymbol{b})<n$ 时,方程组(4.1)有无穷多个解;

(2)方程组(4.1)无解的充要条件是 $\mathrm{r}(\boldsymbol{A})\neq\mathrm{r}(\boldsymbol{A},\boldsymbol{b})$.

例 4.1 中的线性方程组是三元线性方程组,由于 $\mathrm{r}(\boldsymbol{A})=\mathrm{r}(\boldsymbol{A},\boldsymbol{b})=3$,所以该方程组有唯一的解;例 4.2 中的线性方程组是三元线性方程组,由于 $\mathrm{r}(\boldsymbol{A})=2$,而 $\mathrm{r}(\boldsymbol{A},\boldsymbol{b})=3$,所以该方程组无解;例 4.3 中的线性方程组是四元线性方程组,$\mathrm{r}(\boldsymbol{A})=\mathrm{r}(\boldsymbol{A},\boldsymbol{b})=2<4$,所以该方程组有无穷多个解.

由定理 4.4,我们立即有:

定理 4.5 齐次线性方程组(4.3)有非零解的充要条件是 $\mathrm{r}(\boldsymbol{A})<n$.

推论 4.1 若 n 元线性方程组 $\boldsymbol{A}\boldsymbol{x}=\boldsymbol{0}$ 中方程个数 m 小于未知数的个数 n,则该齐次线性方程组一定有非零解.

证 由于 $\mathrm{r}(\boldsymbol{A})\leqslant m<n$,根据定理 4.5 可知,该齐次线性方程组一定有非零解. □

由定理 4.5,我们易知如下齐次线性方程组

$$\begin{cases} a_{11}x_1+a_{12}x_2+\cdots+a_{1n}x_n=0, \\ a_{21}x_1+a_{22}x_2+\cdots+a_{2n}x_n=0, \\ \cdots\cdots\cdots\cdots\cdots\cdots\cdots\cdots \\ a_{n1}x_1+a_{n2}x_2+\cdots+a_{nn}x_n=0 \end{cases} \tag{4.9}$$

有非零解的充要条件.

推论 4.2 齐次线性方程组(4.9)有非零解的充要条件是其系数行列式等于零.

例 4.6 求线性方程组

$$\begin{cases} x_1+2x_2-x_3+x_4=1, \\ x_2-2x_3+3x_4=1, \\ -3x_1-6x_2+3x_3-3x_4=-3, \\ x_1+3x_2-3x_3+4x_4=2 \end{cases}$$

的通解.

解 对增广矩阵作初等行变换,

$$(\boldsymbol{A},\boldsymbol{b})=\begin{bmatrix} 1 & 2 & -1 & 1 & 1 \\ 0 & 1 & -2 & 3 & 1 \\ -3 & -6 & 3 & -3 & -3 \\ 1 & 3 & -3 & 4 & 2 \end{bmatrix} \xrightarrow[r_4-r_1]{r_3+3r_1} \begin{bmatrix} 1 & 2 & -1 & 1 & 1 \\ 0 & 1 & -2 & 3 & 1 \\ 0 & 0 & 0 & 0 & 0 \\ 0 & 1 & -2 & 3 & 1 \end{bmatrix}$$

$$\xrightarrow{r_4-r_2} \begin{bmatrix} 1 & 2 & -1 & 1 & 1 \\ 0 & 1 & -2 & 3 & 1 \\ 0 & 0 & 0 & 0 & 0 \\ 0 & 0 & 0 & 0 & 0 \end{bmatrix} \xrightarrow{r_1-2r_2} \begin{bmatrix} 1 & 0 & 3 & -5 & -1 \\ 0 & 1 & -2 & 3 & 1 \\ 0 & 0 & 0 & 0 & 0 \\ 0 & 0 & 0 & 0 & 0 \end{bmatrix},$$

则可知 $\mathrm{r}(\boldsymbol{A})=\mathrm{r}(\boldsymbol{A},\boldsymbol{b})=2<4$,所以该方程组有无穷多个解.

其所对应的阶梯形方程组$\begin{cases} x_1+3x_3-5x_4=-1, \\ x_2-2x_3+3x_4=1 \end{cases}$与原方程组同解. 整理为

$$\begin{cases} x_1=-1-3x_3+5x_4, \\ x_2=1+2x_3-3x_4. \end{cases}$$

取 $x_3=0,x_4=0$,则原方程组的特解为

$$\boldsymbol{\eta}=\begin{bmatrix} -1 \\ 1 \\ 0 \\ 0 \end{bmatrix}.$$

该方程组对应的齐次线性方程组与$\begin{cases} x_1+3x_3-5x_4=0, \\ x_2-2x_3+3x_4=0 \end{cases}$同解. 整理为

$$\begin{cases} x_1=-3x_3+5x_4, \\ x_2=2x_3-3x_4. \end{cases}$$

令

$$\begin{bmatrix} x_3 \\ x_4 \end{bmatrix}=\begin{bmatrix} 1 \\ 0 \end{bmatrix},\begin{bmatrix} 0 \\ 1 \end{bmatrix},$$

得对应的齐次线性方程组的基础解系为

$$\boldsymbol{\xi}_1=\begin{bmatrix}-3\\2\\1\\0\end{bmatrix},\quad \boldsymbol{\xi}_2=\begin{bmatrix}5\\-3\\0\\1\end{bmatrix},$$

所以原方程组的通解为

$$\boldsymbol{x}=\boldsymbol{\eta}+k_1\boldsymbol{\xi}_1+k_2\boldsymbol{\xi}_2.$$

即

$$\begin{cases}x_1=-1-3k_1+5k_2,\\x_2=1+2k_1-3k_2,\\x_3=k_1,\\x_4=k_2,\end{cases}$$

其中 k_1,k_2 为任意常数.

例 4.7 当 k 为何值时,下面线性方程组

$$\begin{cases}kx_1+x_2+x_3=k-3,\\x_1+kx_2+x_3=-2,\\x_1+x_2+kx_3=-2\end{cases}$$

有唯一解、无穷多解、无解？在方程组有无穷多解时求其通解.

解法一 对增广矩阵作初等行变换,

$$(\boldsymbol{A},\boldsymbol{b})=\begin{bmatrix}k&1&1&k-3\\1&k&1&-2\\1&1&k&-2\end{bmatrix}\xrightarrow{r_1\leftrightarrow r_3}\begin{bmatrix}1&1&k&-2\\1&k&1&-2\\k&1&1&k-3\end{bmatrix}$$

$$\xrightarrow[r_3-kr_1]{r_2-r_1}\begin{bmatrix}1&1&k&-2\\0&k-1&1-k&0\\0&1-k&1-k^2&3k-3\end{bmatrix}$$

$$\xrightarrow{r_3+r_2}\begin{bmatrix}1&1&k&-2\\0&k-1&1-k&0\\0&0&-(k+2)(k-1)&3(k-1)\end{bmatrix}.$$

(1) 当 $k\neq1$ 且 $k\neq-2$ 时,$\mathrm{r}(\boldsymbol{A})=\mathrm{r}(\boldsymbol{A},\boldsymbol{b})=3$,所以方程组有唯一解;

(2) 当 $k=-2$ 时,$\mathrm{r}(\boldsymbol{A})=2$,而 $\mathrm{r}(\boldsymbol{A},\boldsymbol{b})=3$,所以方程组无解;

(3) 当 $k=1$ 时,$\mathrm{r}(\boldsymbol{A})=\mathrm{r}(\boldsymbol{A},\boldsymbol{b})=1$,所以方程组有无穷多个解. 此时,

$$(\boldsymbol{A},\boldsymbol{b})\longrightarrow\begin{bmatrix}1&1&1&-2\\0&0&0&0\\0&0&0&0\end{bmatrix},$$

其所对应的阶梯形方程组为 $x_1+x_2+x_3=-2$,即 $x_1=-2-x_2-x_3$.

令 $x_2=x_3=0$,得原方程组的特解为

$$\boldsymbol{\eta}=\begin{bmatrix}-2\\0\\0\end{bmatrix},$$

其所对应的齐次方程组为 $x_1+x_2+x_3=0$,即 $x_1=-x_2-x_3$.

令

$$\begin{bmatrix}x_2\\x_3\end{bmatrix}=\begin{bmatrix}1\\0\end{bmatrix},\begin{bmatrix}0\\1\end{bmatrix},$$

得到齐次线性方程组的基础解系为

$$\boldsymbol{\xi}_1=\begin{bmatrix}-1\\1\\0\end{bmatrix},\quad \boldsymbol{\xi}_2=\begin{bmatrix}-1\\0\\1\end{bmatrix},$$

所以原方程组的通解为

$$\boldsymbol{x}=\boldsymbol{\eta}+k_1\boldsymbol{\xi}_1+k_2\boldsymbol{\xi}_2,$$

即

$$\begin{cases}x_1=-2-k_1-k_2,\\x_2=k_1,\\x_3=k_2,\end{cases}$$

其中 k_1,k_2 为任意常数.

解法二 其系数行列式

$$|\boldsymbol{A}|=\begin{vmatrix}k&1&1\\1&k&1\\1&1&k\end{vmatrix}=\begin{vmatrix}k+2&1&1\\k+2&k&1\\k+2&1&k\end{vmatrix}=(k+2)\begin{vmatrix}1&1&1\\1&k&1\\1&1&k\end{vmatrix}$$

$$=(k+2)\begin{vmatrix}1&1&1\\0&k-1&0\\0&0&k-1\end{vmatrix}=(k+2)(k-1)^2.$$

(1) 当 $k\neq1$ 且 $k\neq-2$ 时,$|\boldsymbol{A}|\neq0$,由克拉默法则可知该方程组有唯一解;

(2) 当 $k=-2$ 时,将 $k=-2$ 代入原方程组,过程同解法一;

(3) 当 $k=1$ 时,将 $k=1$ 代入原方程组,过程同解法一.

注 1 (1) 解法一中阶梯形矩阵元素 $a_{33}=-(k+2)(k-1)$ 是否为零是求解的突破口;

(2) 解法二仅适用于系数矩阵为方阵的情形.

注 2 在(4.8)式中,若 $\boldsymbol{b}=\boldsymbol{0}$ 时,则齐次方程组 $x_1\boldsymbol{\alpha}_1+x_2\boldsymbol{\alpha}_2+\cdots+x_n\boldsymbol{\alpha}_n=\boldsymbol{0}$ 是否有非零解的判定可以用来判定向量组的相关性.

命题 4.1 设有向量组 $\boldsymbol{\alpha}_1,\boldsymbol{\alpha}_2,\cdots,\boldsymbol{\alpha}_n$,则下列条件是等价的:

(1) 向量组 $\boldsymbol{\alpha}_1,\boldsymbol{\alpha}_2,\cdots,\boldsymbol{\alpha}_n$ 线性相关;

(2) 齐次线性方程组 $x_1\boldsymbol{\alpha}_1+x_2\boldsymbol{\alpha}_2+\cdots+x_n\boldsymbol{\alpha}_n=0$ 有非零解;

(3) $\mathrm{r}(\boldsymbol{\alpha}_1,\boldsymbol{\alpha}_2,\cdots,\boldsymbol{\alpha}_n)<n$.

命题 4.1 的逆否命题就是:

命题 4.2 设有向量组 $\boldsymbol{\alpha}_1,\boldsymbol{\alpha}_2,\cdots,\boldsymbol{\alpha}_n$,则下列条件是等价的:

(1) 向量组 $\boldsymbol{\alpha}_1,\boldsymbol{\alpha}_2,\cdots,\boldsymbol{\alpha}_n$ 线性无关;

(2) 齐次线性方程组 $x_1\boldsymbol{\alpha}_1+x_2\boldsymbol{\alpha}_2+\cdots+x_n\boldsymbol{\alpha}_n=\boldsymbol{0}$ 只有零解;

(3) $\mathrm{r}(\boldsymbol{\alpha}_1,\boldsymbol{\alpha}_2,\cdots,\boldsymbol{\alpha}_n)=n$.

习 题 四

(A)

1. 求下列齐次线性方程组的基础解系：

(1) $\begin{cases} x_1+2x_2-2x_3+3x_4=0, \\ 2x_1+4x_2-3x_3+4x_4=0, \\ 7x_1+14x_2-12x_3+17x_4=0; \end{cases}$ (2) $\begin{cases} x_1-x_2+5x_3-x_4+x_5=0, \\ x_1+x_2-2x_3+3x_4-x_5=0, \\ 3x_1-x_2+8x_3+x_4+2x_5=0, \\ x_1+3x_2-9x_3+7x_4-3x_5=0. \end{cases}$

2. 求一个齐次线性方程组,使它的基础解系为$\boldsymbol{\xi}_1=(0,1,2,3)^{\mathrm{T}}$,$\boldsymbol{\xi}_2=(3,2,1,0)^{\mathrm{T}}$.

3. 求下列非齐次线性方程组的通解.

(1) $\begin{cases} x_1+2x_2-2x_3+3x_4=1, \\ 2x_1+4x_2-3x_3+4x_4=3, \\ 7x_1+14x_2-12x_3+17x_4=9; \end{cases}$ (2) $\begin{cases} x_1+2x_2+3x_3+4x_4=-3, \\ x_1+3x_2-5x_4=1, \\ 2x_1+4x_2-3x_3-19x_4=12, \\ 3x_1+6x_2-3x_3-24x_4=15. \end{cases}$

4. 设4阶矩阵$\boldsymbol{A}=(\boldsymbol{\alpha}_1,\boldsymbol{\alpha}_2,\boldsymbol{\alpha}_3,\boldsymbol{\alpha}_4)$,其中向量组$\boldsymbol{\alpha}_2,\boldsymbol{\alpha}_3,\boldsymbol{\alpha}_4$线性无关,$\boldsymbol{\alpha}_1=\boldsymbol{\alpha}_3-\boldsymbol{\alpha}_4$,若$\boldsymbol{\beta}=2\boldsymbol{\alpha}_1+\boldsymbol{\alpha}_2-3\boldsymbol{\alpha}_3+\boldsymbol{\alpha}_4$,求线性方程组$\boldsymbol{Ax}=\boldsymbol{\beta}$的通解.

5. 若向量$\boldsymbol{\xi}_1,\boldsymbol{\xi}_2,\cdots,\boldsymbol{\xi}_r$是齐次线性方程组$\boldsymbol{Ax}=\boldsymbol{0}$的一个基础解系,向量$\boldsymbol{\eta}$不是它的解,即$\boldsymbol{A\eta}\neq\boldsymbol{0}$,证明:$\boldsymbol{\eta},\boldsymbol{\xi}_1+\boldsymbol{\eta},\boldsymbol{\xi}_2+\boldsymbol{\eta},\cdots,\boldsymbol{\xi}_r+\boldsymbol{\eta}$线性无关.

6. 若n阶矩阵$\boldsymbol{A}$的各行元素之和为零,且$\mathrm{r}(\boldsymbol{A})=n-1$,求线性方程组$\boldsymbol{Ax}=\boldsymbol{0}$的通解.

7. 设线性方程组

$$\begin{cases} x_1+x_2+x_3=0, \\ x_1+2x_2+\lambda x_3=0, \\ x_1+4x_2+\lambda^2x_3=0 \end{cases}$$

与方程

$$x_1+2x_2+x_3=\lambda-1$$

有公共解,求λ的值及所有公共解.

8. 设线性方程组

$$\begin{cases} x_1-x_2+ax_3=2, \\ x_1-ax_2-2x_3=-1, \\ 5x_1-5x_2-4x_3=1, \end{cases}$$

问a为何值时方程组有唯一解、无解及无穷多解？在无穷多解时求其通解.

9. 设$\boldsymbol{\alpha}_1,\boldsymbol{\alpha}_2,\boldsymbol{\alpha}_3,\boldsymbol{\alpha}_4$是线性方程组$\boldsymbol{Ax}=\boldsymbol{0}$的一个基础解系,若$\boldsymbol{\beta}_1=\boldsymbol{\alpha}_1+t\boldsymbol{\alpha}_2,\boldsymbol{\beta}_2=\boldsymbol{\alpha}_2+t\boldsymbol{\alpha}_3,\boldsymbol{\beta}_3=\boldsymbol{\alpha}_3+t\boldsymbol{\alpha}_4,\boldsymbol{\beta}_4=\boldsymbol{\alpha}_4+t\boldsymbol{\alpha}_1$,讨论实数$t$满足什么关系时,$\boldsymbol{\beta}_1,\boldsymbol{\beta}_2,\boldsymbol{\beta}_3,\boldsymbol{\beta}_4$也是$\boldsymbol{Ax}=\boldsymbol{0}$的一个基础解系.

10. 设$\boldsymbol{A}$是齐次线性方程组

$$\begin{cases} kx_1-x_2-x_3=0, \\ -x_1+kx_2+x_3=0, \\ x_1+x_2+kx_3=0 \end{cases}$$

的系数矩阵,若有三阶非零矩阵 $\boldsymbol{B}$ 使得 $\boldsymbol{AB}=\boldsymbol{O}$,求 k 和 $|\boldsymbol{B}|$.

11. (2010 年)设 $\boldsymbol{A}=\begin{bmatrix}\lambda & 1 & 1\\ 0 & \lambda-1 & 0\\ 1 & 1 & \lambda\end{bmatrix}$,$\boldsymbol{b}=\begin{bmatrix}k\\ 1\\ 1\end{bmatrix}$. 已知线性方程组 $\boldsymbol{Ax}=\boldsymbol{b}$ 存在 2 个不同的解,求:

(1) λ 和 k;

(2) 方程组 $\boldsymbol{Ax}=\boldsymbol{b}$ 的通解.

12. (2005 年)已知三阶矩阵 $\boldsymbol{A}$ 的第一行不全为零,矩阵 $\boldsymbol{B}=\begin{bmatrix}1 & 2 & 3\\ 2 & 4 & 6\\ 3 & 6 & k\end{bmatrix}$($k$ 为常数),且 $\boldsymbol{AB}=\boldsymbol{O}$,求线性方程组 $\boldsymbol{Ax}=\boldsymbol{0}$ 的通解.

(B)

1. 设齐次线性方程组

$$\begin{cases}(1-k)x_1+2x_2+2x_3=0,\\ 2x_1+(6-k)x_2=0,\\ x_1+2x_3=0\end{cases}$$

有非零解,则有(　　).

A. $k=3+\sqrt{13}$　　B. $k=3-\sqrt{13}$

C. $k\neq 3+\sqrt{13}$ 且 $k\neq 3-\sqrt{13}$　　D. $k=3+\sqrt{13}$ 或 $k=3-\sqrt{13}$

2. 非齐次线性方程组 $\boldsymbol{Ax}=\boldsymbol{b}$ 有无穷多解的充要条件是(　　).

A. 向量 $\boldsymbol{b}$ 能被系数矩阵 $\boldsymbol{A}$ 的线性相关的行向量组线性表示

B. 向量 $\boldsymbol{b}$ 能被系数矩阵 $\boldsymbol{A}$ 的线性相关的列向量组线性表示

C. 向量 $\boldsymbol{b}$ 能被系数矩阵 $\boldsymbol{A}$ 的线性无关的行向量组线性表示

D. 向量 $\boldsymbol{b}$ 能被系数矩阵 $\boldsymbol{A}$ 的线性无关的列向量组线性表示

3. 设 $\boldsymbol{A}$ 是 $m\times n$ 矩阵,$\boldsymbol{b}\neq\boldsymbol{0}$,且 $m<n$,则线性方程组 $\boldsymbol{Ax}=\boldsymbol{b}$(　　).

A. 有唯一解　　B. 有无穷多解

C. 无解　　D. 可能无解

4. 设 $\boldsymbol{A}$ 是 $m\times n$ 矩阵,$\boldsymbol{B}$ 是 $n\times m$ 矩阵,则线性方程组 $\boldsymbol{ABx}=\boldsymbol{0}$(　　).

A. 当 $n>m$ 时只有零解　　B. 当 $m>n$ 时只有零解

C. 当 $n>m$ 时一定有非零解　　D. 当 $m>n$ 时一定有非零解

5. 设 3 阶矩阵 $\boldsymbol{A}$ 满足 $\boldsymbol{AB}=\boldsymbol{A}$,其中 $\boldsymbol{B}\neq\boldsymbol{I}$,则 $\boldsymbol{A}$ 应是(　　).

A. $\begin{bmatrix}0 & 0 & 2\\ 2 & 1 & 6\\ 3 & 6 & -1\end{bmatrix}$　　B. $\begin{bmatrix}2 & 2 & 1\\ 0 & 1 & 0\\ 3 & 5 & -1\end{bmatrix}$

C. $\begin{bmatrix}3 & -2 & 0\\ -3 & 2 & 4\\ 6 & -4 & 5\end{bmatrix}$　　D. $\begin{bmatrix}2 & 2 & -1\\ 3 & 1 & 0\\ 1 & 0 & 0\end{bmatrix}$

6. 齐次线性方程组 $\boldsymbol{Ax}=\boldsymbol{0}$ 有非零解的充要条件是(　　).

A. 系数矩阵 $\boldsymbol{A}$ 的任意两个列向量线性相关

B. 系数矩阵 $\boldsymbol{A}$ 的任意两个列向量线性无关

C. 系数矩阵 $\boldsymbol{A}$ 的任意一个列向量都是其余列向量的线性组合

D. 系数矩阵 $\boldsymbol{A}$ 中一定有一个列向量是其余列向量的线性组合

7. 设有齐次线性方程组 $\boldsymbol{Ax}=\boldsymbol{0}$ 和 $\boldsymbol{Bx}=\boldsymbol{0}$,其中 $\boldsymbol{A}$ 和 $\boldsymbol{B}$ 都是 $m\times n$ 矩阵,现有下列四个命题:

① 若 $\boldsymbol{Ax}=\boldsymbol{0}$ 的解都是 $\boldsymbol{Bx}=\boldsymbol{0}$ 的解,则 $\mathrm{r}(\boldsymbol{A})\geqslant\mathrm{r}(\boldsymbol{B})$;

② 若 $\mathrm{r}(\boldsymbol{A})\geqslant\mathrm{r}(\boldsymbol{B})$,则 $\boldsymbol{Ax}=\boldsymbol{0}$ 的解都是 $\boldsymbol{Bx}=\boldsymbol{0}$ 的解;

③ 若 $\boldsymbol{Ax}=\boldsymbol{0}$ 与 $\boldsymbol{Bx}=\boldsymbol{0}$ 同解,则 $\mathrm{r}(\boldsymbol{A})=\mathrm{r}(\boldsymbol{B})$;

④ 若 $\mathrm{r}(\boldsymbol{A})=\mathrm{r}(\boldsymbol{B})$,则 $\boldsymbol{Ax}=\boldsymbol{0}$ 与 $\boldsymbol{Bx}=\boldsymbol{0}$ 同解.

上面命题正确的是(　　).

A. ① ②　　B. ① ③　　C. ② ④　　D. ③ ④

8. 设 $\boldsymbol{A}$ 是 $m\times n$ 矩阵,非齐次线性方程组 $\boldsymbol{Ax}=\boldsymbol{b}$ 对应的齐次线性方程组为 $\boldsymbol{Ax}=\boldsymbol{0}$,则下列命题中正确的是(　　).

A. 若 $\boldsymbol{Ax}=\boldsymbol{0}$ 只有零解,则 $\boldsymbol{Ax}=\boldsymbol{b}$ 有唯一解

B. 若 $\boldsymbol{Ax}=\boldsymbol{0}$ 有非零解,则 $\boldsymbol{Ax}=\boldsymbol{b}$ 有无穷多解

C. 若 $\boldsymbol{Ax}=\boldsymbol{b}$ 有无穷多解,则 $\boldsymbol{Ax}=\boldsymbol{0}$ 只有零解

D. 若 $\boldsymbol{Ax}=\boldsymbol{b}$ 有无穷多解,则 $\boldsymbol{Ax}=\boldsymbol{0}$ 有非零解

9. 设 $\boldsymbol{\eta}_1$ 和 $\boldsymbol{\eta}_2$ 都是非齐次线性方程组 $\boldsymbol{Ax}=\boldsymbol{b}$ 的两个不同解,$\boldsymbol{\xi}_1,\boldsymbol{\xi}_2$ 是对应的齐次线性方程组的一个基础解系,k_1,k_2 为任意常数,则方程组 $\boldsymbol{Ax}=\boldsymbol{b}$ 的通解为(　　).

A. $k_1\boldsymbol{\xi}_1+k_2(\boldsymbol{\xi}_1+\boldsymbol{\xi}_2)+(\boldsymbol{\eta}_1+\boldsymbol{\eta}_2)$　　B. $k_1\boldsymbol{\xi}_1+k_2(\boldsymbol{\xi}_1-\boldsymbol{\xi}_2)+\dfrac{\boldsymbol{\eta}_1+\boldsymbol{\eta}_2}{2}$

C. $k_1\boldsymbol{\xi}_1+k_2(\boldsymbol{\eta}_1+\boldsymbol{\eta}_2)+\dfrac{\boldsymbol{\eta}_1-\boldsymbol{\eta}_2}{2}$　　D. $k_1\boldsymbol{\xi}_1+k_2(\boldsymbol{\eta}_1-\boldsymbol{\eta}_2)+\dfrac{\boldsymbol{\eta}_1+\boldsymbol{\eta}_2}{2}$

10. 设 $m\times n$ 矩阵 $\boldsymbol{A}$ 的秩 $\mathrm{r}(\boldsymbol{A})=r(0\leqslant r<n)$,则下列结论中不正确的是(　　).

A. 非齐次线性方程组 $\boldsymbol{Ax}=\boldsymbol{b}$ 一定有无穷多解

B. 齐次线性方程组为 $\boldsymbol{Ax}=\boldsymbol{0}$ 的任意一个基础解系中都含有 $n-r$ 个线性无关的解向量

C. 若 $\boldsymbol{\beta}$ 为一 m 维列向量,且 $\mathrm{r}(\boldsymbol{A},\boldsymbol{\beta})=r$,则 $\boldsymbol{\beta}$ 可由 $\boldsymbol{A}$ 的列向量组线性表示

D. 若 $\boldsymbol{X}$ 为 $n\times s$ 矩阵,且 $\boldsymbol{AX}=\boldsymbol{O}$,则 $\mathrm{r}(\boldsymbol{X})\leqslant n-r$

11. 设齐次线性方程组为 $\boldsymbol{Ax}=\boldsymbol{0}$,其中 $\boldsymbol{A}$ 是 $m\times n$ 矩阵,且 $\mathrm{r}(\boldsymbol{A})=n-3$,$\boldsymbol{\xi}_1,\boldsymbol{\xi}_2,\boldsymbol{\xi}_3$ 是齐次线性方程组的三个线性无关的解向量,则 $\boldsymbol{Ax}=\boldsymbol{0}$ 的基础解系为(　　).

A. $\boldsymbol{\xi}_1,\boldsymbol{\xi}_2,\boldsymbol{\xi}_3$

B. $\boldsymbol{\xi}_1,\boldsymbol{\xi}_1+\boldsymbol{\xi}_2,\boldsymbol{\xi}_1+\boldsymbol{\xi}_2+\boldsymbol{\xi}_3$

C. $\boldsymbol{\xi}_1-\boldsymbol{\xi}_2,\boldsymbol{\xi}_2-\boldsymbol{\xi}_3,\boldsymbol{\xi}_3-\boldsymbol{\xi}_1$

D. $\boldsymbol{\xi}_3-\boldsymbol{\xi}_2-\boldsymbol{\xi}_1,\boldsymbol{\xi}_1+\boldsymbol{\xi}_2+\boldsymbol{\xi}_3,-2\boldsymbol{\xi}_3$

12. 设 $\boldsymbol{A}$ 是 $m\times s$ 矩阵,$\boldsymbol{B}$ 是 $s\times n$ 矩阵,则线性方程组 $\boldsymbol{ABx}=\boldsymbol{0}$ 与 $\boldsymbol{Bx}=\boldsymbol{0}$ 是同解线性方程组的充分条件是(　　).

A. $\mathrm{r}(\boldsymbol{A})=m$　　B. $\mathrm{r}(\boldsymbol{A})=s$　　C. $\mathrm{r}(\boldsymbol{B})=s$　　D. $\mathrm{r}(\boldsymbol{B})=n$

13. 设线性方程组

$$(\text{Ⅰ})\begin{cases}x_1+x_4=1,\\x_2-2x_4=2,\\x_3+x_4=-1\end{cases}\quad 与(\text{Ⅱ})\quad\begin{cases}-2x_1+x_2+\lambda_1x_3-5x_4=1,\\x_1+x_2-x_3+\lambda_2x_4=4,\\3x_1+x_2+x_3+2x_4=\lambda_3\end{cases}$$

是同解方程组,则有( ).

A. $\lambda_1\neq-1,\lambda_2=-2,\lambda_3=4$ B. $\lambda_1=-1,\lambda_2\neq-2,\lambda_3=4$

C. $\lambda_1=-1,\lambda_2=-2,\lambda_3=4$ D. $\lambda_1=-1,\lambda_2=-2,\lambda_3\neq4$

14. 设 n 阶矩阵 $\boldsymbol{A}$, $\mathrm{r}(\boldsymbol{A})=n-1$, $\boldsymbol{\alpha}$ 与 $\boldsymbol{\beta}$ 是线性方程组 $\boldsymbol{Ax}=\boldsymbol{0}$ 的两个不同的解向量,则 $\boldsymbol{Ax}=\boldsymbol{0}$ 的通解一定是( ).

A. $\boldsymbol{\alpha}+\boldsymbol{\beta}$ B. $k\boldsymbol{\alpha}$ C. $k(\boldsymbol{\alpha}+\boldsymbol{\beta})$ D. $k(\boldsymbol{\alpha}-\boldsymbol{\beta})$

15. 设 n 阶矩阵 $\boldsymbol{A}$ 的伴随矩阵 $\boldsymbol{A}^*$ 是非零矩阵,若 $\boldsymbol{\xi}_1,\boldsymbol{\xi}_2,\boldsymbol{\xi}_3,\boldsymbol{\xi}_4$ 是非齐次线性方程组 $\boldsymbol{Ax}=\boldsymbol{b}$ 的互不相等的解向量,则对应的齐次线性方程组 $\boldsymbol{Ax}=\boldsymbol{0}$ 的基础解系( ).

A. 不存在 B. 只含一个非零解向量

C. 含有两个线性无关的解向量 D. 含有三个线性无关的解向量

16. 设线性方程组

$$\begin{cases}kx_1+(k-1)x_2+x_3=1,\\kx_1+kx_2+x_3=2,\\2kx_1+2(k-1)x_2+kx_3=2,\end{cases}$$

则下列正确的有( ).

A. $k\neq0$ 有唯一解 B. $k=0$ 或 $k=2$ 有唯一解

C. $k\neq2$ 有唯一解 D. $k\neq0$ 且 $k\neq2$ 有唯一解

17. 设 $\boldsymbol{\alpha}_1,\boldsymbol{\alpha}_2,\boldsymbol{\alpha}_3$ 是四元非齐次线性方程组 $\boldsymbol{Ax}=\boldsymbol{b}$ 的三个解向量,且 $\mathrm{r}(\boldsymbol{A})=3$, $\boldsymbol{\alpha}_1=(1,2,3,4)^{\mathrm{T}}$, $\boldsymbol{\alpha}_2+\boldsymbol{\alpha}_3=(0,1,2,3)^{\mathrm{T}}$, k 表示任意常数,则线性方程组 $\boldsymbol{Ax}=\boldsymbol{b}$ 的通解为( ).

A. $\begin{bmatrix}1\\2\\3\\4\end{bmatrix}+k\begin{bmatrix}1\\1\\1\\1\end{bmatrix}$ B. $\begin{bmatrix}1\\2\\3\\4\end{bmatrix}+k\begin{bmatrix}0\\1\\2\\3\end{bmatrix}$

C. $\begin{bmatrix}1\\2\\3\\4\end{bmatrix}+k\begin{bmatrix}2\\3\\4\\5\end{bmatrix}$ D. $\begin{bmatrix}1\\2\\3\\4\end{bmatrix}+k\begin{bmatrix}3\\4\\5\\6\end{bmatrix}$

18. 设 $\boldsymbol{A}$ 为 n 阶实矩阵, $\boldsymbol{A}^{\mathrm{T}}$ 是 $\boldsymbol{A}$ 的转置矩阵,若线性方程组 $\boldsymbol{Ax}=\boldsymbol{0}$ 有无穷多个解,则方程组 $\boldsymbol{A}^{\mathrm{T}}\boldsymbol{Ax}=\boldsymbol{0}$( ).

A. 有无穷多个解 B. 无解

C. 只有唯一解 D. 解的情况无法判断

19. 设 $\boldsymbol{A}=(\boldsymbol{\alpha}_1,\boldsymbol{\alpha}_2,\boldsymbol{\alpha}_3,\boldsymbol{\alpha}_4)$ 为 4 阶矩阵,若 $(1,0,1,0)^{\mathrm{T}}$ 是方程组 $\boldsymbol{Ax}=\boldsymbol{0}$ 的一个基础解系,则 $\boldsymbol{A}^*\boldsymbol{x}=\boldsymbol{0}$ 的一个基础解系为( ).

A. $\boldsymbol{\alpha}_2,\boldsymbol{\alpha}_3$ B. $\boldsymbol{\alpha}_1,\boldsymbol{\alpha}_2$

C. $\boldsymbol{\alpha}_2,\boldsymbol{\alpha}_3,\boldsymbol{\alpha}_4$ D. $\boldsymbol{\alpha}_1,\boldsymbol{\alpha}_2,\boldsymbol{\alpha}_3$

20. 设 $\boldsymbol{A}$ 和 $\boldsymbol{B}$ 为满足 $\boldsymbol{AB}=\boldsymbol{O}$ 的任意两个非零矩阵,则必有(　　).

A. 矩阵 $\boldsymbol{A}$ 的行向量组线性相关,$\boldsymbol{B}$ 的行向量组线性相关

B. 矩阵 $\boldsymbol{A}$ 的列向量组线性相关,$\boldsymbol{B}$ 的列向量组线性相关

C. 矩阵 $\boldsymbol{A}$ 的列向量组线性相关,$\boldsymbol{B}$ 的行向量组线性相关

D. 矩阵 $\boldsymbol{A}$ 的行向量组线性相关,$\boldsymbol{B}$ 的列向量组线性相关

第五章 矩阵的特征值与二次型

本章数字资源

用矩阵来分析经济现象和计算经济问题时，经常需要求一个矩阵的特征值和特征向量。本章将主要介绍矩阵的特征值与特征向量的概念和性质、矩阵相似、实对称矩阵对角化、二次型的标准化及二次型正定性的判定等内容.

§5.1 矩阵的特征值与特征向量

一、矩阵的特征值与特征向量的定义

引例 设 $\boldsymbol{A}=\begin{bmatrix}-1&0\\2&3\end{bmatrix}$，$\boldsymbol{\alpha}_1=\begin{bmatrix}2\\-1\end{bmatrix}$，$\boldsymbol{\alpha}_2=\begin{bmatrix}0\\1\end{bmatrix}$，$\boldsymbol{\alpha}_3=\begin{bmatrix}1\\-1\end{bmatrix}$，则 $\boldsymbol{A\alpha}_1=\begin{bmatrix}-2\\1\end{bmatrix}=-\boldsymbol{\alpha}_1$，$\boldsymbol{A\alpha}_2=\begin{bmatrix}0\\3\end{bmatrix}=3\boldsymbol{\alpha}_2$，$\boldsymbol{A\alpha}_3=\begin{bmatrix}-1\\-1\end{bmatrix}$，向量 $\boldsymbol{\alpha}_1$ 和 $\boldsymbol{\alpha}_2$ 右乘矩阵 $\boldsymbol{A}$ 后是原向量的几倍，而 $\boldsymbol{\alpha}_3$ 右乘 $\boldsymbol{A}$ 后就没有这个性质，由此，我们引入如下定义.

定义 5.1 设 $\boldsymbol{A}$ 是一个 n 阶矩阵，若存在数 λ 和 n 维非零列向量 $\boldsymbol{x}$，使得

$$\boldsymbol{Ax}=\lambda\boldsymbol{x} \tag{5.1}$$

成立，则称 λ 为 $\boldsymbol{A}$ 的一个**特征值**(eigenvalue)，非零向量 $\boldsymbol{x}$ 为 $\boldsymbol{A}$ 的属于(对应于)特征值 λ 的一个**特征向量**(eigenvector).

在上引例中，$\lambda=-1$ 和 3 分别为 $\boldsymbol{A}=\begin{bmatrix}-1&0\\2&3\end{bmatrix}$的两个特征值，$\boldsymbol{\alpha}_1=\begin{bmatrix}2\\-1\end{bmatrix}$和 $\boldsymbol{\alpha}_2=\begin{bmatrix}0\\1\end{bmatrix}$分别为 $\boldsymbol{A}$ 的属于特征值 -1 和 3 的特征向量，而 $\boldsymbol{\alpha}_3=\begin{bmatrix}1\\-1\end{bmatrix}$就不是 $\boldsymbol{A}$ 的特征向量.

注 (1) 特征向量是非零向量，特征值问题只针对方阵而言的.

(2) 矩阵 $\boldsymbol{A}$ 的属于特征值 λ 的特征向量不唯一. 事实上，设 $\boldsymbol{A}$ 的属于特征值 λ 的特征向量为 $\boldsymbol{x}$，则 $\boldsymbol{Ax}=\lambda\boldsymbol{x}$，由此可得 $\boldsymbol{A}(k\boldsymbol{x})=k\boldsymbol{Ax}=k\lambda\boldsymbol{x}=\lambda(k\boldsymbol{x})$，所以 $k\boldsymbol{x}(k\neq0)$ 也是 $\boldsymbol{A}$ 的属于特征值 λ 的特征向量.

(3) 一个特征向量只能属于一个特征值. 事实上，若 $\boldsymbol{x}\neq\boldsymbol{0}$ 是矩阵 $\boldsymbol{A}$ 的属于两个特征值 λ_1,λ_2 的特征向量，即 $\boldsymbol{Ax}=\lambda_1\boldsymbol{x}$，$\boldsymbol{Ax}=\lambda_2\boldsymbol{x}$. 于是 $(\lambda_1-\lambda_2)\boldsymbol{x}=\boldsymbol{0}$，由于 $\boldsymbol{x}\neq\boldsymbol{0}$，所以 $\lambda_1=\lambda_2$.

下面讨论怎样求一个矩阵 $\boldsymbol{A}$ 的特征值和特征向量．将(5.1)式改写为

$$(\lambda\boldsymbol{I}-\boldsymbol{A})\boldsymbol{x}=\boldsymbol{0}. \tag{5.2}$$

这是含有 n 个未知量 n 个方程的齐次线性方程组，特征向量 $\boldsymbol{x}$ 就是该方程组的非零解，而齐次线性方程组有非零解的充分必要条件是其系数行列式为零，即

$$|\lambda\boldsymbol{I}-\boldsymbol{A}|=0.$$

定义 5.2 设 n 阶矩阵 $\boldsymbol{A}=(a_{ij})$，λ 是未知量，则

$$|\lambda\boldsymbol{I}-\boldsymbol{A}|=\begin{vmatrix}\lambda-a_{11} & -a_{12} & \cdots & -a_{1n}\\ -a_{21} & \lambda-a_{22} & \cdots & -a_{2n}\\ \vdots & \vdots & & \vdots\\ -a_{n1} & -a_{n2} & \cdots & \lambda-a_{nn}\end{vmatrix} \tag{5.3}$$

称为矩阵 $\boldsymbol{A}$ 的**特征多项式**(eigenpolynomial)，$\lambda\boldsymbol{I}-\boldsymbol{A}$ 称为 $\boldsymbol{A}$ 的**特征矩阵**(eigenmatrix)，$|\lambda\boldsymbol{I}-\boldsymbol{A}|=0$ 称为 $\boldsymbol{A}$ 的**特征方程**(eigenequation).

显然，$\boldsymbol{A}$ 的特征多项式是 λ 的 n 次多项式．根据代数基本定理，在复数范围内它有 n 个根(k 重根算作 k 个根)，它们就是矩阵 $\boldsymbol{A}$ 的特征值，因此 n 阶矩阵一定有 n 个特征值.

对于矩阵 $\boldsymbol{A}$ 的每个特征值 $\lambda=\lambda_i(i=1,2,\cdots,n)$，齐次线性方程组 $(\lambda_i\boldsymbol{I}-\boldsymbol{A})\boldsymbol{x}=\boldsymbol{0}$ 的非零解就是矩阵 $\boldsymbol{A}$ 的属于特征值 λ_i 的特征向量.

综上所述，求 n 阶矩阵 $\boldsymbol{A}$ 的特征值和特征向量的步骤如下：

(1) 计算 n 阶矩阵 $\boldsymbol{A}$ 的特征多项式 $|\lambda\boldsymbol{I}-\boldsymbol{A}|$；

(2) 求特征多项式 $|\lambda\boldsymbol{I}-\boldsymbol{A}|$ 的所有根，即求得 $\boldsymbol{A}$ 的全部特征值 $\lambda_1,\lambda_2,\cdots,\lambda_n$(其中可能有重根)；

(3) 对于 $\boldsymbol{A}$ 的每一个特征值 λ_i，求出齐次线性方程组 $(\lambda_i\boldsymbol{I}-\boldsymbol{A})\boldsymbol{x}=0$ 的一个基础解系，就是矩阵 $\boldsymbol{A}$ 的属于特征值 λ_i 的线性无关的特征向量，基础解系的线性组合(非零向量除外)就是矩阵 $\boldsymbol{A}$ 的属于特征值 λ_i 的全部特征向量.

例 5.1 求 n 阶对角矩阵

$$\boldsymbol{\Lambda}=\begin{bmatrix}\lambda_1 & 0 & \cdots & 0\\ 0 & \lambda_2 & \cdots & 0\\ \vdots & \vdots & & \vdots\\ 0 & 0 & \cdots & \lambda_n\end{bmatrix}$$

的特征值.

解 矩阵 $\boldsymbol{\Lambda}$ 的特征多项式为

$$|\lambda\boldsymbol{I}-\boldsymbol{\Lambda}|=\begin{vmatrix}\lambda-\lambda_1 & 0 & \cdots & 0\\ 0 & \lambda-\lambda_2 & \cdots & 0\\ \vdots & \vdots & & \vdots\\ 0 & 0 & \cdots & \lambda-\lambda_n\end{vmatrix}=(\lambda-\lambda_1)(\lambda-\lambda_2)\cdots(\lambda-\lambda_n),$$

所以 $\boldsymbol{\Lambda}$ 的特征值为 $\lambda=\lambda_1$ 或 $\lambda=\lambda_2$，…，或 $\lambda=\lambda_n$，即 n 阶对角矩阵 $\boldsymbol{\Lambda}$ 有 n 个特征值，恰好就是其主对角线上的 n 个元素.

例 5.2 求矩阵 $\boldsymbol{A}=\begin{bmatrix}2 & 1 & 1\\ 1 & 2 & 1\\ 1 & 1 & 2\end{bmatrix}$ 的特征值和特征向量.

解 矩阵 $\boldsymbol{A}$ 的特征多项式为

$$|\lambda\boldsymbol{I}-\boldsymbol{A}|=\begin{vmatrix}\lambda-2 & -1 & -1\\ -1 & \lambda-2 & -1\\ -1 & -1 & \lambda-2\end{vmatrix}=(\lambda-4)(\lambda-1)^2,$$

所以 $\boldsymbol{A}$ 的特征值为

$$\lambda_1=4,\quad \lambda_2=\lambda_3=1.$$

当 $\lambda_1=4$ 时,解对应齐次线性方程组 $(4\boldsymbol{I}-\boldsymbol{A})\boldsymbol{x}=\boldsymbol{0}$:

$$4\boldsymbol{I}-\boldsymbol{A}=\begin{bmatrix}2 & -1 & -1\\ -1 & 2 & -1\\ -1 & -1 & 2\end{bmatrix}\longrightarrow\begin{bmatrix}-1 & -1 & 2\\ -1 & 2 & -1\\ 2 & -1 & -1\end{bmatrix}\longrightarrow\begin{bmatrix}1 & 1 & -2\\ 0 & 3 & -3\\ 0 & -3 & 3\end{bmatrix}$$

$$\longrightarrow\begin{bmatrix}1 & 1 & -2\\ 0 & 3 & -3\\ 0 & 0 & 0\end{bmatrix}\longrightarrow\begin{bmatrix}1 & 0 & -1\\ 0 & 1 & -1\\ 0 & 0 & 0\end{bmatrix},$$

其对应的齐次方程组为 $\begin{cases}x_1-x_3=0,\\ x_2-x_3=0,\end{cases}$ 即 $\begin{cases}x_1=x_3,\\ x_2=x_3,\end{cases}$ 取 $x_3=1$,得它的一个基础解系为 $\boldsymbol{\xi}_1=\begin{bmatrix}1\\1\\1\end{bmatrix}$,所以 $\boldsymbol{A}$ 的属于特征值 $\lambda_1=4$ 的全部特征向量为 $k_1\boldsymbol{\xi}_1(k_1\neq 0)$.

当 $\lambda_2=\lambda_3=1$ 时,解对应齐次线性方程组 $(\boldsymbol{I}-\boldsymbol{A})\boldsymbol{x}=\boldsymbol{0}$:

$$\boldsymbol{I}-\boldsymbol{A}=\begin{bmatrix}-1 & -1 & -1\\ -1 & -1 & -1\\ -1 & -1 & -1\end{bmatrix}\longrightarrow\begin{bmatrix}1 & 1 & 1\\ 0 & 0 & 0\\ 0 & 0 & 0\end{bmatrix},$$

其对应的齐次方程组为 $x_1+x_2+x_3=0$,即 $x_1=-x_2-x_3$,取 $\begin{cases}x_2=1,\\ x_3=0\end{cases}$ 和 $\begin{cases}x_2=0,\\ x_3=1,\end{cases}$ 可得它的一个基础解系为 $\boldsymbol{\xi}_2=\begin{bmatrix}-1\\1\\0\end{bmatrix}$,$\boldsymbol{\xi}_3=\begin{bmatrix}-1\\0\\1\end{bmatrix}$,所以 $\boldsymbol{A}$ 的属于特征值 $\lambda_2=\lambda_3=1$ 的全部特征向量为 $k_2\boldsymbol{\xi}_2+k_3\boldsymbol{\xi}_3$($k_2,k_3$ 不同时为零).

例 5.3 求矩阵

$$\boldsymbol{A}=\begin{bmatrix}3 & -4 & 0\\ 1 & -1 & 0\\ 1 & 0 & 2\end{bmatrix}$$

的特征值和特征向量.

解 矩阵 $\boldsymbol{A}$ 的特征多项式为

$$|\lambda\boldsymbol{I}-\boldsymbol{A}|=\begin{vmatrix}\lambda-3 & 4 & 0\\ -1 & \lambda+1 & 0\\ -1 & 0 & \lambda-2\end{vmatrix}=(\lambda-2)(\lambda-1)^2,$$

所以 $\boldsymbol{A}$ 的特征值为

$$\lambda_1=2,\quad \lambda_2=\lambda_3=1.$$

当 $\lambda_1=2$ 时,解对应齐次线性方程组 $(2\boldsymbol{I}-\boldsymbol{A})\boldsymbol{x}=\boldsymbol{0}$,可得它的一个基础解系为 $\boldsymbol{\xi}_1=\begin{bmatrix}0\\0\\1\end{bmatrix}$,所以 $\boldsymbol{A}$ 的属于特征值 $\lambda_1=2$ 的全部特征向量为 $k_1\boldsymbol{\xi}_1(k_1\neq 0)$.

当 $\lambda_2=\lambda_3=1$ 时,解对应齐次线性方程组 $(\boldsymbol{I}-\boldsymbol{A})\boldsymbol{x}=\boldsymbol{0}$,可得它的一个基础解系为 $\boldsymbol{\xi}_2=\begin{bmatrix}-2\\-1\\2\end{bmatrix}$,所以 $\boldsymbol{A}$ 的属于特征值 $\lambda_2=\lambda_3=1$ 的全部特征向量为 $k_2\boldsymbol{\xi}_2(k_2\neq 0)$.

二、特征值与特征向量的性质

定理 5.1 n 阶矩阵 $\boldsymbol{A}$ 与它转置矩阵 $\boldsymbol{A}^{\mathrm{T}}$ 有相同的特征值.

证 由于 $\lambda\boldsymbol{I}-\boldsymbol{A}^{\mathrm{T}}=(\lambda\boldsymbol{I}-\boldsymbol{A})^{\mathrm{T}}$,两边取行列式,得

$$|\lambda\boldsymbol{I}-\boldsymbol{A}^{\mathrm{T}}|=|(\lambda\boldsymbol{I}-\boldsymbol{A})^{\mathrm{T}}|=|\lambda\boldsymbol{I}-\boldsymbol{A}|,$$

即 $\boldsymbol{A}$ 与 $\boldsymbol{A}^{\mathrm{T}}$ 有相同的特征多项式,所以 $\boldsymbol{A}$ 与 $\boldsymbol{A}^{\mathrm{T}}$ 有相同的特征值. □

注 虽然 $\boldsymbol{A}$ 与 $\boldsymbol{A}^{\mathrm{T}}$ 有相同的特征值,但特征向量却不一定相同. 例如,设 $\boldsymbol{A}=\begin{bmatrix}1&-1\\2&4\end{bmatrix}$,则 $\boldsymbol{A}$ 与 $\boldsymbol{A}^{\mathrm{T}}$ 有相同的特征值 $\lambda_1=2,\lambda_2=3$,由上例知 $\boldsymbol{A}\begin{bmatrix}1\\-1\end{bmatrix}=2\begin{bmatrix}1\\-1\end{bmatrix}$,但是

$$\boldsymbol{A}^{\mathrm{T}}\begin{bmatrix}1\\-1\end{bmatrix}\neq 2\begin{bmatrix}1\\-1\end{bmatrix},\quad \boldsymbol{A}^{\mathrm{T}}\begin{bmatrix}1\\-1\end{bmatrix}\neq 3\begin{bmatrix}1\\-1\end{bmatrix}.$$

定理 5.2 设 n 阶矩阵 $\boldsymbol{A}=(a_{ij})$ 的全部特征值为 $\lambda_1,\lambda_2,\cdots,\lambda_n$,则有:

(1) $\lambda_1+\lambda_2+\cdots+\lambda_n=\sum\limits_{i=1}^{n}a_{ii}$;(2) $\lambda_1\lambda_2\cdots\lambda_n=|\boldsymbol{A}|$.

证明过程从略.

推论 5.1 n 阶矩阵 $\boldsymbol{A}$ 可逆的充分必要条件是其任一特征值不为零.

定理 5.3 设 λ 是 n 阶矩阵 $\boldsymbol{A}$ 的特征值,则有

(1) $k\lambda,\lambda^2$ 分别为矩阵 $k\boldsymbol{A},\boldsymbol{A}^2$ 的特征值;

(2) $f(x)=a_0+a_1x+\cdots+a_mx^m$ 为 x 的 m 次多项式,$f(\lambda)$ 为 $f(\boldsymbol{A})$ 的特征值;

(3) 若 $\boldsymbol{A}$ 可逆,$\dfrac{1}{\lambda},\dfrac{|\boldsymbol{A}|}{\lambda}$ 分别为矩阵 $\boldsymbol{A}^{-1},\boldsymbol{A}^*$ 的特征值.

证 (1) 设 $\boldsymbol{\alpha}$ 为矩阵 $\boldsymbol{A}$ 的属于特征值 λ 的全部特征向量,则 $\boldsymbol{A}\boldsymbol{\alpha}=\lambda\boldsymbol{\alpha}$,于是 $k(\boldsymbol{A}\boldsymbol{\alpha})=k(\lambda\boldsymbol{\alpha})$, 即 $k\boldsymbol{A}\boldsymbol{\alpha}=k\lambda\boldsymbol{\alpha}$,

$$\boldsymbol{A}^2\boldsymbol{\alpha}=\boldsymbol{A}(\boldsymbol{A}\boldsymbol{\alpha})=\boldsymbol{A}(\lambda\boldsymbol{\alpha})=\lambda\boldsymbol{A}\boldsymbol{\alpha}=\lambda(\lambda\boldsymbol{\alpha})=\lambda^2\boldsymbol{\alpha}$$

故 $k\lambda,\lambda^2$ 分别为矩阵 $k\boldsymbol{A},\boldsymbol{A}^2$ 的特征值,且对应的特征向量都为 $\boldsymbol{\alpha}$.

(2)和(3)的证明留作练习. □

例 5.4 设三阶方阵 $\boldsymbol{A}$ 的三个特征值为 1,2,0,求 $|2\boldsymbol{I}+3\boldsymbol{A}^2|$.

解 由定理 5.3 易知 $2\boldsymbol{I}+3\boldsymbol{A}^2$ 的全部特征值为 5,14,2.从而得

$$|2\boldsymbol{I}+3\boldsymbol{A}^2|=5\times 14\times 2=140.$$

定理 5.4 若 $\boldsymbol{\alpha},\boldsymbol{\beta}$ 是矩阵 $\boldsymbol{A}$ 的对应于两个不同特征值的特征向量,则 $\boldsymbol{\alpha}$ 与 $\boldsymbol{\beta}$ 线性无关.

证 设 $\boldsymbol{\alpha},\boldsymbol{\beta}$ 分别是特征值 $\lambda_1,\lambda_2(\lambda_1\neq\lambda_2)$ 所对应的特征向量,则 $\boldsymbol{A\alpha}=\lambda_1\boldsymbol{\alpha},\boldsymbol{A\beta}=\lambda_2\boldsymbol{\beta}$,假设有一组数 k_1,k_2,使 $k_1\boldsymbol{\alpha}+k_2\boldsymbol{\beta}=\mathbf{0}$,两边同时左乘 $\boldsymbol{A}$,有 $k_1\boldsymbol{A\alpha}+k_2\boldsymbol{A\beta}=\mathbf{0}$,即

$$k_1\lambda_1\boldsymbol{\alpha}+k_2\lambda_2\boldsymbol{\beta}=\mathbf{0},$$

又

$$k_1\boldsymbol{\alpha}+k_2\boldsymbol{\beta}=\mathbf{0}\Rightarrow k_1\lambda_2\boldsymbol{\alpha}+k_2\lambda_2\boldsymbol{\beta}=\mathbf{0}.$$

上两式相减,得 $k_1(\lambda_1-\lambda_2)\boldsymbol{\alpha}=\mathbf{0}$,又 $\lambda_1\neq\lambda_2,\boldsymbol{\alpha}\neq\mathbf{0}$,故 $k_1=0$.

同理可得 $k_2=0$,故 $\boldsymbol{\alpha}$ 与 $\boldsymbol{\beta}$ 线性无关. □

还有更一般的结论:

定理 5.5 设 $\boldsymbol{\alpha}_1,\boldsymbol{\alpha}_2,\cdots,\boldsymbol{\alpha}_m$ 是 n 阶矩阵 $\boldsymbol{A}$ 的对应于不同特征值 $\lambda_1,\lambda_2,\cdots,\lambda_m$ 的特征向量,则 $\boldsymbol{\alpha}_1,\boldsymbol{\alpha}_2,\cdots,\boldsymbol{\alpha}_m$ 线性无关.

证 对特征向量的个数 m 作数学归纳法:

当 $m=1$ 时,由于 $\boldsymbol{\alpha}_1\neq\mathbf{0}$,因此 $\boldsymbol{\alpha}_1$ 线性无关.

假设对 $m-1$ 个相异的特征值定理成立,即 $\boldsymbol{\alpha}_1,\boldsymbol{\alpha}_2,\cdots,\boldsymbol{\alpha}_{m-1}$ 线性无关.

对向量组 $\boldsymbol{\alpha}_1,\boldsymbol{\alpha}_2,\cdots,\boldsymbol{\alpha}_m$,设有数 $k_1,k_2,\cdots,k_m$,使

$$k_1\boldsymbol{\alpha}_1+k_2\boldsymbol{\alpha}_2+\cdots+k_m\boldsymbol{\alpha}_m=\mathbf{0}. \tag{5.4}$$

上式两端左乘矩阵 $\boldsymbol{A}$,并利用条件 $\boldsymbol{A\alpha}_i=\lambda_i\boldsymbol{\alpha}_i$,得

$$k_1\lambda_1\boldsymbol{\alpha}_1+k_2\lambda_2\boldsymbol{\alpha}_2+\cdots+k_m\lambda_m\boldsymbol{\alpha}_m=\mathbf{0}. \tag{5.5}$$

(5.4)式两端乘 λ_m 与(5.5)式相减得

$$k_1(\lambda_m-\lambda_1)\boldsymbol{\alpha}_1+k_2(\lambda_m-\lambda_2)\boldsymbol{\alpha}_2+\cdots+k_{m-1}(\lambda_m-\lambda_{m-1})\boldsymbol{\alpha}_{m-1}=\mathbf{0}.$$

由归纳假设 $\boldsymbol{\alpha}_1,\boldsymbol{\alpha}_2,\cdots,\boldsymbol{\alpha}_{m-1}$ 线性无关,可得

$$k_1(\lambda_m-\lambda_1)=k_2(\lambda_m-\lambda_2)=\cdots=k_{m-1}(\lambda_m-\lambda_{m-1})=0.$$

而 $\lambda_1,\lambda_2,\cdots,\lambda_m$ 互不相同,即 $\lambda_m-\lambda_i\neq0,i=1,2,\cdots,m-1$,故 $k_1=k_2=\cdots=k_{m-1}=0$,则有 $k_m\boldsymbol{\alpha}_m=\mathbf{0}$,而 $\boldsymbol{\alpha}_m\neq\mathbf{0}$,故 $k_m=0$. 所以 $\boldsymbol{\alpha}_1,\boldsymbol{\alpha}_2,\cdots,\boldsymbol{\alpha}_m$ 线性无关. □

推论 5.2 若 n 阶矩阵 $\boldsymbol{A}$ 有 n 个不同的特征值,则 $\boldsymbol{A}$ 有 n 个线性无关的特征向量.

用归纳法类似可以证明下述定理:

定理 5.6 若 $\lambda_1,\lambda_2,\cdots,\lambda_r$ 是矩阵 $\boldsymbol{A}$ 的不同特征值,而 $\boldsymbol{\alpha}_{i1},\boldsymbol{\alpha}_{i2},\cdots,\boldsymbol{\alpha}_{ik_i}$ 是 $\boldsymbol{A}$ 的对应于特征值 $\lambda_i(i=1,2,\cdots,r)$ 的线性无关的特征向量,则向量组 $\boldsymbol{\alpha}_{11},\boldsymbol{\alpha}_{12},\cdots,\boldsymbol{\alpha}_{1k_1},\boldsymbol{\alpha}_{21},\boldsymbol{\alpha}_{22},\cdots,\boldsymbol{\alpha}_{2k_2},\cdots,\boldsymbol{\alpha}_{r1},\boldsymbol{\alpha}_{r2},\cdots,\boldsymbol{\alpha}_{rk_r}$ 也线性无关.

定理 5.7 设 λ 是 n 阶矩阵 $\boldsymbol{A}$ 的 k 重特征值,则 $\boldsymbol{A}$ 的属于特征值 λ 的线性无关特征向量的个数不大于 k 个.

证明过程从略.该定理说明,一个 n 阶矩阵 $\boldsymbol{A}$ 最多有 n 个线性无关的特征向量.

我们将矩阵 $\boldsymbol{A}$ 的各种运算后的特征值与特征向量的情况列表汇总如下:

矩阵	$\boldsymbol{A}$	$k\boldsymbol{A}$	$\boldsymbol{A}^2$	$f(\boldsymbol{A})$	$\boldsymbol{A}^{-1}$	$\boldsymbol{A}^{\mathrm{T}}$	$\boldsymbol{A}^*$
特征值	λ	$k\lambda$	λ^2	$f(\lambda)$	λ^{-1}	λ	$\dfrac{\lvert\boldsymbol{A}\rvert}{\lambda}$
特征向量	$\boldsymbol{x}$	$\boldsymbol{x}$	$\boldsymbol{x}$	$\boldsymbol{x}$	$\boldsymbol{x}$	待定	$\boldsymbol{x}$

其中 $f(\lambda)$是关于λ的n次多项式。

§5.2 相似矩阵

对角矩阵是矩阵中形式最简单、运算最方便的一类矩阵，那么，对于任一个n阶矩阵是否可将它化为对角矩阵且保持它的许多原有性质，这在理论和实际应用中都有十分重要的意义.

一、相似矩阵的定义与性质

定义 5.3 设$\boldsymbol{A},\boldsymbol{B}$都是$n$阶矩阵，若存在$n$阶可逆矩阵$\boldsymbol{P}$，使得

$$\boldsymbol{P}^{-1}\boldsymbol{A}\boldsymbol{P}=\boldsymbol{B},$$

则称矩阵$\boldsymbol{A}$与$\boldsymbol{B}$**相似**，记作$\boldsymbol{A}\sim\boldsymbol{B}$，可逆矩阵$\boldsymbol{P}$称为**相似变换矩阵**. 若$\boldsymbol{P}$为正交矩阵，则称$\boldsymbol{A}$与$\boldsymbol{B}$正交相似.

例如，设

$$\boldsymbol{A}=\begin{bmatrix}2&1\\-1&0\end{bmatrix},\quad \boldsymbol{B}=\begin{bmatrix}1&1\\0&1\end{bmatrix},\quad \boldsymbol{P}=\begin{bmatrix}1&-1\\-1&2\end{bmatrix},$$

则可以验算$\boldsymbol{P}^{-1}\boldsymbol{A}\boldsymbol{P}=\boldsymbol{B}$，所以$\boldsymbol{A}\sim\boldsymbol{B}$.

根据定义，矩阵相似是矩阵之间的一种关系，这种关系具有下列基本性质：

设$\boldsymbol{A},\boldsymbol{B},\boldsymbol{C}$为$n$阶矩阵，则有：

(1) 自反性：$\boldsymbol{A}\sim\boldsymbol{A}$；

(2) 对称性：若$\boldsymbol{A}\sim\boldsymbol{B}$，则$\boldsymbol{B}\sim\boldsymbol{A}$；

(3) 传递性：若$\boldsymbol{A}\sim\boldsymbol{B}$，$\boldsymbol{B}\sim\boldsymbol{C}$，则$\boldsymbol{A}\sim\boldsymbol{C}$.

相似的矩阵之间还有下列的性质：

定理 5.8 若矩阵$\boldsymbol{A}$与$\boldsymbol{B}$相似，则有：

(1) $\boldsymbol{A}$与$\boldsymbol{B}$有相同的特征多项式和特征值；

(2) $|\boldsymbol{A}|=|\boldsymbol{B}|$；

(3) $\mathrm{r}(\boldsymbol{A})=\mathrm{r}(\boldsymbol{B})$；

(4) $\boldsymbol{A}^{\mathrm{T}}\sim\boldsymbol{B}^{\mathrm{T}}$；

(5) $\boldsymbol{A}^{m}\sim\boldsymbol{B}^{m}$.

证 (1) 由相似定义可知，存在可逆矩阵P，使得$\boldsymbol{P}^{-1}\boldsymbol{A}\boldsymbol{P}=\boldsymbol{B}$，于是

$$|\lambda\boldsymbol{I}-\boldsymbol{B}|=|\lambda\boldsymbol{P}^{-1}\boldsymbol{P}-\boldsymbol{P}^{-1}\boldsymbol{A}\boldsymbol{P}|=|\boldsymbol{P}^{-1}(\lambda\boldsymbol{I}-\boldsymbol{A})\boldsymbol{P}|=|\boldsymbol{P}^{-1}||\lambda\boldsymbol{I}-\boldsymbol{A}||\boldsymbol{P}|=|\lambda\boldsymbol{I}-\boldsymbol{A}|,$$

即矩阵$\boldsymbol{A}$与$\boldsymbol{B}$有相同的特征多项式，因而它们有相同的特征值.

该结论反之不成立，即特征多项式相同的两个矩阵未必相似，例如

$$\boldsymbol{I}=\begin{bmatrix}1&0\\0&1\end{bmatrix},\quad \boldsymbol{A}=\begin{bmatrix}1&1\\0&1\end{bmatrix},$$

它们的特征多项式都是$(\lambda-1)^2$，但$\boldsymbol{I}$和$\boldsymbol{A}$不相似. 因为和$\boldsymbol{I}$相似的矩阵只能是$\boldsymbol{I}$本身.

(2) 由$\boldsymbol{P}^{-1}\boldsymbol{A}\boldsymbol{P}=\boldsymbol{B}$，有$|\boldsymbol{B}|=|\boldsymbol{P}^{-1}\boldsymbol{A}\boldsymbol{P}|=|\boldsymbol{P}^{-1}||\boldsymbol{A}||\boldsymbol{P}|=|\boldsymbol{A}|$.

(3) 由$\boldsymbol{A}\sim\boldsymbol{B}$的定义可知，得$\boldsymbol{A}$与$\boldsymbol{B}$等价，从而$\mathrm{r}(\boldsymbol{A})=\mathrm{r}(\boldsymbol{B})$.

(4)和(5)的证明留作练习. □

推论 5.3 若方阵 $\boldsymbol{A}$ 与对角矩阵 $\boldsymbol{\Lambda}$ 相似，则 $\boldsymbol{A}$ 的特征值就是对角阵 $\boldsymbol{\Lambda}$ 的主对角线上的元素.

证 由定理 5.8 和例 5.1 可得.

例 5.5 已知矩阵 $\boldsymbol{A}=\begin{bmatrix}-2 & -2 & 1\\ 2 & x & -2\\ 0 & 0 & -2\end{bmatrix}$ 与 $\boldsymbol{B}=\begin{bmatrix}2 & 1 & 0\\ 0 & -1 & 0\\ 0 & 0 & y\end{bmatrix}$ 相似，求 x,y 的值.

解 易知矩阵 $\boldsymbol{B}$ 的特征值 $\lambda=2,-1,y$. 因为 $\boldsymbol{A}\sim\boldsymbol{B}$，所以矩阵 $\boldsymbol{A}$ 的特征值 $\lambda=2,-1,y$. 由于 $|\lambda\boldsymbol{I}-\boldsymbol{A}|=(\lambda+2)[(\lambda+2)(\lambda-x)+4]$，故 $|\lambda\boldsymbol{I}-\boldsymbol{A}|=0$ 可知 $y=-2$. 又 $\lambda=2$ 为 $(\lambda+2)(\lambda-x)+4=0$ 的根，因此 $x=3$.

二、矩阵可对角化的条件

如果 n 阶矩阵能够相似于对角矩阵，就可以利用对角矩阵的性质来简化矩阵的计算.

定义 5.4 对 n 阶矩阵 $\boldsymbol{A}$，若存在 n 阶对角矩阵 $\boldsymbol{\Lambda}$，使 $\boldsymbol{A}\sim\boldsymbol{\Lambda}$，则称 $\boldsymbol{A}$ **可对角化**.

下面讨论 n 阶矩阵 $\boldsymbol{A}$ 可对角化的条件.

定理 5.9 n 阶矩阵 $\boldsymbol{A}$ 可对角化的充分必要条件是 $\boldsymbol{A}$ 有 n 个线性无关的特征向量.

证 必要性．设 $\boldsymbol{A}$ 与对角矩阵

$$\boldsymbol{\Lambda}=\begin{bmatrix}\lambda_1 & & & \\ & \lambda_2 & & \\ & & \ddots & \\ & & & \lambda_n\end{bmatrix}$$

相似，则存在可逆矩阵 $\boldsymbol{P}$，使得 $\boldsymbol{P}^{-1}\boldsymbol{A}\boldsymbol{P}=\boldsymbol{\Lambda}$，即 $\boldsymbol{A}\boldsymbol{P}=\boldsymbol{P}\boldsymbol{\Lambda}$. 将矩阵 $\boldsymbol{P}$ 按列分块，即 $\boldsymbol{P}=(\boldsymbol{\alpha}_1,\boldsymbol{\alpha}_2,\cdots,\boldsymbol{\alpha}_n)$，则有

$$\boldsymbol{A}(\boldsymbol{\alpha}_1,\boldsymbol{\alpha}_2,\cdots,\boldsymbol{\alpha}_n)=(\boldsymbol{\alpha}_1,\boldsymbol{\alpha}_2,\cdots,\boldsymbol{\alpha}_n)\begin{bmatrix}\lambda_1 & & & \\ & \lambda_2 & & \\ & & \ddots & \\ & & & \lambda_n\end{bmatrix}.$$

由此可得 $\boldsymbol{A}\boldsymbol{\alpha}_i=\lambda_i\boldsymbol{\alpha}_i\ (i=1,2,\cdots,n)$，且 $\boldsymbol{\alpha}_1,\boldsymbol{\alpha}_2,\cdots,\boldsymbol{\alpha}_n$ 线性无关，故 $\boldsymbol{A}$ 有 n 个线性无关的特征向量 $\boldsymbol{\alpha}_1,\boldsymbol{\alpha}_2,\cdots,\boldsymbol{\alpha}_n$.

充分性．设 $\boldsymbol{A}$ 有 n 个线性无关的特征向量 $\boldsymbol{\alpha}_1,\boldsymbol{\alpha}_2,\cdots,\boldsymbol{\alpha}_n$，对应的特征值分别为 $\lambda_1,\lambda_2,\cdots,\lambda_n$，于是有 $\boldsymbol{A}\boldsymbol{\alpha}_i=\lambda_i\boldsymbol{\alpha}_i\ (i=1,2,\cdots,n)$，取 $\boldsymbol{P}=(\boldsymbol{\alpha}_1,\boldsymbol{\alpha}_2,\cdots,\boldsymbol{\alpha}_n)$，因为 $\boldsymbol{\alpha}_1,\boldsymbol{\alpha}_2,\cdots,\boldsymbol{\alpha}_n$ 线性无关，所以 $\boldsymbol{P}$ 可逆．于是由上式有

$$\begin{aligned}\boldsymbol{A}\boldsymbol{P}&=\boldsymbol{A}(\boldsymbol{\alpha}_1,\boldsymbol{\alpha}_2,\cdots,\boldsymbol{\alpha}_n)=(\boldsymbol{A}\boldsymbol{\alpha}_1,\boldsymbol{A}\boldsymbol{\alpha}_2,\cdots,\boldsymbol{A}\boldsymbol{\alpha}_n)\\ &=(\lambda_1\boldsymbol{\alpha}_1,\lambda_2\boldsymbol{\alpha}_2,\cdots,\lambda_n\boldsymbol{\alpha}_n)=(\boldsymbol{\alpha}_1,\boldsymbol{\alpha}_2,\cdots,\boldsymbol{\alpha}_n)\begin{bmatrix}\lambda_1 & & & \\ & \lambda_2 & & \\ & & \ddots & \\ & & & \lambda_n\end{bmatrix}.\end{aligned}$$

记 $\boldsymbol{\Lambda}=\mathrm{diag}(\lambda_1,\lambda_2,\cdots,\lambda_n)$，由上式得 $\boldsymbol{A}\boldsymbol{P}=\boldsymbol{P}\boldsymbol{\Lambda}$，于是 $\boldsymbol{P}^{-1}\boldsymbol{A}\boldsymbol{P}=\boldsymbol{\Lambda}$，即 $\boldsymbol{A}$ 与对角矩阵 $\boldsymbol{\Lambda}$ 相似．

□

推论 5.4 若 n 阶矩阵 $\boldsymbol{A}$ 有 n 个互不相同的特征值,则矩阵 $\boldsymbol{A}$ 可对角化.

推论 5.5 n 阶矩阵 $\boldsymbol{A}$ 可对角化的充分必要条件是 $\boldsymbol{A}$ 的 k 重特征值有 k 个线性无关的特征向量.

定理 5.9 不仅给出矩阵 $\boldsymbol{A}$ 可对角化的充分必要条件,而且其证明过程中也给出了可逆矩阵 $\boldsymbol{P}$ 和对角矩阵的构造方法,具体步骤为:

(1) 求出 n 阶矩阵 $\boldsymbol{A}$ 的所有特征值 $\lambda_1,\lambda_2,\cdots,\lambda_n$;

(2) 对每一个特征值 λ_i,解对应的齐次线性方程组 $(\lambda_i\boldsymbol{I}-\boldsymbol{A})\boldsymbol{x}=\boldsymbol{0}$,求出 $\boldsymbol{A}$ 的 n 个线性无关的特征向量 $\boldsymbol{\alpha}_1,\boldsymbol{\alpha}_2,\cdots,\boldsymbol{\alpha}_n$;

(3) 取

$$\boldsymbol{P}=(\boldsymbol{\alpha}_1,\boldsymbol{\alpha}_2,\cdots,\boldsymbol{\alpha}_n),\quad \boldsymbol{\Lambda}=\begin{bmatrix}\lambda_1 & & & \\ & \lambda_2 & & \\ & & \ddots & \\ & & & \lambda_n\end{bmatrix},$$

则 $\boldsymbol{P}^{-1}\boldsymbol{A}\boldsymbol{P}=\boldsymbol{\Lambda}$,其中 $\boldsymbol{\alpha}_i$ 与 λ_i 的排列顺序应保持一致;

(4) 因 $\boldsymbol{\alpha}_i$ 的取法不是唯一的,因此 $\boldsymbol{P}$ 也是不唯一的.

例 5.6 判别下列矩阵是否可以对角化,若能对角化,求出其相应的矩阵 $\boldsymbol{P}$ 和对角矩阵 $\boldsymbol{\Lambda}$:

(1) $\boldsymbol{A}=\begin{bmatrix}1 & 1 & 0\\ 0 & 2 & 1\\ 0 & 0 & 3\end{bmatrix}$; (2) $\boldsymbol{A}=\begin{bmatrix}0 & -1 & 0\\ 1 & -2 & 0\\ -1 & 0 & -1\end{bmatrix}$.

解 (1)矩阵 $\boldsymbol{A}$ 的特征多项式

$$|\lambda\boldsymbol{I}-\boldsymbol{A}|=\begin{vmatrix}\lambda-1 & -1 & 0\\ 0 & \lambda-2 & -1\\ 0 & 0 & \lambda-3\end{vmatrix}=(\lambda-1)(\lambda-2)(\lambda-3),$$

所以 $\boldsymbol{A}$ 的全部特征值为 $\lambda_1=1,\lambda_2=2,\lambda_3=3$.由于 $\boldsymbol{A}$ 有三个互异的特征值,因此,矩阵 $\boldsymbol{A}$ 可以对角化.

当 $\lambda_1=1$ 时,解对应齐次线性方程组 $(\boldsymbol{I}-\boldsymbol{A})\boldsymbol{x}=\boldsymbol{0}$,可得它的一个基础解系为 $\boldsymbol{\alpha}_1=\begin{bmatrix}1\\0\\0\end{bmatrix}$.

当 $\lambda_2=2$ 时,解对应齐次线性方程组 $(2\boldsymbol{I}-\boldsymbol{A})\boldsymbol{x}=\boldsymbol{0}$,可得它的一个基础解系为 $\boldsymbol{\alpha}_2=\begin{bmatrix}1\\1\\0\end{bmatrix}$.

当 $\lambda_3=3$ 时,解对应齐次线性方程组 $(3\boldsymbol{I}-\boldsymbol{A})\boldsymbol{x}=\boldsymbol{0}$,可得它的一个基础解系为 $\boldsymbol{\alpha}_3=\begin{bmatrix}1\\2\\2\end{bmatrix}$.

取 $\boldsymbol{P}=(\boldsymbol{\alpha}_1,\boldsymbol{\alpha}_2,\boldsymbol{\alpha}_3)=\begin{bmatrix}1 & 1 & 1\\ 0 & 1 & 2\\ 0 & 0 & 2\end{bmatrix}$,$\boldsymbol{\Lambda}=\begin{bmatrix}1 & 0 & 0\\ 0 & 2 & 0\\ 0 & 0 & 3\end{bmatrix}$,则有 $\boldsymbol{P}^{-1}\boldsymbol{A}\boldsymbol{P}=\boldsymbol{\Lambda}$.

(2) 矩阵 $\boldsymbol{A}$ 的特征多项式

$$|\lambda\boldsymbol{I}-\boldsymbol{A}|=\begin{vmatrix}\lambda & 1 & 0\\ -1 & \lambda+2 & 0\\ 1 & 0 & \lambda+1\end{vmatrix}=(\lambda+1)^3,$$

所以 $\boldsymbol{A}$ 的全部特征值为 $\lambda_1=\lambda_2=\lambda_3=-1$.

当 $\lambda_1=\lambda_2=\lambda_3=-1$ 时,解对应齐次线性方程组 $(-\boldsymbol{I}-\boldsymbol{A})\boldsymbol{x}=\boldsymbol{0}$,可得它的一个基础解系为

$$\boldsymbol{\alpha}=\begin{bmatrix}0\\0\\1\end{bmatrix}.$$

故 $\boldsymbol{A}$ 只有一个线性无关的特征向量,所以 $\boldsymbol{A}$ 不可对角化.

注 若存在可逆矩阵 $\boldsymbol{P}$ 使得 $\boldsymbol{P}^{-1}\boldsymbol{A}\boldsymbol{P}=\boldsymbol{\Lambda}$,则 $\boldsymbol{A}=\boldsymbol{P}\boldsymbol{\Lambda}\boldsymbol{P}^{-1}$. 从而

$$\boldsymbol{A}^n=(\boldsymbol{P}\boldsymbol{\Lambda}\boldsymbol{P}^{-1})^n=\underbrace{\boldsymbol{P}\boldsymbol{\Lambda}\boldsymbol{P}^{-1}\boldsymbol{P}\boldsymbol{\Lambda}\boldsymbol{P}^{-1}\cdots\boldsymbol{P}\boldsymbol{\Lambda}\boldsymbol{P}^{-1}}_{n\text{个}}=\boldsymbol{P}\boldsymbol{\Lambda}^n\boldsymbol{P}^{-1}\quad(n\text{ 为正整数}),$$

这样 $\boldsymbol{A}^n$ 就转化为求对角矩阵 $\boldsymbol{\Lambda}^n$,这也是计算方阵高次幂的一种有效方法.

例如,在例 5.6 (1)中,

$$\boldsymbol{A}^{2018}=\boldsymbol{P}\boldsymbol{\Lambda}^{2018}\boldsymbol{P}^{-1}=\begin{bmatrix}1&1&1\\0&1&2\\0&0&2\end{bmatrix}\begin{bmatrix}1&0&0\\0&2&0\\0&0&3\end{bmatrix}^{2018}\begin{bmatrix}1&1&1\\0&1&2\\0&0&2\end{bmatrix}^{-1}$$

$$=\frac{1}{2}\begin{bmatrix}1&1&1\\0&1&2\\0&0&2\end{bmatrix}\begin{bmatrix}1&0&0\\0&2^{2018}&0\\0&0&3^{2018}\end{bmatrix}\begin{bmatrix}2&-2&1\\0&2&-2\\0&0&1\end{bmatrix}$$

$$=\frac{1}{2}\begin{bmatrix}2&2^{2019}-2&3^{2018}-2^{2019}+1\\0&2^{2019}&2\cdot3^{2018}-2^{2019}\\0&0&2\cdot3^{2018}\end{bmatrix}.$$

§5.3 实对称矩阵的对角化

从上一节我们看到,一般的矩阵并不一定可以对角化. 但是,实对称矩阵一定可以对角化,为此先讨论实对称矩阵的若干性质.

性质 5.1 实对称矩阵的特征值都是实数.

证 设 λ 为实对称矩阵 $\boldsymbol{A}$ 的特征值,$\boldsymbol{x}\neq\boldsymbol{0}$ 为其对应于 λ 的特征向量,即有 $\boldsymbol{A}\boldsymbol{x}=\lambda\boldsymbol{x}$.两端取共轭,因为 $\boldsymbol{A}=\overline{\boldsymbol{A}}$,得 $\boldsymbol{A}\overline{\boldsymbol{x}}=\overline{\lambda}\overline{\boldsymbol{x}}$.两端再取转置,因为 $\boldsymbol{A}=\boldsymbol{A}^{\mathrm{T}}$,得 $\overline{\boldsymbol{x}}^{\mathrm{T}}\boldsymbol{A}=\overline{\lambda}\overline{\boldsymbol{x}}^{\mathrm{T}}$.两端同时右乘 $\boldsymbol{x}$,得 $\overline{\boldsymbol{x}}^{\mathrm{T}}\boldsymbol{A}\boldsymbol{x}=\overline{\lambda}\overline{\boldsymbol{x}}^{\mathrm{T}}\boldsymbol{x}$,又 $\overline{\boldsymbol{x}}^{\mathrm{T}}\boldsymbol{A}\boldsymbol{x}=\overline{\boldsymbol{x}}^{\mathrm{T}}\lambda\boldsymbol{x}=\lambda\overline{\boldsymbol{x}}^{\mathrm{T}}\boldsymbol{x}$,从而 $(\lambda-\overline{\lambda})\overline{\boldsymbol{x}}^{\mathrm{T}}\boldsymbol{x}=\boldsymbol{0}$.

因为 $\boldsymbol{x}\neq\boldsymbol{0}$,所以

$$\overline{\boldsymbol{x}}^{\mathrm{T}}\boldsymbol{x}=(\overline{x}_1,\overline{x}_2,\cdots,\overline{x}_n)\begin{bmatrix}x_1\\x_2\\\vdots\\x_n\end{bmatrix}=|x_1|^2+|x_2|^2+\cdots+|x_n|^2\neq0,$$

故 $\lambda-\bar{\lambda}=0$,即 $\lambda=\bar{\lambda}$,从而得 λ 是实数. □

性质 5.2 实对称矩阵的属于不同特征值的特征向量必正交.

证 设 $\boldsymbol{\alpha}_1,\boldsymbol{\alpha}_2$ 分别是实对称矩阵 $\boldsymbol{A}$ 的属于特征值 λ_1,λ_2 的特征向量,且 $\lambda_1\neq\lambda_2$,于是 $\boldsymbol{A}\boldsymbol{\alpha}_1=\lambda_1\boldsymbol{\alpha}_1,\boldsymbol{A}\boldsymbol{\alpha}_2=\lambda_2\boldsymbol{\alpha}_2$.因为 $\boldsymbol{A}$ 是实对称矩阵,有 $\boldsymbol{A}=\boldsymbol{A}^{\mathrm{T}}$,得

$$\boldsymbol{\alpha}_1^{\mathrm{T}}\boldsymbol{A}=\lambda_1\boldsymbol{\alpha}_1^{\mathrm{T}}.$$

将上式两端右乘 $\boldsymbol{\alpha}_2$,得 $\boldsymbol{\alpha}_1^{\mathrm{T}}\boldsymbol{A}\boldsymbol{\alpha}_2=\lambda_1\boldsymbol{\alpha}_1^{\mathrm{T}}\boldsymbol{\alpha}_2$,故 $\boldsymbol{\alpha}_1^{\mathrm{T}}\boldsymbol{A}\boldsymbol{\alpha}_2=\lambda_2\boldsymbol{\alpha}_1^{\mathrm{T}}\boldsymbol{\alpha}_2$,则有

$$(\lambda_1-\lambda_2)\boldsymbol{\alpha}_1^{\mathrm{T}}\boldsymbol{\alpha}_2=0.$$

因为 $\lambda_1\neq\lambda_2$,所以 $\boldsymbol{\alpha}_1^{\mathrm{T}}\boldsymbol{\alpha}_2=0$,即 $\boldsymbol{\alpha}_1$ 与 $\boldsymbol{\alpha}_2$ 正交. □

定理 5.10 若 λ 为实对称矩阵 $\boldsymbol{A}$ 的 k 重特征值,则 $\boldsymbol{A}$ 的属于 λ 的线性无关的特征向量恰好有 k 个.

定理证明从略. 由定理 5.10 可知,n 阶实对称矩阵必有 n 个线性无关的特征向量,故实对称矩阵一定可以对角化.

定理 5.11 设 $\boldsymbol{A}$ 为 n 阶实对称矩阵,则必存在正交矩阵 $\boldsymbol{P}$,使得 $\boldsymbol{P}^{-1}\boldsymbol{A}\boldsymbol{P}=\boldsymbol{\Lambda}$,其中 $\boldsymbol{\Lambda}$ 为 $\boldsymbol{A}$ 的 n 个特征值为主对角元素的对角矩阵.

由定理 5.11 可利用正交矩阵 $\boldsymbol{P}$ 化实对称矩阵 $\boldsymbol{A}$ 对角化且步骤:

(1) 求出 n 阶实对称矩阵 $\boldsymbol{A}$ 的所有不同特征值 $\lambda_1,\lambda_2,\cdots,\lambda_m$;

(2) 对每一特征值 λ_i,求出对应齐次线性方程组 $(\lambda_i\boldsymbol{I}-\boldsymbol{A})\boldsymbol{x}=\boldsymbol{0}$ 的一个基础解系,即为 $\boldsymbol{A}$ 的属于 λ_i 的线性无关的特征向量. 将它们正交化、单位化,这样共得到 n 个向量构成的标准正交向量组 $\boldsymbol{e}_1,\boldsymbol{e}_2,\cdots,\boldsymbol{e}_n$;

(3) 令矩阵 $\boldsymbol{P}=(\boldsymbol{e}_1,\boldsymbol{e}_2,\cdots,\boldsymbol{e}_n)$,则 $\boldsymbol{P}$ 为正交矩阵,且有 $\boldsymbol{P}^{-1}\boldsymbol{A}\boldsymbol{P}=\boldsymbol{P}^{\mathrm{T}}\boldsymbol{A}\boldsymbol{P}=\boldsymbol{\Lambda}$.

例 5.7 设 $\boldsymbol{A}=\begin{bmatrix}0&-1&1\\-1&0&1\\1&1&0\end{bmatrix}$,求正交矩阵 $\boldsymbol{P}$,使 $\boldsymbol{P}^{-1}\boldsymbol{A}\boldsymbol{P}=\boldsymbol{\Lambda}$.

解 矩阵 $\boldsymbol{A}$ 的特征多项式

$$|\lambda\boldsymbol{I}-\boldsymbol{A}|=\begin{vmatrix}\lambda&1&-1\\1&\lambda&-1\\-1&-1&\lambda\end{vmatrix}=(\lambda-1)^2(\lambda+2),$$

所以 $\boldsymbol{A}$ 的全部特征值为 $\lambda_1=\lambda_2=1,\lambda_3=-2$.

当 $\lambda_1=\lambda_2=1$ 时,解对应齐次线性方程组 $(\boldsymbol{I}-\boldsymbol{A})\boldsymbol{x}=\boldsymbol{0}$,可得它的一个基础解系为

$$\boldsymbol{\alpha}_1=\begin{bmatrix}-1\\1\\0\end{bmatrix},\quad \boldsymbol{\alpha}_2=\begin{bmatrix}1\\0\\1\end{bmatrix},$$

将其正交化,取

$$\boldsymbol{\beta}_1=\boldsymbol{\alpha}_1=\begin{bmatrix}-1\\1\\0\end{bmatrix},\quad \boldsymbol{\beta}_2=\boldsymbol{\alpha}_2-\frac{[\boldsymbol{\alpha}_2,\boldsymbol{\beta}_1]}{[\boldsymbol{\beta}_1,\boldsymbol{\beta}_1]}\boldsymbol{\beta}_1=\begin{bmatrix}\frac{1}{2}\\\frac{1}{2}\\1\end{bmatrix}.$$

再将其单位化,得

$$e_1=\frac{1}{\sqrt{2}}\begin{bmatrix}-1\\1\\0\end{bmatrix},\quad e_2=\frac{1}{\sqrt{6}}\begin{bmatrix}1\\1\\2\end{bmatrix}.$$

当 $\lambda_3=-2$ 时,解对应齐次线性方程组 $(-2\boldsymbol{I}-\boldsymbol{A})\boldsymbol{x}=\boldsymbol{0}$,可得它的一个基础解系为 $\boldsymbol{\alpha}_3=\begin{bmatrix}-1\\-1\\1\end{bmatrix}$,将其单位化,得 $\boldsymbol{e}_3=\frac{1}{\sqrt{3}}\begin{bmatrix}-1\\-1\\1\end{bmatrix}$.

令

$$\boldsymbol{P}=(\boldsymbol{e}_1,\boldsymbol{e}_2,\boldsymbol{e}_3)=\begin{bmatrix}-\frac{1}{\sqrt{2}} & \frac{1}{\sqrt{6}} & -\frac{1}{\sqrt{3}}\\ \frac{1}{\sqrt{2}} & \frac{1}{\sqrt{6}} & -\frac{1}{\sqrt{3}}\\ 0 & \frac{2}{\sqrt{6}} & \frac{1}{\sqrt{3}}\end{bmatrix},$$

则

$$\boldsymbol{P}^{-1}\boldsymbol{A}\boldsymbol{P}=\boldsymbol{\Lambda}=\begin{bmatrix}1&0&0\\0&1&0\\0&0&-2\end{bmatrix}.$$

例 5.8　已知 3 阶实对称矩阵 $\boldsymbol{A}$ 的特征值为 $1,-3,-3$,与特征值 1 对应的特征向量为 $\boldsymbol{\alpha}_1=\begin{bmatrix}1\\-1\\1\end{bmatrix}$,求 $\boldsymbol{A}$.

解　3 阶实对称矩阵必可对角化,对应于二重特征根 $\lambda_2=\lambda_3=-3$ 的线性无关的特征向量应有 2 个,设为 $\boldsymbol{\alpha}_2,\boldsymbol{\alpha}_3$,则 $\boldsymbol{\alpha}_2,\boldsymbol{\alpha}_3$ 都与 $\boldsymbol{\alpha}_1$ 正交.

设与向量 $\boldsymbol{\alpha}_1$ 正交的向量为 $\boldsymbol{\alpha}=\begin{bmatrix}x_1\\x_2\\x_3\end{bmatrix}$,则 $[\boldsymbol{\alpha}_1,\boldsymbol{\alpha}]=x_1-x_2+x_3=0$,解此方程组,并取 $\boldsymbol{\alpha}_2,\boldsymbol{\alpha}_3$ 为其一个基础解系,有 $\boldsymbol{\alpha}_2=\begin{bmatrix}1\\1\\0\end{bmatrix}$,$\boldsymbol{\alpha}_3=\begin{bmatrix}-1\\0\\1\end{bmatrix}$.

取 $\boldsymbol{P}=(\boldsymbol{\alpha}_1,\boldsymbol{\alpha}_2,\boldsymbol{\alpha}_3)=\begin{bmatrix}1&1&-1\\-1&1&0\\1&0&1\end{bmatrix}$,而 $\boldsymbol{P}^{-1}=\frac{1}{3}\begin{bmatrix}1&-1&1\\1&2&1\\-1&1&2\end{bmatrix}$,则有

$$\boldsymbol{P}^{-1}\boldsymbol{A}\boldsymbol{P}=\boldsymbol{\Lambda}=\begin{bmatrix}1&0&0\\0&-3&0\\0&0&-3\end{bmatrix},$$

即 $\boldsymbol{A}=\boldsymbol{P}\boldsymbol{\Lambda}\boldsymbol{P}^{-1}$,所以

$$A=P\Lambda P^{-1}=\begin{bmatrix}1&1&-1\\-1&1&0\\1&0&1\end{bmatrix}\begin{bmatrix}1&0&0\\0&-3&0\\0&0&-3\end{bmatrix}\cdot\frac{1}{3}\begin{bmatrix}1&-1&1\\1&2&1\\-1&1&2\end{bmatrix}$$

$$=-\frac{1}{3}\begin{bmatrix}5&4&-4\\4&5&4\\-4&4&5\end{bmatrix}.$$

§5.4 二次型及其矩阵

二次型是在解决实际问题中经常用到的内容．它的研究起源于解析几何中二次曲线及二次曲面方程的化简问题．在解析几何中，为了便于研究二次曲线，其方程可表示为二次齐次多项式

$$ax^2+2bxy+cy^2=1$$

的几何性质，我们可以选择适当的坐标变换

$$\begin{cases}x=x'\cos\theta-y'\sin\theta,\\y=x'\sin\theta+y'\cos\theta.\end{cases}$$

将上述方程化为标准形式

$$a'x'^2+b'y'^2=1$$

由标准形式就可以方便地知道曲线的类型并研究该曲线的性质.

下面把这类问题一般化，讨论 n 个变量的二次齐次多项式.

一、二次型的定义及表示

定义 5.5 含有 n 个变量 $x_1,x_2,\cdots,x_n$ 的二次齐次多项式

$$f(x_1,x_2,\cdots,x_n)=a_{11}x_1^2+2a_{12}x_1x_2+\cdots+2a_{1n}x_1x_n+a_{22}x_2^2+2a_{23}x_2x_3+\cdots+2a_{2n}x_2x_n+\cdots+a_{nn}x_n^2 \tag{5.6}$$

称为关于 $x_1,x_2,\cdots,x_n$ 的 **n 元二次型**，简称**二次型**．当 a_{ij} 全为实数时，称 f 为**实二次型**，否则称 f 为**复二次型**．本书我们只讨论实二次型.

若取 $a_{ij}=a_{ji}(i<j)$，则 $2a_{ij}x_ix_j=a_{ij}x_ix_j+a_{ji}x_jx_i$.于是二次型(5.6)可写成

$$\begin{aligned}f(x_1,x_2,\cdots,x_n)=&a_{11}x_1^2+a_{12}x_1x_2+a_{13}x_1x_3+\cdots+a_{1n}x_1x_n\\&+a_{21}x_2x_1+a_{22}x_2^2+a_{23}x_2x_3+\cdots+a_{2m}x_2x_n\\&+\cdots+a_{n1}x_nx_1+a_{n2}x_nx_2+a_{n3}x_nx_3+\cdots+a_{nn}x_n^2.\end{aligned} \tag{5.7}$$

对于(5.7)式，利用矩阵的乘法，f 可写成

$$\begin{aligned}f(x_1,x_2,\cdots,x_n)=&x_1(a_{11}x_1+a_{12}x_2+a_{13}x_3+\cdots+a_{1n}x_n)\\&+x_2(a_{21}x_1+a_{22}x_2+a_{23}x_3+\cdots+a_{2n}x_n)\\&+\cdots+x_n(a_{n1}x_1+a_{n2}x_2+a_{n3}x_3+\cdots+a_{nn}x_n)\\=&(x_1,x_2,\cdots,x_n)\begin{bmatrix}a_{11}x_1+a_{12}x_2+a_{13}x_3+\cdots+a_{1n}x_n\\a_{21}x_1+a_{22}x_2+a_{23}x_3+\cdots+a_{2n}x_n\\\vdots\\a_{n1}x_1+a_{n2}x_2+a_{n3}x_3+\cdots+a_{nn}x_n\end{bmatrix}\end{aligned}$$

$$=(x_1,x_2,\cdots,x_n)\begin{bmatrix} a_{11} & a_{12} & a_{13} & \cdots & a_{1n} \\ a_{21} & a_{22} & a_{23} & \cdots & a_{2n} \\ \vdots & \vdots & \vdots & & \vdots \\ a_{n1} & a_{n2} & a_{n3} & \cdots & a_{nn} \end{bmatrix}\begin{bmatrix} x_1 \\ x_2 \\ \vdots \\ x_n \end{bmatrix}.$$

记

$$\boldsymbol{A}=\begin{bmatrix} a_{11} & a_{12} & \cdots & a_{1n} \\ a_{21} & a_{22} & \cdots & a_{2n} \\ \vdots & \vdots & & \vdots \\ a_{n1} & a_{n2} & \cdots & a_{nn} \end{bmatrix},\quad \boldsymbol{x}=\begin{bmatrix} x_1 \\ x_2 \\ \vdots \\ x_n \end{bmatrix},$$

则 $f=\boldsymbol{x}^{\mathrm{T}}\boldsymbol{A}\boldsymbol{x}$.由于 $a_{ij}=a_{ji}(i,j=1,2,\cdots,n)$,所以 $\boldsymbol{A}$ 为实对称矩阵,且 $\boldsymbol{A}$ 的元素 $a_{ij}=a_{ji}$ $(i\neq j)$是二次型的交叉项 x_ix_j 的系数的一半,而 a_{ii} 恰好就是平方项 x_i^2 的系数.

由上述可以看出,任给一个二次型可唯一地确定一个对称矩阵 $\boldsymbol{A}$,反之,任给一个对称矩阵 $\boldsymbol{A}$ 可唯一地确定一个二次型 $\boldsymbol{x}^{\mathrm{T}}\boldsymbol{A}\boldsymbol{x}$,这样二次型与对称矩阵之间就建立了一个一一对应关系,因此,对称矩阵 $\boldsymbol{A}$ 称为**二次型 f 的矩阵**,也把 f 称为对称矩阵 $\boldsymbol{A}$ 的二次型,对称矩阵 $\boldsymbol{A}$ 的秩称为**二次型 f 的秩**.

例 5.9 写出二次型 $f(x_1,x_2,x_3)=x_1^2+x_2^2+x_3^2+4x_1x_2+4x_1x_3+4x_2x_3$ 的矩阵并求二次型的秩.

解 二次型 f 的矩阵为

$$\boldsymbol{A}=\begin{bmatrix} 1 & 2 & 2 \\ 2 & 1 & 2 \\ 2 & 2 & 1 \end{bmatrix}.$$

又 $|\boldsymbol{A}|=5$,则 $\mathrm{r}(\boldsymbol{A})=3$,即二次型 f 的秩等于 3.

例 5.10 写出对称矩阵 $\boldsymbol{A}=\begin{bmatrix} 1 & -2 & 0 \\ -2 & -2 & \frac{1}{2} \\ 0 & \frac{1}{2} & 3 \end{bmatrix}$ 所确定的二次型.

解 由于矩阵 $\boldsymbol{A}$ 为三阶矩阵,故对应的二次型为一个三元二次型

$$f(x_1,x_2,x_3)=(x_1,x_2,x_3)\begin{bmatrix} 1 & -2 & 0 \\ -2 & -2 & \frac{1}{2} \\ 0 & \frac{1}{2} & 3 \end{bmatrix}\begin{bmatrix} x_1 \\ x_2 \\ x_3 \end{bmatrix}$$

$$=x_1^2-2x_2^2+3x_3^2-4x_1x_2+x_2x_3.$$

二、线性变换与矩阵的合同

二次型的化简是通过变量间的线性变换进行的.

定义 5.6 设两组变量 $x_1,x_2,\cdots,x_n$ 与 $y_1,y_2,\cdots,y_n$ 之间存在关系式

$$\begin{cases} x_1 = c_{11}y_1 + c_{12}y_2 + \cdots c_{1n}y_n, \\ x_2 = c_{21}y_1 + c_{22}y_2 + \cdots c_{2n}y_n, \\ \cdots\cdots\cdots\cdots\cdots\cdots\cdots\cdots \\ x_n = c_{n1}y_1 + c_{n2}y_2 + \cdots c_{nn}y_n, \end{cases} \tag{5.8}$$

称(5.8)式为由变量 $y_1, y_2, \cdots, y_n$ 到变量 $x_1, x_2, \cdots, x_n$ 的一个**线性变换**.

记

$$\boldsymbol{C} = \begin{bmatrix} c_{11} & c_{12} & \cdots & c_{1n} \\ c_{21} & c_{22} & \cdots & c_{2n} \\ \vdots & \vdots & & \vdots \\ c_{n1} & c_{n2} & \cdots & c_{nn} \end{bmatrix}, \quad \boldsymbol{x} = \begin{bmatrix} x_1 \\ x_2 \\ \vdots \\ x_n \end{bmatrix}, \quad \boldsymbol{y} = \begin{bmatrix} y_1 \\ y_2 \\ \vdots \\ y_n \end{bmatrix},$$

则线性变换可写成矩阵形式 $\boldsymbol{x}=\boldsymbol{C}\boldsymbol{y}$,矩阵 $\boldsymbol{C}$ 称为线性变换(5.8)的矩阵. 如果矩阵 $\boldsymbol{C}$ 可逆,则 $\boldsymbol{x}=\boldsymbol{C}\boldsymbol{y}$ 称为**可逆(或非退化)线性变换**,$\boldsymbol{y}=\boldsymbol{C}^{-1}\boldsymbol{x}$ 称为 $\boldsymbol{x}=\boldsymbol{C}\boldsymbol{y}$ 的**逆变换**,特别地,如果矩阵 $\boldsymbol{C}$ 为正交矩阵,则线性变换 $\boldsymbol{x}=\boldsymbol{C}\boldsymbol{y}$,称为**正交线性变换**,也简称**正交变换**.

正交变换具有下面的性质:

(1) 正交变换保持向量的长度不变:

事实上,设 $\boldsymbol{x}=\boldsymbol{C}\boldsymbol{y}$ 为正交变换,则有

$$\|\boldsymbol{x}\| = \sqrt{\boldsymbol{x}^{\mathrm{T}}\boldsymbol{x}} = \sqrt{\boldsymbol{y}^{\mathrm{T}}\boldsymbol{C}^{\mathrm{T}}\boldsymbol{C}\boldsymbol{y}} = \sqrt{\boldsymbol{y}^{\mathrm{T}}\boldsymbol{y}} = \|\boldsymbol{y}\|.$$

(2) 正交变换保持向量的内积不变:

事实上,设 $\boldsymbol{\beta}_1=\boldsymbol{C}\boldsymbol{\alpha}_1, \boldsymbol{\beta}_2=\boldsymbol{C}\boldsymbol{\alpha}_2$,其中 $\boldsymbol{P}$ 是正交矩阵,则有

$$[\boldsymbol{\beta}_1, \boldsymbol{\beta}_2] = [\boldsymbol{C}\boldsymbol{\alpha}_1, \boldsymbol{C}\boldsymbol{\alpha}_2] = (\boldsymbol{C}\boldsymbol{\alpha}_1)^{\mathrm{T}}\boldsymbol{C}\boldsymbol{\alpha}_2 = \boldsymbol{\alpha}_1^{\mathrm{T}}\boldsymbol{C}^{\mathrm{T}}\boldsymbol{C}\boldsymbol{\alpha}_2 = \boldsymbol{\alpha}_1^{\mathrm{T}}\boldsymbol{\alpha}_2 = [\boldsymbol{\alpha}_1, \boldsymbol{\alpha}_2].$$

由(1)和(2)立即有:

(3) 正交变换保持向量的夹角不变.

定理 5.12 二次型 $f(x_1, x_2, \cdots, x_n)=\boldsymbol{x}^{\mathrm{T}}\boldsymbol{A}\boldsymbol{x}$ 经过可逆线性变换 $\boldsymbol{x}=\boldsymbol{C}\boldsymbol{y}$ 后,得到以 $\boldsymbol{B}=\boldsymbol{C}^{\mathrm{T}}\boldsymbol{A}\boldsymbol{C}$ 为矩阵的二次型 $f=\boldsymbol{y}^{\mathrm{T}}\boldsymbol{B}\boldsymbol{y}$,且秩不变.

证 若二次型 $f(x_1, x_2, \cdots, x_n)=\boldsymbol{x}^{\mathrm{T}}\boldsymbol{A}\boldsymbol{x}$ 进行一个可逆线性变换 $\boldsymbol{x}=\boldsymbol{C}\boldsymbol{y}$,则

$$f(x_1, x_2, \cdots, x_n) = \boldsymbol{x}^{\mathrm{T}}\boldsymbol{A}\boldsymbol{x} = (\boldsymbol{C}\boldsymbol{y})^{\mathrm{T}}\boldsymbol{A}\boldsymbol{C}\boldsymbol{y} = \boldsymbol{y}^{\mathrm{T}}\boldsymbol{C}^{\mathrm{T}}\boldsymbol{A}\boldsymbol{C}\boldsymbol{y} = \boldsymbol{y}^{\mathrm{T}}\boldsymbol{B}\boldsymbol{y},$$

其中 $\boldsymbol{B}=\boldsymbol{C}^{\mathrm{T}}\boldsymbol{A}\boldsymbol{C}$,且满足 $\boldsymbol{B}^{\mathrm{T}}=(\boldsymbol{C}^{\mathrm{T}}\boldsymbol{A}\boldsymbol{C})^{\mathrm{T}}=\boldsymbol{C}^{\mathrm{T}}\boldsymbol{A}\boldsymbol{C}=\boldsymbol{B}$,所以 $\boldsymbol{B}$ 仍为对称矩阵,从而 $\boldsymbol{y}^{\mathrm{T}}\boldsymbol{B}\boldsymbol{y}$ 是以 $\boldsymbol{B}$ 为矩阵的二次型. 又因为矩阵 $\boldsymbol{C}$ 可逆,由 $\boldsymbol{B}=\boldsymbol{C}^{\mathrm{T}}\boldsymbol{A}\boldsymbol{C}$,得 $\mathrm{r}(\boldsymbol{B})=\mathrm{r}(\boldsymbol{A})$. □

对于二次型 $f(x_1, x_2, \cdots, x_n)=\boldsymbol{x}^{\mathrm{T}}\boldsymbol{A}\boldsymbol{x}$ 进行一个可逆线性变换 $\boldsymbol{x}=\boldsymbol{C}\boldsymbol{y}$ 后它们对应的矩阵 $\boldsymbol{A}$ 和 $\boldsymbol{B}$ 之间,有 $\boldsymbol{B}=\boldsymbol{C}^{\mathrm{T}}\boldsymbol{A}\boldsymbol{C}$ 这种关系. 为此,我们引入下面定义.

定义 5.7 设 $\boldsymbol{A}, \boldsymbol{B}$ 是两个 n 阶矩阵,若存在 n 阶可逆矩阵 $\boldsymbol{C}$,使得 $\boldsymbol{B}=\boldsymbol{C}^{\mathrm{T}}\boldsymbol{A}\boldsymbol{C}$,则称矩阵 $\boldsymbol{A}$ 与 $\boldsymbol{B}$ 合同.

矩阵的合同关系具有下列性质:

(1) 自反性:任一个 n 阶矩阵 $\boldsymbol{A}$ 与它本身合同;

(2) 对称性:若 $\boldsymbol{A}$ 与 $\boldsymbol{B}$ 合同,则 $\boldsymbol{B}$ 与 $\boldsymbol{A}$ 合同;

(3) 传递性:若 $\boldsymbol{A}$ 与 $\boldsymbol{B}$ 合同, $\boldsymbol{B}$ 与 $\boldsymbol{C}$ 合同,则 $\boldsymbol{A}$ 与 $\boldsymbol{C}$ 合同;

(4) 若 $\boldsymbol{A}$ 与 $\boldsymbol{B}$ 合同,则 $\mathrm{r}(\boldsymbol{A})=\mathrm{r}(\boldsymbol{B})$,进而 $\boldsymbol{A}$ 与 $\boldsymbol{B}$ 等价.

以上性质自证.

注 (1) 若 $\boldsymbol{A}$ 是对称矩阵,则与其合同的矩阵一定是对称矩阵.

(2) 矩阵的合同关系与相似关系是两个不同的概念,一般地,两矩阵合同不一定有它们是相似的.例如,设 $\boldsymbol{A}=\begin{bmatrix}1&0\\0&0\end{bmatrix}$,$\boldsymbol{B}=\begin{bmatrix}1&1\\1&1\end{bmatrix}$,则 $\boldsymbol{A}$ 与 $\boldsymbol{B}$ 合同,但是 $\boldsymbol{A}$ 与 $\boldsymbol{B}$ 不相似.事实上,取 $\boldsymbol{C}=\begin{bmatrix}1&1\\0&1\end{bmatrix}$,则有 $\boldsymbol{B}=\boldsymbol{C}^{\mathrm{T}}\boldsymbol{A}\boldsymbol{C}$,所以 $\boldsymbol{A}$ 与 $\boldsymbol{B}$ 合同.注意到 0 和 1 是 $\boldsymbol{A}$ 的特征值,0 和 2 是 $\boldsymbol{B}$ 的特征值,故 $\boldsymbol{A}$ 与 $\boldsymbol{B}$ 不相似.反过来,两矩阵相似不一定有它们是合同的.例如,设 $\boldsymbol{A}=\begin{bmatrix}1&0\\0&0\end{bmatrix}$,$\boldsymbol{B}=\begin{bmatrix}1&1\\0&0\end{bmatrix}$,则 $\boldsymbol{A}$ 与 $\boldsymbol{B}$ 相似,但是 $\boldsymbol{A}$ 与 $\boldsymbol{B}$ 不合同.事实上,取 $\boldsymbol{P}=\begin{bmatrix}1&1\\0&1\end{bmatrix}$,则有 $\boldsymbol{P}^{-1}\boldsymbol{A}\boldsymbol{P}=\boldsymbol{B}$,所以 $\boldsymbol{A}$ 与 $\boldsymbol{B}$ 相似.由注(1)可知 $\boldsymbol{A}$ 与 $\boldsymbol{B}$ 不合同.

§5.5 二次型的标准形

定义 5.8 只含平方项的二次型

$$f(y_1,y_2,\cdots,y_n)=d_1y_1^2+d_2y_2^2+\cdots+d_ny_n^2$$

称为二次型的**标准形**,其矩阵为对角矩阵.

由定理 5.12 可知,对二次型 $f(x_1,x_2,\cdots,x_n)=\boldsymbol{x}^{\mathrm{T}}\boldsymbol{A}\boldsymbol{x}$ 施行可逆线性变换 $\boldsymbol{x}=\boldsymbol{C}\boldsymbol{y}$,使二次型化为标准形,本质上就是把 $\boldsymbol{A}$ 化为对角矩阵 $\boldsymbol{\Lambda}$,由于二次型矩阵 $\boldsymbol{A}$ 为实对称矩阵,故必有正交矩阵 $\boldsymbol{P}$,使 $\boldsymbol{P}^{-1}\boldsymbol{A}\boldsymbol{P}=\boldsymbol{P}^{\mathrm{T}}\boldsymbol{A}\boldsymbol{P}$ 为对角矩阵,于是我们只要作正交线性变换 $\boldsymbol{x}=\boldsymbol{P}\boldsymbol{y}$,二次型就化成了标准形.因此得如下定理.

定理 5.13 任意一个 n 元二次型 $f(x_1,x_2,\cdots,x_n)=\boldsymbol{x}^{\mathrm{T}}\boldsymbol{A}\boldsymbol{x}$,都存在正交线性变换 $\boldsymbol{x}=\boldsymbol{P}\boldsymbol{y}$,使二次型 $f(x_1,x_2,\cdots,x_n)=\boldsymbol{x}^{\mathrm{T}}\boldsymbol{A}\boldsymbol{x}$ 化为标准形

$$f=\lambda_1y_1^2+\lambda_2y_2^2+\cdots+\lambda_ny_n^2,$$

其中 $\lambda_1,\lambda_2,\cdots,\lambda_n$ 是矩阵 $\boldsymbol{A}$ 的特征值.

由上述定理得,用正交变换 $\boldsymbol{x}=\boldsymbol{P}\boldsymbol{y}$ 化二次型 $f(x_1,x_2,\cdots,x_n)=\boldsymbol{x}^{\mathrm{T}}\boldsymbol{A}\boldsymbol{x}$ 为标准形的步骤如下:

(1) 写出二次型 f 的矩阵 $\boldsymbol{A}$,并求 $\boldsymbol{A}$ 的特征值;

(2) 求出 $\boldsymbol{A}$ 的不同特征值所对应的线性无关的特征向量,并分别将它们正交单位化得 $\boldsymbol{A}$ 的标准正交特征向量组;

(3) 由 $\boldsymbol{A}$ 的标准正交特征向量组作出正交矩阵 $\boldsymbol{P}$,得正交变换 $\boldsymbol{x}=\boldsymbol{P}\boldsymbol{y}$;

(4) 写出二次型 $f(x_1,x_2,\cdots,x_n)=\boldsymbol{x}^{\mathrm{T}}\boldsymbol{A}\boldsymbol{x}$ 的标准形.

例 5.11 求正交变换 $\boldsymbol{x}=\boldsymbol{P}\boldsymbol{y}$,将二次型

$$f(x_1,x_2,x_3)=x_1^2+x_2^2+x_3^2+4x_1x_2+4x_1x_3+4x_2x_3$$

化为标准形.

解 二次型 f 的矩阵为

$$\boldsymbol{A}=\begin{bmatrix}1&2&2\\2&1&2\\2&2&1\end{bmatrix}.$$

由

$$|\lambda\boldsymbol{I}-\boldsymbol{A}|=\begin{vmatrix}\lambda-1 & -2 & -2\\ -2 & \lambda-1 & -2\\ -2 & -2 & \lambda-1\end{vmatrix}=(\lambda+1)^2(\lambda-5)$$

得 $\boldsymbol{A}$ 的特征值为 $\lambda_1=\lambda_2=-1,\lambda_3=5$.

当 $\lambda_1=\lambda_2=-1$ 时,解对应的齐次线性方程组 $(-\boldsymbol{I}-\boldsymbol{A})\boldsymbol{x}=\boldsymbol{0}$ 得其一个基础解系为

$$\boldsymbol{\alpha}_1=\begin{bmatrix}-1\\1\\0\end{bmatrix},\quad \boldsymbol{\alpha}_2=\begin{bmatrix}-1\\0\\1\end{bmatrix}.$$

将它们正交化,得

$$\boldsymbol{\beta}_1=\boldsymbol{\alpha}_1=\begin{bmatrix}-1\\1\\0\end{bmatrix},\quad \boldsymbol{\beta}_2=\frac{1}{2}\begin{bmatrix}-1\\-1\\2\end{bmatrix}.$$

最后单位化,得

$$\boldsymbol{e}_1=\begin{bmatrix}-\frac{1}{\sqrt{2}}\\ \frac{1}{\sqrt{2}}\\ 0\end{bmatrix},\quad \boldsymbol{e}_2=\begin{bmatrix}-\frac{1}{\sqrt{6}}\\ -\frac{1}{\sqrt{6}}\\ \frac{2}{\sqrt{6}}\end{bmatrix}.$$

当 $\lambda_3=5$ 时,解对应的齐次线性方程组 $(5\boldsymbol{I}-\boldsymbol{A})\boldsymbol{x}=\boldsymbol{0}$ 得其一个基础解系为

$$\boldsymbol{\alpha}_3=\begin{bmatrix}1\\1\\1\end{bmatrix}.$$

将其单位化,得

$$\boldsymbol{e}_3=\begin{bmatrix}\frac{1}{\sqrt{3}}\\ \frac{1}{\sqrt{3}}\\ \frac{1}{\sqrt{3}}\end{bmatrix}.$$

令

$$\boldsymbol{P}=(\boldsymbol{e}_1,\boldsymbol{e}_2,\boldsymbol{e}_3)=\begin{bmatrix}-\frac{1}{\sqrt{2}} & -\frac{1}{\sqrt{6}} & \frac{1}{\sqrt{3}}\\ \frac{1}{\sqrt{2}} & -\frac{1}{\sqrt{6}} & \frac{1}{\sqrt{3}}\\ 0 & \frac{2}{\sqrt{6}} & \frac{1}{\sqrt{3}}\end{bmatrix}.$$

则 $\boldsymbol{P}$ 为正交矩阵,作正交变换 $\boldsymbol{x}=\boldsymbol{P}\boldsymbol{y}$,则原二次型化为标准形为

$$f=-y_1^2-y_2^2+5y_3^2.$$

下面再介绍一种方法将二次型化为标准形—配方法,其步骤为:

(1) 若二次型 $f(x_1,x_2,\cdots,x_n)=\boldsymbol{x}^{\mathrm{T}}\boldsymbol{A}\boldsymbol{x}$ 中,某个变量平方项的系数不为零,如 $a_{11}\neq 0$,先将含 x_1 的所有因子都配成平方项,然后再对其他含平方项的变量配方,直到全配成平方项的形式.

(2) 若二次型 $f(x_1,x_2,\cdots,x_n)=\boldsymbol{x}^{\mathrm{T}}\boldsymbol{A}\boldsymbol{x}$ 中没有平方项,而有某个 $a_{ij}\neq 0(i\neq j)$,则可做如下形式的可逆线性变换

$$\begin{cases} x_i=y_i+y_j, \\ x_j=y_i-y_j, \\ x_k=y_k, \quad k\neq i,j. \end{cases}$$

将其化成含有平方项的二次型,然后再用(1)的方法来配方.

例 5.12　化二次型 $f(x_1,x_2,x_3)=x_1^2+x_2^2+x_3^2+4x_1x_2+4x_1x_3+4x_2x_3$ 为标准形.

解　先将含有 x_1 的项归并在一起配成完全平方项,再对其余变量采取同样的做法,直到全配成平方项,得

$$\begin{aligned} f(x_1,x_2,x_3)&=x_1^2+x_2^2+x_3^2+4x_1x_2+4x_1x_3+4x_2x_3 \\ &=(x_1^2+4x_1x_2+4x_1x_3)+x_2^2+x_3^2+4x_2x_3 \\ &=(x_1+2x_2+2x_3)^2-3x_2^2-4x_2x_3-3x_3^2 \\ &=(x_1+2x_2+2x_3)^2-3\left(x_2+\frac{2}{3}x_3\right)^2-\frac{5}{3}x_3^2, \end{aligned}$$

令

$$\begin{cases} y_1=x_1+2x_2+2x_3, \\ y_2=x_2+\dfrac{2}{3}x_3, \\ y_3=x_3, \end{cases}$$

得到二次型的标准形为

$$f=y_1^2-3y_2^2-\frac{5}{3}y_3^2,$$

所作的可逆线性变换为

$$\begin{cases} x_1=y_1-2y_2-\dfrac{2}{3}x_3, \\ x_2=y_2-\dfrac{2}{3}y_3, \\ x_3=y_3. \end{cases}$$

例 5.13　化二次型 $f(x_1,x_2,x_3)=2x_1x_2+2x_1x_3+2x_2x_3$ 为标准形.

解　令

$$\begin{cases} x_1=y_1+y_2, \\ x_2=y_1-y_2, \\ x_3=y_3, \end{cases}$$

二次型化为

$$f(y_1,y_2,y_3)=2y_1^2-2y_2^2+4y_1y_3=2(y_1+y_3)^2-2y_2^2-2y_3^2,$$

令

$$\begin{cases} y_1 = z_1 - z_3, \\ y_2 = z_2, \\ y_3 = z_3, \end{cases}$$

于是二次型化为标准形 $f = 2z_1^2 - 2z_2^2 - 2z_3^2$.所用的线性变换为

$$\boldsymbol{x} = \boldsymbol{C}_1 \boldsymbol{y}, \quad \boldsymbol{C}_1 = \begin{bmatrix} 1 & 1 & 0 \\ 1 & -1 & 0 \\ 0 & 0 & 1 \end{bmatrix}; \quad \boldsymbol{y} = \boldsymbol{C}_2 \boldsymbol{z}, \quad \boldsymbol{C}_2 = \begin{bmatrix} 1 & 0 & -1 \\ 0 & 1 & 0 \\ 0 & 0 & 1 \end{bmatrix},$$

则 $\boldsymbol{x} = \boldsymbol{C}\boldsymbol{z}$,其中

$$\boldsymbol{C} = \boldsymbol{C}_1 \boldsymbol{C}_2 = \begin{bmatrix} 1 & 1 & -1 \\ 1 & -1 & -1 \\ 0 & 0 & 1 \end{bmatrix}.$$

从例 5.11 和例 5.12 中看出,二次型 f 的标准形不是唯一的,它随着所用的可逆变换不同而不同,但这些标准形中所含的项数是相等的,都等于二次型的秩. 若可逆线性变换为实系数的线性变换,则二次型的标准形中正平方项的个数(称为 f 的**正惯性指数**)是不变的,负平方项的个数(称为 f 的**负惯性指数**)也是不变的,而且二次型 f 的正惯性指数与负惯性指数之和等于 f 的秩.

由上述可得下面的惯性定理:

定理 5.14(惯性定理) 设实二次型 $f = \boldsymbol{x}^{\mathrm{T}} \boldsymbol{A} \boldsymbol{x}$ 的秩为 r,且有两个实可逆线性变换 $\boldsymbol{x} = \boldsymbol{P}\boldsymbol{y}$ 及 $\boldsymbol{x} = \boldsymbol{C}\boldsymbol{y}$ 使 $f = \lambda_1 y_1^2 + \lambda_2 y_2^2 + \cdots + \lambda_r y_r^2 (\lambda_i \neq 0)$ 和 $f = k_1 y_1^2 + k_2 y_2^2 + \cdots + k_r y_r^2 (k_i \neq 0)$,则 $\lambda_1, \lambda_2, \cdots, \lambda_r$ 中正数的个数与 $k_1, k_2, \cdots, k_r$ 中正数的个数相等.

由惯性定理可得,任一实对称矩阵 $\boldsymbol{A}$ 都合同于对角矩阵

$$\boldsymbol{\Lambda}_0 = \begin{bmatrix} 1 & & & & & & & & \\ & \ddots & & & & & & & \\ & & 1 & & & & & & \\ & & & -1 & & & & & \\ & & & & \ddots & & & & \\ & & & & & -1 & & & \\ & & & & & & 0 & & \\ & & & & & & & \ddots & \\ & & & & & & & & 0 \end{bmatrix},$$

其中 $+1$ 和 -1 的总数等于 $\boldsymbol{A}$ 的秩,1 的个数为 f 的正惯性指数,-1 的个数为 f 的负惯性指数.此时称二次型 $f = y_1^2 + y_2^2 + \cdots + y_i^2 - y_{i+1} - \cdots - y_r^2$ 为规范形,且形式上是唯一的.

§5.6 正定二次型

本节讨论一类重要的二次型——正定二次型.

定义 5.9 设二次型 $f(x_1, x_2, \cdots, x_n) = \boldsymbol{x}^{\mathrm{T}} \boldsymbol{A} \boldsymbol{x}$,若对于任意的 $\boldsymbol{x} = (x_1, x_2, \cdots, x_n)^{\mathrm{T}} \neq$

$\mathbf{0}$,恒有 $f=\boldsymbol{x}^{\mathrm{T}}\boldsymbol{A}\boldsymbol{x}>0$,则称该二次型为**正定二次型**,并称其矩阵 $\boldsymbol{A}$ 为**正定矩阵**.

若对于任意的 $\boldsymbol{x}=(x_1,x_2,\cdots,x_n)^{\mathrm{T}}\neq\mathbf{0}$,恒有 $f=\boldsymbol{x}^{\mathrm{T}}\boldsymbol{A}\boldsymbol{x}<0$,则称该二次型为**负定二次型**,并称其矩阵 $\boldsymbol{A}$ 为**负定矩阵**.

显然,若 $\boldsymbol{A}$ 为正定矩阵,则 $-\boldsymbol{A}$ 为负定矩阵,反之亦然.

例如,二次型 $f(x_1,x_2,x_3)=x_1^2+x_2^2+5x_3^2$ 为正定二次型,$f(x_1,x_2,x_3)=-x_1^2-3x_2^2-7x_3^2$ 为负定二次型.

例 5.14 设 $\boldsymbol{A},\boldsymbol{B}$ 为 n 阶正定矩阵,证明:$\boldsymbol{A}+\boldsymbol{B}$ 为正定矩阵.

证 $(\boldsymbol{A}+\boldsymbol{B})^{\mathrm{T}}=\boldsymbol{A}^{\mathrm{T}}+\boldsymbol{B}^{\mathrm{T}}=\boldsymbol{A}+\boldsymbol{B}$,所以 $\boldsymbol{A}+\boldsymbol{B}$ 为对称矩阵,又对任意的 $\boldsymbol{x}\neq\mathbf{0}$,有

$$\boldsymbol{x}^{\mathrm{T}}(\boldsymbol{A}+\boldsymbol{B})\boldsymbol{x}=\boldsymbol{x}^{\mathrm{T}}\boldsymbol{A}\boldsymbol{x}+\boldsymbol{x}^{\mathrm{T}}\boldsymbol{B}\boldsymbol{x},$$

因为 $\boldsymbol{A},\boldsymbol{B}$ 为正定矩阵,所以 $\boldsymbol{x}^{\mathrm{T}}\boldsymbol{A}\boldsymbol{x}>0,\boldsymbol{x}^{\mathrm{T}}\boldsymbol{B}\boldsymbol{x}>0$. 故 $\boldsymbol{x}^{\mathrm{T}}(\boldsymbol{A}+\boldsymbol{B})\boldsymbol{x}>0$,即 $\boldsymbol{A}+\boldsymbol{B}$ 为正定矩阵.

下面再介绍一些正定二次型或正定矩阵的判定.

定理 5.15 二次型 $f(x_1,x_2,\cdots,x_n)=\boldsymbol{x}^{\mathrm{T}}\boldsymbol{A}\boldsymbol{x}$(其中 $\boldsymbol{A}^{\mathrm{T}}=\boldsymbol{A}$)为正定的充分必要条件是它的标准形

$$f=d_1y_1^2+d_2y_2^2+\cdots+d_ny_n^2$$

的系数 $d_i>0(i=1,2,\cdots,n)$.

证 设经可逆线性变换 $\boldsymbol{x}=\boldsymbol{C}\boldsymbol{y}$,将二次型 $f(x_1,x_2,\cdots,x_n)=\boldsymbol{x}^{\mathrm{T}}\boldsymbol{A}\boldsymbol{x}$ 化为标准形

$$f=\boldsymbol{x}^{\mathrm{T}}\boldsymbol{A}\boldsymbol{x}=\boldsymbol{y}^{\mathrm{T}}(\boldsymbol{C}^{\mathrm{T}}\boldsymbol{A}\boldsymbol{C})\boldsymbol{y}=d_1y_1^2+d_2y_2^2+\cdots+d_ny_n^2.$$

充分性.设标准形的系数 $d_i>0(i=1,2,\cdots,n)$,对任意 $\boldsymbol{x}\neq\mathbf{0}$,则 $\boldsymbol{y}=\boldsymbol{C}^{-1}\boldsymbol{x}\neq\mathbf{0}$,因此

$$f=\boldsymbol{x}^{\mathrm{T}}\boldsymbol{A}\boldsymbol{x}=\boldsymbol{y}^{\mathrm{T}}(\boldsymbol{C}^{\mathrm{T}}\boldsymbol{A}\boldsymbol{C})\boldsymbol{y}=d_1y_1^2+d_2y_2^2+\cdots+d_ny_n^2>0,$$

所以二次型 $f(x_1,x_2,\cdots,x_n)=\boldsymbol{x}^{\mathrm{T}}\boldsymbol{A}\boldsymbol{x}$ 为正定的.

必要性.用反证法,假设有 $d_j\leqslant 0$,则当 $\boldsymbol{y}=\boldsymbol{e}_j=(0,\cdots,0,1,0,\cdots,0)^{\mathrm{T}}$ 时,有 $\boldsymbol{x}=\boldsymbol{C}\boldsymbol{e}_j\neq\mathbf{0}$,使得 $f=\boldsymbol{x}^{\mathrm{T}}\boldsymbol{A}\boldsymbol{x}=d_j\leqslant 0$,这与 $f=\boldsymbol{x}^{\mathrm{T}}\boldsymbol{A}\boldsymbol{x}$ 正定矛盾,所以,标准形的系数 $d_i>0(i=1,2,\cdots,n)$.

□

推论 5.6 二次型为正定二次型(或 $\boldsymbol{A}$ 为正定矩阵)的充分必要条件是 $\boldsymbol{A}$ 的特征值全大于零.

证 对于二次型 $f=\boldsymbol{x}^{\mathrm{T}}\boldsymbol{A}\boldsymbol{x}$,经正交变换 $\boldsymbol{x}=\boldsymbol{P}\boldsymbol{y}$,可化为标准形

$$f=\lambda_1y_1^2+\lambda_2y_2^2+\cdots+\lambda_ny_n^2,$$

其中 $\lambda_1,\lambda_2,\cdots,\lambda_n$ 是矩阵 $\boldsymbol{A}$ 的 n 个特征值. 由定理 5.15 知,二次型 $f=\boldsymbol{x}^{\mathrm{T}}\boldsymbol{A}\boldsymbol{x}$ 是正定的充分必要条件是 $\lambda_i>0(i=1,2,\cdots,n)$. □

推论 5.7 二次型为正定二次型(或 $\boldsymbol{A}$ 为正定矩阵)的充分必要条件是 $\boldsymbol{A}$ 与 $\boldsymbol{I}$ 合同.

推论 5.8 二次型为正定二次型(或 $\boldsymbol{A}$ 为正定矩阵)的充分必要条件是存在可逆矩阵 $\boldsymbol{P}$ 使 $\boldsymbol{A}=\boldsymbol{P}^{\mathrm{T}}\boldsymbol{P}$.

推论 5.9 设 $\boldsymbol{A}$ 为正定矩阵,则 $|\boldsymbol{A}|>0$.

定理 5.16 二次型 $f(x_1,x_2,\cdots,x_n)=\boldsymbol{x}^{\mathrm{T}}\boldsymbol{A}\boldsymbol{x}$(其中 $\boldsymbol{A}^{\mathrm{T}}=\boldsymbol{A}$)为正定的充分必要条件是矩阵 $\boldsymbol{A}=(a_{ij})_{n\times n}$ 的各阶顺序主子式 $A_i(i=1,2,\cdots,n)$ 均大于零,即

$$A_1=a_{11}>0,\quad A_2=\begin{vmatrix}a_{11}&a_{12}\\a_{21}&a_{22}\end{vmatrix}>0,\quad\cdots,\quad A_n=|\boldsymbol{A}|>0.$$

例 5.15 设二次型 $f(x_1,x_2,x_3)=x_1^2+x_2^2+5x_3^2+2tx_1x_2-2x_1x_3+4x_2x_3$,试问 t

为何值时,该二次型为正定二次型.

解 二次型的矩阵

$$A=\begin{bmatrix}1 & t & -1\\ t & 1 & 2\\ -1 & 2 & 5\end{bmatrix}.$$

当矩阵 A 的各阶顺序主子式均大于零时,A 为正定矩阵. 由

$$A_1=1>0,\quad A_2=\begin{vmatrix}1 & t\\ t & 1\end{vmatrix}=1-t^2>0,\quad A_2=\begin{vmatrix}1 & t & -1\\ t & 1 & 2\\ -1 & 2 & 5\end{vmatrix}=-t(5t+4)>0,$$

解得 $-\frac{4}{5}<t<0$,即当 $-\frac{4}{5}<t<0$ 时,A 为正定矩阵,对应的二次型为正定二次型.

例 5.16 判定矩阵 $A=\begin{bmatrix}1 & 1 & 1\\ 1 & 2 & 2\\ 1 & 2 & 3\end{bmatrix}$ 是否为正定矩阵.

解 A 的各阶顺序主子式为

$$A_1=1>0,\quad A_2=\begin{vmatrix}1 & 1\\ 1 & 2\end{vmatrix}=1>0,\quad A_2=\begin{vmatrix}1 & 1 & 1\\ 1 & 2 & 2\\ 1 & 2 & 3\end{vmatrix}=1>0,$$

因此 A 为正定矩阵.

习 题 五

(A)

1. 求下列矩阵的特征值和特征向量.

(1) $\begin{bmatrix}3 & 4\\ 5 & 2\end{bmatrix}$;　　(2) $\begin{bmatrix}1 & 2\\ 3 & 2\end{bmatrix}$;

(3) $\begin{bmatrix}0 & -1 & 1\\ -1 & 0 & 1\\ 1 & 1 & 0\end{bmatrix}$;　　(4) $\begin{bmatrix}2 & -1 & 2\\ 5 & -3 & 3\\ -1 & 0 & -2\end{bmatrix}$.

2. 已知向量 $x=\begin{bmatrix}1\\ 1\\ -1\end{bmatrix}$ 是 $A=\begin{bmatrix}2 & -1 & 2\\ 5 & a & 3\\ -1 & b & -2\end{bmatrix}$ 的一个特征向量,试确定参数 a,b 及特征向量 x 所对应的特征值 λ.

3. 设 n 阶矩阵 A 是幂等矩阵($A^2=A$),证明 A 的特征值只能是 0 或 1.

4. 设 A 为 3 阶矩阵,已知矩阵 $I-A,I+A,3I-A$ 都不可逆,试求 A 的行列式.

5. 设 $A\sim B,C\sim D$,证明:$\begin{bmatrix}A & O\\ O & C\end{bmatrix}\sim\begin{bmatrix}B & O\\ O & D\end{bmatrix}$.

6. 下列矩阵是否可以对角化? 若可以,求出可逆矩阵 P 及对角矩阵 Λ:

(1) $\begin{bmatrix}1 & 0\\2 & 1\end{bmatrix}$;　　(2) $\begin{bmatrix}1 & -1 & -2\\2 & 2 & -2\\-2 & -1 & 1\end{bmatrix}$;

(3) $\begin{bmatrix}2 & 0 & 0\\0 & -1 & 3\\0 & 3 & -1\end{bmatrix}$.

7. 设 $\boldsymbol{A}=\begin{bmatrix}1 & -2 & -4\\-2 & x & -2\\-4 & -2 & 1\end{bmatrix}$,$\boldsymbol{B}=\begin{bmatrix}5 & 0 & 0\\0 & y & 0\\0 & 0 & -4\end{bmatrix}$,如果 $\boldsymbol{A}$,$\boldsymbol{B}$ 相似,求:

(1) x,y 的值;

(2) 可逆矩阵 $\boldsymbol{P}$,使 $\boldsymbol{P}^{-1}\boldsymbol{AP}=\boldsymbol{B}$.

8. 试求一个正交矩阵 $\boldsymbol{P}$,将下列实对称矩阵化为对角矩阵

(1) $\begin{bmatrix}1 & 1 & 1\\1 & 1 & 1\\1 & 1 & 1\end{bmatrix}$;　　(2) $\begin{bmatrix}2 & 1 & 0\\1 & 3 & 1\\0 & 1 & 2\end{bmatrix}$.

9. 设 3 阶实对称矩阵 $\boldsymbol{A}$ 的秩为 2,$\lambda_1=\lambda_2=6$ 是 $\boldsymbol{A}$ 的 2 重特征值,且 $\boldsymbol{\alpha}_1=\begin{bmatrix}1\\1\\0\end{bmatrix}$,$\boldsymbol{\alpha}_2=\begin{bmatrix}2\\1\\1\end{bmatrix}$,$\boldsymbol{\alpha}_3=\begin{bmatrix}-1\\2\\-3\end{bmatrix}$,都是 $\boldsymbol{A}$ 的属于特征值 6 的特征向量,求矩阵 $\boldsymbol{A}$.

10. 写出下列二次型的矩阵:

(1) $f(x_1,x_2,x_3) = x_1^2+2x_2^2-3x_3^2+x_1x_2-2x_1x_3+3x_2x_3$;

(2) $f(x_1,x_2,x_3)=\boldsymbol{x}^{\mathrm{T}}\begin{bmatrix}1 & 3 & 5\\3 & 4 & 6\\5 & 6 & 9\end{bmatrix}\boldsymbol{x}$.

11. 用正交变换法化二次型为标准形:

(1) $f(x_1,x_2,x_3) = x_1^2+x_2^2+2x_3^2+4x_1x_2+2x_1x_3+2x_2x_3$;

(2) $f(x_1,x_2,x_3) = 5x_1^2+5x_2^2+2x_3^2-8x_1x_2-4x_1x_3+4x_2x_3$.

12. 用配方法将二次型化为标准形:

(1) $f(x_1,x_2,x_3) = x_1^2+2x_2^2-3x_3^2+x_1x_2-2x_1x_3+3x_2x_3$;

(1) $f(x_1,x_2,x_3) = x_1^2+x_2^2+x_3^2+2x_1x_2+2x_1x_3-2x_2x_3$.

13. 实数 λ 取何值时 $f(x_1,x_2,x_3) = 5x_1^2+x_2^2+\lambda x_3^2+4x_1x_2-2x_1x_3-2x_2x_3$ 为正定二次型?

14. 证明:(1)正定矩阵的主对角线都大于零;

(2)二次型 $f=\boldsymbol{x}^{\mathrm{T}}\boldsymbol{Ax}$ 在 $\|\boldsymbol{x}\|=1$ 时的最大值为矩阵 $\boldsymbol{A}$ 的最大特征值.

15. 设二次型 $f(x_1,x_2,x_3)=(x_1-x_2+x_3)^2+(x_2+x_3)^2+(x_1+ax_3)^2$,其中 a 是参数.

(1) 求 $f(x_1,x_2,x_3)=0$ 的解;

(2) 求 $f(x_1,x_2,x_3)$的标准形.

16. 证明:二次型 $f=\boldsymbol{x}^{\mathrm{T}}\boldsymbol{A}\boldsymbol{x}$ 是负定的充要条件是

$$(-1)^i\ |\boldsymbol{A}_i|=(-1)^i\begin{vmatrix} a_{11} & a_{12} & \cdots & a_{1i} \\ a_{21} & a_{22} & \cdots & a_{2i} \\ \vdots & \vdots & & \vdots \\ a_{i1} & a_{i2} & \cdots & a_{ii} \end{vmatrix}>0 \quad (i=1,2,\cdots,n).$$

(B)

1. 设三阶矩阵 $\boldsymbol{A}=\begin{bmatrix} -1 & 2 & 2 \\ 3 & -1 & 1 \\ 2 & 2 & -1 \end{bmatrix}$,则 $\boldsymbol{A}$ 的特征值为(　　).

A. 1,−1,1　　B. 2,0,1

C. 3,−3,−3　　D. 2,0,−1

2. 设矩阵 $\boldsymbol{A}$ 满足 $\boldsymbol{A}^3-2\boldsymbol{A}^2-\boldsymbol{A}+2\boldsymbol{I}=\boldsymbol{O}$,则下列矩阵必为可逆矩阵的是(　　).

A. $\boldsymbol{A}+\boldsymbol{I}$　　B. $\boldsymbol{A}-\boldsymbol{I}$　　C. $\boldsymbol{A}-2\boldsymbol{I}$　　D. $\boldsymbol{A}+2\boldsymbol{I}$

3. 矩阵 $\boldsymbol{A}=\begin{bmatrix} 1 & -1 & 1 \\ 2 & 4 & -2 \\ -3 & -3 & 5 \end{bmatrix}$有一个特征向量是(　　).

A. $(2,1,-1)^{\mathrm{T}}$　　B. $(1,-2,3)^{\mathrm{T}}$

C. $(2,-1,3)^{\mathrm{T}}$　　D. $(4,2,-2)^{\mathrm{T}}$

4. 设 $\boldsymbol{A}=\begin{bmatrix} -1 & 2 & 2 \\ 3 & -1 & 1 \\ 2 & 2 & -1 \end{bmatrix}$,则 $\boldsymbol{A}$ 的属于特征值 3 的特征向量为(　　).

A. $(1,2,3)^{\mathrm{T}}$　　B. $(1,1,2)^{\mathrm{T}}$

C. $(1,0,1)^{\mathrm{T}}$　　D. $(1,1,1)^{\mathrm{T}}$

5. 设 $\boldsymbol{A}$ 是 n 阶实对称矩阵,$\boldsymbol{P}$ 是 n 阶可逆矩阵,已知 $\boldsymbol{A}\boldsymbol{\alpha}=\lambda\boldsymbol{\alpha},\boldsymbol{\alpha}\neq\boldsymbol{0}$,则矩阵$(\boldsymbol{P}^{-1}\boldsymbol{A}\boldsymbol{P})^{\mathrm{T}}$属于特征值 λ 的特征向量是(　　).

A. $\boldsymbol{P}\boldsymbol{\alpha}$　　B. $\boldsymbol{P}^{\mathrm{T}}\boldsymbol{\alpha}$

C. $\boldsymbol{P}^{-1}\boldsymbol{\alpha}$　　D. $(\boldsymbol{P}^{-1})^{\mathrm{T}}\boldsymbol{\alpha}$

6. 已知 $\boldsymbol{P}^{-1}\boldsymbol{A}\boldsymbol{P}=\begin{bmatrix} 1 & 0 & 0 \\ 0 & 1 & 0 \\ 0 & 0 & 0 \end{bmatrix}$,其中 $\boldsymbol{\alpha}_1=\begin{bmatrix} 2 \\ 0 \\ 1 \end{bmatrix}$,$\boldsymbol{\alpha}_2=\begin{bmatrix} 1 \\ 2 \\ 0 \end{bmatrix}$是属于特征值 $\lambda=1$ 的特征向量。$\boldsymbol{\alpha}_3=\begin{bmatrix} 1 \\ 1 \\ 1 \end{bmatrix}$是属于特征值 $\lambda=0$ 的特征向量,则矩阵 $\boldsymbol{P}$ 不能为(　　).

A. $(-\boldsymbol{\alpha}_1,-\boldsymbol{\alpha}_2,\boldsymbol{\alpha}_3)$　　B. $(\boldsymbol{\alpha}_2,\boldsymbol{\alpha}_1,\boldsymbol{\alpha}_3)$

C. $(\boldsymbol{\alpha}_1+\boldsymbol{\alpha}_2,\boldsymbol{\alpha}_2,\boldsymbol{\alpha}_3)$　　D. $(\boldsymbol{\alpha}_1,\boldsymbol{\alpha}_2,\boldsymbol{\alpha}_2+\boldsymbol{\alpha}_3)$

7. 已知三阶矩阵 $\boldsymbol{A}$ 的特征值是 0,−2,2,则下列结论中不正确的是(　　).

A. 矩阵 $\boldsymbol{A}$ 是不可逆矩阵

B. 矩阵 $\boldsymbol{A}$ 的主对角线元素之和为 0

C. 特征值 -2 和 2 所对应的特征向量是正交的

D. $\boldsymbol{Ax}=\boldsymbol{0}$ 的基础解系由一个向量组成

8. 设 n 阶方阵 $\boldsymbol{A}$ 与 $\boldsymbol{B}$ 相似，则必有(　　).

A. $\lambda\boldsymbol{I}-\boldsymbol{A}=\lambda\boldsymbol{I}-\boldsymbol{B}$

B. $\boldsymbol{A}$ 与 $\boldsymbol{B}$ 有相同的特征值和相同的特征向量

C. $\boldsymbol{A}$ 与 $\boldsymbol{B}$ 都相似于同一个对角阵

D. 对任意常数 t，$t\boldsymbol{I}-\boldsymbol{A}$ 与 $t\boldsymbol{I}-\boldsymbol{B}$ 都相似

9. 设 $\boldsymbol{A}$ 为三阶矩阵，且 $\boldsymbol{I}-\boldsymbol{A}, 2\boldsymbol{I}-\boldsymbol{A}, -3\boldsymbol{I}-\boldsymbol{A}$ 均不可逆，则下列结论不正确的是(　　).

A. $\boldsymbol{A}$ 可对角化　　　　B. $\boldsymbol{A}$ 为可逆矩阵

C. $\boldsymbol{A}+\boldsymbol{I}$ 也可能不可逆　　　　D. $|\boldsymbol{A}|=-6$

10. 与对角矩阵 $\boldsymbol{A}=\begin{bmatrix}1&0&0\\0&1&0\\0&0&2\end{bmatrix}$ 相似的矩阵是(　　).

A. $\begin{bmatrix}1&0&0\\0&1&1\\0&0&2\end{bmatrix}$　　　　B. $\begin{bmatrix}1&1&0\\0&1&1\\0&0&2\end{bmatrix}$

C. $\begin{bmatrix}1&0&1\\0&2&0\\0&0&1\end{bmatrix}$　　　　D. $\begin{bmatrix}1&0&1\\0&2&1\\0&0&1\end{bmatrix}$

11. 使实对称矩阵 $\boldsymbol{A}=\begin{bmatrix}1&0&-1\\0&1&0\\-1&0&1\end{bmatrix}$ 对角化为 $\boldsymbol{B}=\begin{bmatrix}0&0&0\\0&1&0\\0&0&2\end{bmatrix}$ 的正交矩阵 $\boldsymbol{T}$ 为(　　).

A. $\begin{bmatrix}\frac{-2}{\sqrt{5}}&\frac{2}{3\sqrt{5}}&\frac{1}{3}\\\frac{1}{\sqrt{5}}&\frac{4}{3\sqrt{5}}&\frac{2}{3}\\0&\frac{5}{3\sqrt{5}}&\frac{-2}{3}\end{bmatrix}$　　　　B. $\begin{bmatrix}\frac{1}{\sqrt{2}}&0&\frac{-1}{\sqrt{2}}\\0&1&0\\\frac{1}{\sqrt{2}}&0&\frac{1}{\sqrt{2}}\end{bmatrix}$

C. $\begin{bmatrix}0&1&1\\1&0&1\\1&1&0\end{bmatrix}$　　　　D. $\begin{bmatrix}\frac{\sqrt{2}}{2}&\frac{\sqrt{2}}{6}&\frac{2}{3}\\0&\frac{-2\sqrt{2}}{3}&\frac{1}{3}\\\frac{-\sqrt{2}}{2}&\frac{\sqrt{2}}{6}&\frac{2}{3}\end{bmatrix}$

12. 设 $\boldsymbol{A}$ 是三阶矩阵，其特征值是 $1,3,-2$，相应的特征向量依次为 $\boldsymbol{x}_1,\boldsymbol{x}_2,\boldsymbol{x}_3$，若 $\boldsymbol{P}=(\boldsymbol{x}_1,2\boldsymbol{x}_3,-\boldsymbol{x}_2)$，则 $\boldsymbol{P}^{-1}\boldsymbol{AP}=$(　　).

A. $\begin{bmatrix}1 & 0 & 0\\0 & -2 & 0\\0 & 0 & 3\end{bmatrix}$　　B. $\begin{bmatrix}1 & 0 & 0\\0 & -4 & 0\\0 & 0 & -3\end{bmatrix}$

C. $\begin{bmatrix}1 & 0 & 0\\0 & -2 & 0\\0 & 0 & -3\end{bmatrix}$　　D. $\begin{bmatrix}1 & 0 & 0\\0 & 3 & 0\\0 & 0 & -2\end{bmatrix}$

13. 若三阶矩阵 $\boldsymbol{A}$ 的特征值全为零,则必有(　　).

A. $\mathrm{r}(\boldsymbol{A})=0$　　B. $\mathrm{r}(\boldsymbol{A})=1$

C. $\mathrm{r}(\boldsymbol{A})=2$　　D. 条件不足,不能确定

14. 设 $\boldsymbol{A},\boldsymbol{B}$ 均是 n 阶实对称矩阵,且均可逆,则下列命题中不正确的是(　　).

A. 存在可逆矩阵 $\boldsymbol{P}$,使 $\boldsymbol{P}^{-1}(\boldsymbol{A}+\boldsymbol{B})\boldsymbol{P}=\boldsymbol{\Lambda}$

B. 存在正交矩阵 $\boldsymbol{Q}$,使 $\boldsymbol{Q}^{-1}(\boldsymbol{A}^{-1}+\boldsymbol{B}^{-1})\boldsymbol{Q}=\boldsymbol{\Lambda}$

C. 存在正交矩阵 $\boldsymbol{Q}$,使 $\boldsymbol{Q}^{-1}(\boldsymbol{A}^{*}+\boldsymbol{B}^{*})\boldsymbol{Q}=\boldsymbol{\Lambda}$

D. 存在可逆矩阵 $\boldsymbol{P}$,使 $\boldsymbol{P}^{-1}\boldsymbol{A}\boldsymbol{B}\boldsymbol{P}=\boldsymbol{\Lambda}$

15. 二次型 $f(x_1,x_2,x_3)=x_1^2+5x_2^2+x_3^2-4x_1x_2+2x_2x_3$ 的标准形是(　　).

A. $y_1^2+3y_2^2$　　B. $y_1^2-6y_2^2+2y_3^2$

C. $y_1^2-y_2^2$　　D. $y_1^2+4y_2^2+y_3^2$

16. 已知二阶实对称矩阵 $\boldsymbol{A}$ 的一个特征向量为 $\begin{bmatrix}2\\-5\end{bmatrix}$,并且 $|\boldsymbol{A}|<0$,则以下选项中一定不为 $\boldsymbol{A}$ 的特征向量的是(　　).

A. $k\begin{bmatrix}2\\-5\end{bmatrix}\quad(k\neq0)$

B. $k\begin{bmatrix}5\\2\end{bmatrix}\quad(k\neq0)$

C. $k_1\begin{bmatrix}2\\-5\end{bmatrix}+k_2\begin{bmatrix}5\\2\end{bmatrix}\quad(k_1\neq0,k_2\neq0)$

D. $k_1\begin{bmatrix}2\\-5\end{bmatrix}+k_2\begin{bmatrix}5\\2\end{bmatrix}$　(k_1,k_2 不同时为零)

17. 设 $\boldsymbol{A}$ 为 n 阶正定矩阵,如果矩阵 $\boldsymbol{B}$ 与矩阵 $\boldsymbol{A}$ 相似,则 $\boldsymbol{B}$ 必是(　　).

A. 实对称矩阵　　B. 可逆矩阵

C. 正交矩阵　　D. $\boldsymbol{B}$ 可为非正定矩阵

18. 设 $\boldsymbol{A}$ 为 n 阶实对称正定矩阵也为正交矩阵,则 $\boldsymbol{A}=$(　　).

A. $\boldsymbol{A}^2$　　B. $2\boldsymbol{A}$　　C. $\boldsymbol{I}$　　D. $2\boldsymbol{I}$

19. 已知 $\boldsymbol{A}=\begin{bmatrix}1 & 2 & -1\\a+b & 5 & 0\\-1 & 0 & c\end{bmatrix}$ 是正定矩阵,则(　　).

A. $a=1,b=2,c=1$　　B. $a=1,b=1,c=-1$

C. $a=3,b=-1,c=2$　　D. $a=-1,b=3,c=8$

20. 设 $\boldsymbol{A}=\begin{bmatrix}1&0&2\\0&2&0\\2&0&1\end{bmatrix}$，要使 $\boldsymbol{A}+k\boldsymbol{I}$ 为正定矩阵，则 k 应满足（　　）.

A. $k>-2$　　B. $k>-3$

C. $k>1$　　D. $k>-1$

21. 设 $\boldsymbol{A}$ 为 2 阶矩阵，满足 $|2\boldsymbol{I}+\boldsymbol{A}|=0$，$|3\boldsymbol{A}-\boldsymbol{I}|=0$，则 $|\boldsymbol{A}|=$（　　）.

A. 6　　B. -6　　(C) $\frac{2}{3}$　　D. $-\frac{2}{3}$

习题参考答案及提示

习 题 一

(A)

1. (1) $D=-14$； (2) $D=-4$；

(3) $D=acb+bac+cba-bbb-aaa-ccc=3abc-a^3-b^3-c^3$；

(4) $D=bc^2+ca^2+ab^2-ac^2-ba^2-cb^2=(a-b)(b-c)(c-a)$；

2. (1) 所求排列的逆序数为 10,此排列为偶排列；

(2) 所求排列的逆序数为 18,此排列为偶排列；

(3) 所求排列的逆序数为

$$(n-1)+(n-2)+\cdots+2+1=\frac{n(n-1)}{2},$$

当 $n=4k,4k+1$ 时,排列为偶排列;当 $n=4k+2,4k+3$ 时,排列为奇排列.

(4) 所求排列的逆序数为

$$(1+2+3+\cdots+n)+(1+2+\cdots+(n-2)+(n-1))=\frac{n(n+1)}{2}+\frac{n(n-1)}{2}=n^2,$$

当 n 为偶数时,排列为偶排列;当 n 为奇数时,排列为奇排列.

3. (1) 所给行列式的展开式中只含有一个非零项 $a_{1n}a_{2,n-1}\cdots a_{n1}$,它前面的符号应为 $(-1)^{\tau[n(n-1)\cdots 21]}=(-1)^{\frac{n(n-1)}{2}}$,所以行列式 $D_n=(-1)^{\frac{n(n-1)}{2}}n!$；

(2) 所给行列式的展开式中只含有一个非零项 $a_{12}a_{23}\cdots a_{n-1,n}a_{n1}$,它前面的符号应为 $(-1)^{\tau(23\cdots n1)}=(-1)^{n-1}$,所以行列式 $D_n=(-1)^{n-1}n!$.

4. 含有 x^4 的展开式中项只能是 $a_{11}a_{22}a_{33}a_{44}$,所以 x^4 的系数为 2.同理,含有 x^3 的展开式中项只能是 $a_{12}a_{21}a_{33}a_{44}$,所以 x^3 的系数为 -1.

5. (1)
$$D\xlongequal{r_1\leftrightarrow r_2}-\begin{vmatrix}1&-9&13&7\\-2&5&-1&3\\3&-1&5&-5\\2&8&-7&-10\end{vmatrix}\xlongequal[r_4-2r_1]{r_2+2r_1,\ r_3-3r_1}-\begin{vmatrix}1&-9&13&7\\0&-13&25&17\\0&26&-34&-26\\0&26&-33&-24\end{vmatrix}$$

$$\xlongequal[r_4+2r_2]{r_3+2r_2}-\begin{vmatrix}1&-9&13&7\\0&-13&25&17\\0&0&16&8\\0&0&17&10\end{vmatrix}\xlongequal{r_4-\frac{17}{16}r_3}-\begin{vmatrix}1&-9&13&7\\0&-13&25&17\\0&0&16&8\\0&0&0&3/2\end{vmatrix}=312；$$

(2)
$$D\xlongequal{r_2+3r_1}\begin{vmatrix}1&-1&2&-3&1\\0&0&-1&0&-2\\2&0&4&-2&1\\3&-5&7&-14&6\\4&-4&10&-10&2\end{vmatrix}\xlongequal{r_3-2r_1}\begin{vmatrix}1&-1&2&-3&1\\0&0&-1&0&-2\\0&2&0&4&-1\\3&-5&7&-14&6\\4&-4&10&-10&2\end{vmatrix}$$

$$\xlongequal[r_5-4r_1]{r_4-3r_1}\begin{vmatrix}1&-1&2&-3&1\\0&0&-1&0&-2\\0&2&0&4&-1\\0&-2&1&-5&3\\0&0&2&2&-2\end{vmatrix}$$

$$\xlongequal{r_2\leftrightarrow r_4}-\begin{vmatrix}1&-1&2&-3&1\\0&-2&1&-5&3\\0&2&0&4&-1\\0&0&-1&0&-2\\0&0&2&2&-2\end{vmatrix}\xlongequal{r_3+r_2}-\begin{vmatrix}1&-1&2&-3&1\\0&-2&1&-5&3\\0&0&1&-1&2\\0&0&-1&0&-2\\0&0&2&2&-2\end{vmatrix}$$

$$\xlongequal{r_4+r_3}-\begin{vmatrix}1&-1&2&-3&1\\0&-2&1&-5&3\\0&0&1&-1&2\\0&0&0&-1&0\\0&0&2&2&-2\end{vmatrix}$$

$$\xlongequal{r_5-2r_3}-\begin{vmatrix}1&-1&2&-3&1\\0&-2&1&-5&3\\0&0&1&-1&2\\0&0&0&-1&0\\0&0&0&4&-6\end{vmatrix}\xlongequal{r_5+4r_4}-\begin{vmatrix}1&-1&2&-3&1\\0&-2&1&-5&3\\0&0&1&-1&2\\0&0&0&-1&0\\0&0&0&0&-6\end{vmatrix}=12;$$

(3) $D=abcdef\begin{vmatrix}-1&1&1\\1&-1&1\\1&1&-1\end{vmatrix}\xlongequal[r_3+r_1]{r_2+r_1}abcdef\begin{vmatrix}-1&1&1\\0&0&2\\0&2&0\end{vmatrix}\xlongequal{r_2\leftrightarrow r_3}-abcdef\begin{vmatrix}-1&1&1\\0&2&0\\0&0&2\end{vmatrix}$

$=4abcdef$;

(4) $D\xlongequal[\substack{r_3-r_2\\r_2-r_1}]{r_4-r_3}\begin{vmatrix}a&b&c&d\\0&a&a+b&a+b+c\\0&a&2a+b&3a+2b+c\\0&a&3a+b&6a+3b+c\end{vmatrix}\xlongequal[r_3-r_2]{r_4-r_3}\begin{vmatrix}a&b&c&d\\0&a&a+b&a+b+c\\0&0&a&2a+b\\0&0&a&3a+b\end{vmatrix}$

$$\xlongequal{r_4-r_3}\begin{vmatrix}a&b&c&d\\0&a&a+b&a+b+c\\0&0&a&2a+b\\0&0&0&a\end{vmatrix}=a^4.$$

6. (1) $A_{11}=7, A_{12}=-12, A_{13}=3, A_{21}=6, A_{22}=4, A_{23}=-1, A_{31}=-5, A_{32}=5, A_{33}=5$;

(2) $A_{11}=-6, A_{12}=A_{13}=A_{14}=0, A_{21}=-12, A_{22}=6, A_{23}=A_{24}=0, A_{31}=15, A_{32}=-6, A_{33}=-3$, $A_{34}=0, A_{41}=7, A_{42}=0, A_{43}=1, A_{44}=-2$.

7. (1) $D\xlongequal[c_1+c_3]{c_1+c_2}\begin{vmatrix}1000&427&327\\2000&543&443\\1000&721&621\end{vmatrix}\xlongequal{c_2-c_3}\begin{vmatrix}1000&100&327\\2000&100&443\\1000&100&621\end{vmatrix}=10^5\begin{vmatrix}1&1&327\\2&1&443\\1&1&621\end{vmatrix}$

$$\xlongequal{c_1-c_2}10^5\begin{vmatrix}0&1&327\\1&1&443\\0&1&621\end{vmatrix}=-10^5\begin{vmatrix}1&327\\1&621\end{vmatrix}=-294\times10^5;$$

(2) $D\xlongequal[c_1+c_3]{c_1+c_2}\begin{vmatrix}2x+2y&y&x+y\\2x+2y&x+y&x\\2x+2y&x&y\end{vmatrix}=2(x+y)\begin{vmatrix}1&y&x+y\\1&x+y&x\\1&x&y\end{vmatrix}$

$$\xlongequal[r_3-r_1]{r_2-r_1}2(x+y)\begin{vmatrix}1&y&x+y\\0&x&-y\\0&x-y&-x\end{vmatrix}=2(x+y)\begin{vmatrix}x&-y\\x-y&-x\end{vmatrix}=-2(x^3+y^3);$$

(3) $D\xlongequal[c_1+c_4]{\substack{c_1+c_2\\c_1+c_3}}\begin{vmatrix}10&2&3&4\\10&3&4&1\\10&4&1&2\\10&1&2&3\end{vmatrix}\xlongequal[r_4-r_1]{\substack{r_2-r_1\\r_3-r_1}}10\begin{vmatrix}1&2&3&4\\0&1&1&-3\\0&2&-2&-2\\0&-1&-1&-1\end{vmatrix}=10\begin{vmatrix}1&1&-3\\2&-2&-2\\-1&-1&-1\end{vmatrix}$

$=20\begin{vmatrix}1&1&-3\\1&-1&-1\\-1&-1&-1\end{vmatrix}\xlongequal[r_3+r_1]{r_2-r_1}20\begin{vmatrix}1&1&-3\\0&-2&2\\0&0&-4\end{vmatrix}=160$;

(4) $D\xlongequal{r_1+ar_2}\begin{vmatrix}0&1+ab&a&0\\-1&b&1&0\\0&-1&c&1\\0&0&-1&d\end{vmatrix}=(-1)(-1)^{2+1}\begin{vmatrix}1+ab&a&0\\-1&c&1\\0&-1&d\end{vmatrix}$

$\xlongequal{c_3+dc_2}\begin{vmatrix}1+ab&a&ad\\-1&c&1+cd\\0&-1&0\end{vmatrix}$

$=(-1)(-1)^{3+2}\begin{vmatrix}1+ab&ad\\-1&1+cd\end{vmatrix}=abcd+ab+cd+ad+1$;

(5) $D\xlongequal[i=2,3,\cdots,n]{c_i-c_1}\begin{vmatrix}a_1-b_1&b_1-b_2&\cdots&b_1-b_n\\a_2-b_1&b_1-b_2&\cdots&b_1-b_n\\\vdots&\vdots&&\vdots\\a_n-b_1&b_1-b_2&\cdots&b_1-b_n\end{vmatrix}$,

当 $n\geqslant3$ 时,原式$=0$;当 $n=2$ 时,原式$=(a_2-a_1)(b_2-b_1)$;当 $n=1$ 时,原式$=a_1-b_1$;

(6) $D\xlongequal[i=2,3,\cdots,n]{r_i-r_1}\begin{vmatrix}1&2&2&\cdots&2\\1&0&0&\cdots&0\\1&0&1&\cdots&0\\\vdots&\vdots&\vdots&&\vdots\\1&0&0&\cdots&n-2\end{vmatrix}=-2\begin{vmatrix}1&0&0&\cdots&0\\1&1&0&\cdots&0\\1&0&2&\cdots&0\\\vdots&\vdots&\vdots&&\vdots\\1&0&0&\cdots&n-2\end{vmatrix}_{n-1}=(-2)(n-2)!$.

8. (1) 左端$\xlongequal{c_2-c_1}\begin{vmatrix}a+b&c-a&c+a\\a_1+b_1&c_1-a_1&c_1+a_1\\a_2+b_2&c_2-a_2&c_2+a_2\end{vmatrix}\xlongequal{c_3+c_2}\begin{vmatrix}a+b&c-a&2c\\a_1+b_1&c_1-a_1&2c_1\\a_2+b_2&c_2-a_2&2c_2\end{vmatrix}$

$=2\begin{vmatrix}a+b&c-a&c\\a_1+b_1&c_1-a_1&c_1\\a_2+b_2&c_2-a_2&c_2\end{vmatrix}\xlongequal{c_2-c_3}2\begin{vmatrix}a+b&-a&c\\a_1+b_1&-a_1&c_1\\a_2+b_2&-a_2&c_2\end{vmatrix}$

$\xlongequal{c_1+c_2}2\begin{vmatrix}b&-a&c\\b_1&-a_1&c_1\\b_2&-a_2&c_2\end{vmatrix}\xlongequal[c_1\leftrightarrow c_2]{(-1)c_2}2\begin{vmatrix}a&b&c\\a_1&b_1&c_1\\a_2&b_2&c_2\end{vmatrix}=$右端.

(2) 左端$\xlongequal[c_3-c_1]{c_2-c_1}\begin{vmatrix}a^2&ab-a^2&b^2-a^2\\2a&b-a&2b-2a\\1&0&0\end{vmatrix}=(-1)^{3+1}\begin{vmatrix}ab-a^2&b^2-a^2\\b-a&2b-2a\end{vmatrix}$

$=(b-a)(b-a)\begin{vmatrix}a&b+a\\1&2\end{vmatrix}=(a-b)^3=$右端.

(3) 当 $n=2$ 时,$D_2=\begin{vmatrix}x&-1\\a_2&a_1\end{vmatrix}=a_1x+a_2$,结论成立.

假设 $n=k$ 时结论成立,即 $D_k=\sum\limits_{i=1}^{k}a_ix^{k-i}$.

当 $n=k+1$ 时,

$$D_{k+1}=\begin{vmatrix} x & -1 & \cdots & 0 & 0 \\ 0 & x & \cdots & 0 & 0 \\ \vdots & \vdots & & \vdots & \vdots \\ 0 & 0 & \cdots & x & -1 \\ a_{k+1} & a_k & \cdots & a_2 & a_1 \end{vmatrix}=x\begin{vmatrix} x & \cdots & 0 & 0 \\ \vdots & & \vdots & \vdots \\ 0 & \cdots & x & -1 \\ a_k & \cdots & a_2 & a_1 \end{vmatrix}$$

$$+(-1)^{k+1+1}a_{k+1}\begin{vmatrix} -1 & \cdots & 0 & 0 \\ x & \cdots & 0 & 0 \\ \vdots & & \vdots & \vdots \\ 0 & \cdots & x & -1 \end{vmatrix}$$

$$=xD_k+a_{k+1}=x\left(\sum_{i=1}^{k}a_ix^{k-i}\right)+(-1)^{k+2}a_{k+1}(-1)^k=\sum_{i=1}^{k}a_ix^{k+1-i}+a_{k+1}=\sum_{i=1}^{k+1}a_ix^{k+1-i}.$$

故 $n=k+1$ 时结论亦成立,命题得证.

(4) 左端$=a\begin{vmatrix} x & ay+bz & az+bx \\ y & az+bx & ax+by \\ z & ax+by & ay+bz \end{vmatrix}+b\begin{vmatrix} y & ay+bz & az+bx \\ z & az+bx & ax+by \\ x & ax+by & ay+bz \end{vmatrix}$

$$=a^2\begin{vmatrix} x & ay+bz & z \\ y & az+bx & x \\ z & ax+by & y \end{vmatrix}+ab\begin{vmatrix} x & ay+bz & x \\ y & az+bx & y \\ z & ax+by & z \end{vmatrix}+ab\begin{vmatrix} y & y & az+bx \\ z & z & ax+by \\ x & x & ay+bz \end{vmatrix}+b^2\begin{vmatrix} y & z & az+bx \\ z & x & ax+by \\ x & y & ay+bz \end{vmatrix}$$

$$=a^2\begin{vmatrix} x & ay+bz & z \\ y & az+bx & x \\ z & ax+by & y \end{vmatrix}+0+0+b^2\begin{vmatrix} y & z & az+bx \\ z & x & ax+by \\ x & y & ay+bz \end{vmatrix}$$

$$=a^3\begin{vmatrix} x & y & z \\ y & z & x \\ z & x & y \end{vmatrix}+a^2b\begin{vmatrix} x & z & z \\ y & x & x \\ z & y & y \end{vmatrix}+ab^2\begin{vmatrix} y & z & z \\ z & x & x \\ x & y & y \end{vmatrix}+b^3\begin{vmatrix} y & z & x \\ z & x & y \\ x & y & z \end{vmatrix}$$

$$=a^3\begin{vmatrix} x & y & z \\ y & z & x \\ z & x & y \end{vmatrix}+0+0+b^3\begin{vmatrix} y & z & x \\ z & x & y \\ x & y & z \end{vmatrix}=a^3\begin{vmatrix} x & y & z \\ y & z & x \\ z & x & y \end{vmatrix}+b^3\begin{vmatrix} x & y & z \\ y & z & x \\ z & x & y \end{vmatrix}(-1)^2=\text{右端}.$$

(5)

$$\text{左端}\xlongequal[c_4-c_1]{\substack{c_2-c_1\\c_3-c_1}}\begin{vmatrix} 1 & 0 & 0 & 0 \\ a & b-a & c-a & d-a \\ a^2 & b^2-a^2 & c^2-a^2 & d^2-a^2 \\ a^4 & b^4-a^4 & c^4-a^4 & d^4-a^4 \end{vmatrix}\xlongequal{r_4-a^2r_3}\begin{vmatrix} 1 & 0 & 0 & 0 \\ a & b-a & c-a & d-a \\ a^2 & b^2-a^2 & c^2-a^2 & d^2-a^2 \\ 0 & b^4-a^2b^2 & c^4-a^2c^2 & d^4-a^2d^2 \end{vmatrix}$$

$$=\begin{vmatrix} b-a & c-a & d-a \\ b^2-a^2 & c^2-a^2 & d^2-a^2 \\ b^2(b^2-a^2) & c^2(c^2-a^2) & d^2(d^2-a^2) \end{vmatrix}$$

$$=(b-a)(c-a)(d-a)\begin{vmatrix} 1 & 1 & 1 \\ b+a & c+a & d+a \\ b^2(b+a) & c^2(c+a) & d^2(d+a) \end{vmatrix}$$

$$\xlongequal[c_3-c_1]{c_2-c_1}(b-a)(c-a)(d-a)\begin{vmatrix} 1 & 0 & 0 \\ b+a & c-b & d-b \\ b^2(b+a) & c^2(c+a)-b^2(b+a) & d^2(d+a)-b^2(b+a) \end{vmatrix}$$

$$=(b-a)(c-a)(d-a)(c-b)(d-b)\begin{vmatrix} 1 & 1 \\ (c^2+bc+b^2)+a(c+b) & (d^2+bd+b^2)+a(d+b) \end{vmatrix}$$

$$=(a-b)(a-c)(a-d)(b-c)(b-d)(c-d)(a+b+c+d)=\text{右端}.$$

(6) 当 $n=2$ 时，$D_2=\begin{vmatrix} \cos\alpha & 1 \\ 1 & 2\cos\alpha \end{vmatrix}=2\cos^2\alpha-1=\cos 2\alpha$，结论成立.

假设对于阶数小于 n 的行列式结论成立.则对于 n 阶行列式

$$D_n=\begin{vmatrix} \cos\alpha & 1 & 0 & \cdots & 0 & 0 \\ 1 & 2\cos\alpha & 1 & \cdots & 0 & 0 \\ 0 & 1 & 2\cos\alpha & \cdots & 0 & 0 \\ \vdots & \vdots & \vdots & & \vdots & \vdots \\ 0 & 0 & 0 & \cdots & 2\cos\alpha & 1 \\ 0 & 0 & 0 & \cdots & 1 & 2\cos\alpha \end{vmatrix}$$

按第 n 行展开可得

$$D_n=(-1)^{n+n-1}\begin{vmatrix} \cos\alpha & 1 & 0 & \cdots & 0 \\ 1 & 2\cos\alpha & 1 & \cdots & 0 \\ 0 & 1 & 2\cos\alpha & \cdots & 0 \\ \vdots & \vdots & \vdots & & \vdots \\ 0 & 0 & 0 & \cdots & 1 \end{vmatrix}+2\cos\alpha\begin{vmatrix} \cos\alpha & 1 & 0 & \cdots & 0 \\ 1 & 2\cos\alpha & 1 & \cdots & 0 \\ 0 & 1 & 2\cos\alpha & \cdots & 0 \\ \vdots & \vdots & \vdots & & \vdots \\ 0 & 0 & 0 & \cdots & 2\cos\alpha \end{vmatrix}$$

$$=2\cos\alpha\begin{vmatrix} \cos\alpha & 1 & 0 & \cdots & 0 \\ 1 & 2\cos\alpha & 1 & \cdots & 0 \\ 0 & 1 & 2\cos\alpha & \cdots & 0 \\ \vdots & \vdots & \vdots & & \vdots \\ 0 & 0 & 0 & \cdots & 2\cos\alpha \end{vmatrix}-\begin{vmatrix} \cos\alpha & 1 & \cdots & 0 \\ 1 & 2\cos\alpha & \cdots & 0 \\ \vdots & \vdots & & \vdots \\ 0 & 0 & \cdots & 2\cos\alpha \end{vmatrix}$$

$$=2\cos\alpha D_{n-1}-D_{n-2}.$$

由归纳假设，

$$D_{n-2}=\cos(n-2)\alpha=\cos[(n-1)\alpha-\alpha]=\cos(n-1)\alpha\cdot\cos\alpha+\sin(n-1)\alpha\cdot\sin\alpha.$$

代入前式可得

$$\begin{aligned} D_n&=2\cos\alpha\cdot\cos(n-1)\alpha-[\cos(n-1)\alpha\cdot\cos\alpha+\sin(n-1)\alpha\cdot\sin\alpha] \\ &=\cos(n-1)\alpha\cdot\cos\alpha-\sin(n-1)\alpha\cdot\sin\alpha=\cos n\alpha. \end{aligned}$$

(7) 左端$=\begin{vmatrix} 1 & 1 & 1 & \cdots & 1 & 1 \\ 0 & 1+a_1 & 1 & \cdots & 1 & 1 \\ 0 & 1 & 1+a_2 & \cdots & 1 & 1 \\ \vdots & \vdots & \vdots & & \vdots & \vdots \\ 0 & 1 & 1 & \cdots & 1+a_{n-1} & 1 \\ 0 & 1 & 1 & \cdots & 1 & 1+a_n \end{vmatrix}_{n+1}$

$$\xlongequal[i=2,3,\cdots,n+1]{r_i-r_1}\begin{vmatrix} 1 & 1 & 1 & \cdots & 1 & 1 \\ -1 & a_1 & 0 & \cdots & 0 & 0 \\ -1 & 0 & a_2 & \cdots & 0 & 0 \\ \vdots & \vdots & \vdots & & \vdots & \vdots \\ -1 & 0 & 0 & \cdots & a_{n-1} & 0 \\ -1 & 0 & 0 & \cdots & 0 & a_n \end{vmatrix}$$

$$\xlongequal[i=2,3,\cdots,n+1]{c_1+\frac{1}{a_i}c_i}\begin{vmatrix} 1+\sum\limits_{i=1}^{n}\frac{1}{a_i} & 1 & 1 & \cdots & 1 \\ 0 & a_1 & 0 & \cdots & 0 \\ 0 & 0 & a_2 & \cdots & 0 \\ \vdots & \vdots & \vdots & & \vdots \\ 0 & 0 & 0 & \cdots & a_n \end{vmatrix}$$

$$= a_1a_2\cdots a_n\left(1+\sum_{i=1}^{n}\frac{1}{a_i}\right) = \text{右端}.$$

(8) 将 D_{2n} 按第一行展开可得

$$D_{2n}=a\cdot\begin{vmatrix} a & & & & b & 0 \\ & \ddots & & \unicode{x22F0} & & \\ & & a & b & & \\ & & c & d & & \\ & \unicode{x22F0} & & & \ddots & \\ c & & & & d & 0 \\ 0 & & & & 0 & d \end{vmatrix}+b(-1)^{1+2n}\begin{vmatrix} 0 & a & & & & b \\ & & \ddots & & \unicode{x22F0} & \\ & & & a & b & \\ & & & c & d & \\ & & \unicode{x22F0} & & & \ddots \\ 0 & c & & & & d \\ c & 0 & & & & 0 \end{vmatrix}$$

$$=adD_{2(n-1)}-bc(-1)^{2n-1+1}D_{2(n-1)}=(ad-bc)D_{2(n-1)}=(ad-bc)^2D_{2(n-2)}$$

$$=\cdots=(ad-bc)^{n-1}D_{2\cdot 1}=(ad-bc)^{n-1}\begin{vmatrix} a & b \\ c & d \end{vmatrix}=(ad-bc)^n=\text{右端}.$$

(B)

1. C. **2**. D. **3**. D. **4**. A. **5**. D. **6**. D. **7**. C. **8**. B. **9**. A.
10. D. **11**. B. **12**. C. **13**. B. **14**. D. **15**. A. **16**. C. **17**. D. **18**. A.
19. D. **20**. C.

习 题 二

(A)

1. $2\boldsymbol{A}+3\boldsymbol{B}=\begin{bmatrix} 2 & 4 \\ 7 & 0 \\ -5 & 2 \end{bmatrix}$, $3\boldsymbol{C}-4\boldsymbol{B}=\begin{bmatrix} 3 & -2 \\ -10 & -3 \\ 13 & 9 \end{bmatrix}$, $3\boldsymbol{A}-2\boldsymbol{B}+\boldsymbol{C}=\begin{bmatrix} 4 & -5 \\ 2 & -1 \\ 2 & 6 \end{bmatrix}$.

2. $\boldsymbol{X}=\begin{bmatrix} \frac{4}{3} & 2 & \frac{8}{3} \\ 0 & -\frac{2}{3} & 2 \\ \frac{2}{3} & \frac{8}{3} & \frac{4}{3} \end{bmatrix}$.

3. (1) 30； (2) $\begin{bmatrix} 1 & 2 & 3 & 4 \\ 2 & 4 & 6 & 8 \\ 3 & 6 & 9 & 12 \\ 4 & 8 & 12 & 16 \end{bmatrix}$；

(3) $\begin{bmatrix} 4 & -2 & 5 \\ 1 & 2 & -1 \\ 3 & 1 & -1 \end{bmatrix}$； (4) $\begin{bmatrix} -6 & 14 \\ 5 & 19 \end{bmatrix}$；

4. 略.

5. (1) $\begin{bmatrix} a^n & 0 & 0 \\ 0 & b^n & 0 \\ 0 & 0 & c^n \end{bmatrix}$;　　(2) $\lambda^{n-2}\begin{bmatrix} \lambda^2 & n\lambda & \frac{n(n-1)}{2} \\ 0 & \lambda^2 & n\lambda \\ 0 & 0 & \lambda^2 \end{bmatrix}$.

6. $f(\boldsymbol{A})=\begin{bmatrix} 9 & 2 & 4 \\ 11 & 0 & 3 \\ -1 & 1 & -2 \end{bmatrix}$.

7. $(\lambda-1)^2(\lambda-10)$.

8. (1) $\begin{bmatrix} -3 & 1 \\ 2 & -\frac{1}{2} \end{bmatrix}$;　　(2) $\begin{bmatrix} 1 & -4 & -3 \\ 1 & -5 & -3 \\ -1 & 6 & 4 \end{bmatrix}$;

(3) $\begin{bmatrix} -8 & 21 & -11 \\ -5 & 13 & -7 \\ 1 & -2 & 1 \end{bmatrix}$;　　(4) $\begin{bmatrix} 1 & -2 & 1 & 0 \\ 0 & 1 & -2 & 1 \\ 0 & 0 & 1 & -2 \\ 0 & 0 & 0 & 1 \end{bmatrix}$.

9. (1) $\boldsymbol{X}=\begin{bmatrix} 1 \\ 3 \\ 2 \end{bmatrix}$;　　(2) $\boldsymbol{X}=\begin{bmatrix} -5 & 4 & -2 \\ -4 & 5 & -2 \\ -9 & 7 & -4 \end{bmatrix}$;

(3) $\boldsymbol{X}=\begin{bmatrix} -5 & 3 \\ -\frac{13}{3} & \frac{5}{2} \\ -2 & 1 \end{bmatrix}$.

10. 略.

11. $(\boldsymbol{A}+\boldsymbol{I})^{-1}=\boldsymbol{A}-3\boldsymbol{I}$.

12. $\boldsymbol{B}=\begin{bmatrix} 3 & 0 & 0 \\ 0 & 2 & 0 \\ 0 & 0 & 1 \end{bmatrix}$.

13. $\boldsymbol{B}-\boldsymbol{I}$.

14. 64.

15. $\boldsymbol{AB}=\begin{bmatrix} 7 & 27 & 0 & 0 & 0 \\ 2 & 6 & 0 & 0 & 0 \\ 3 & 3 & 4 & 1 & 2 \\ 6 & 9 & 14 & 11 & 10 \\ 5 & 4 & 8 & 4 & 6 \end{bmatrix}$.

16. (1) 3;　　(2) 4;

(3) 当 $\lambda=2$ 时,$\mathrm{r}(\boldsymbol{A})=2$;当 $\lambda\neq 2$ 时,$\mathrm{r}(\boldsymbol{A})=3$.

17. $\mathrm{r}(\boldsymbol{AB}-\boldsymbol{B})=2$.

18. (1) $\begin{bmatrix} 1 & 0 & 0 \\ 0 & 1 & 0 \\ 0 & 0 & 1 \end{bmatrix}$;　　(2) $\begin{bmatrix} 1 & 0 & 0 & 0 \\ 0 & 1 & 0 & 0 \\ 0 & 0 & 0 & 0 \\ 0 & 0 & 0 & 0 \end{bmatrix}$.

19. (1) $\begin{bmatrix} 1 & -4 & -3 \\ 1 & -5 & -3 \\ -1 & 6 & 4 \end{bmatrix}$； (2) $\begin{bmatrix} -8 & 21 & -11 \\ -5 & 13 & -7 \\ 1 & -2 & 1 \end{bmatrix}$；

(3) $\begin{bmatrix} 0 & 0 & \cdots & 0 & 0 & 1 \\ \frac{1}{2} & 0 & \cdots & 0 & 0 & 0 \\ \vdots & \vdots & & \vdots & \vdots & \vdots \\ 0 & 0 & \cdots & \frac{1}{n-1} & 0 & 0 \\ 0 & 0 & \cdots & 0 & \frac{1}{n} & 0 \end{bmatrix}$.

20. (1) $x_1=5, x_2=0, x_3=3$；

(2) $x_1=-5, x_2=5, x_3=4$；

(3) $x_1=-3, x_2=5, x_3=-4$.

21. $\boldsymbol{X}=\begin{bmatrix} \frac{1}{4} & \frac{1}{4} & 0 \\ 0 & \frac{1}{4} & \frac{1}{4} \\ \frac{1}{4} & 0 & \frac{1}{4} \end{bmatrix}$.

22. 略.

(B)

1. C. **2.** B. **3.** C. **4.** D. **5.** D. **6.** B. **7.** C. 8. B. **9.** C.
10. D. **11.** C. **12.** D. **13.** B. **14.** A. **15.** C. **16.** D. **17.** B. **18.** D.
19. B. **20.** A. **21.** C. **22.** B. **23.** C.

习　题　三

(A)

1. $(8,-1,-4)$.

2. $\boldsymbol{\alpha}_4=3\boldsymbol{\alpha}_1-\boldsymbol{\alpha}_2+2\boldsymbol{\alpha}_3$.

3. $\boldsymbol{\beta}_1,\boldsymbol{\beta}_2,\boldsymbol{\beta}_3$ 线性相关.

4. (1) $c\neq-1$；

(2) $c=-1, \boldsymbol{\alpha}_3=\frac{1}{5}\boldsymbol{\alpha}_1+\frac{7}{5}\boldsymbol{\alpha}_2$.

5. 略.

6. 线性无关则表示法唯一，线性相关则表示法不唯一.

7. (1) 不存在相关性；

(2) 线性无关；

(3) 线性相关；

(4) 线性相关.

8. $a=2$ 或 $a=-1$.

9. 当 r 是奇数时，向量组是线性无关的；当 r 是偶数时，向量组是线性相关的.

10. $a=15, b=5$.

11. $\boldsymbol{\alpha}_1,\boldsymbol{\alpha}_2$ 是一个极大线性无关组，秩为 2.

12. 略.

13. (1) 能；(2) 不能.

14. (1) 是；(2) 不是.

15. $[\boldsymbol{\alpha},\boldsymbol{\beta}]=0,\|\boldsymbol{\alpha}\|=3\sqrt{2},\|\boldsymbol{\beta}\|=\sqrt{10},\langle\boldsymbol{\alpha},\boldsymbol{\beta}\rangle=\frac{\pi}{2}$.

16. $\frac{1}{2}\begin{bmatrix}1\\1\\1\\1\end{bmatrix},\frac{1}{2}\begin{bmatrix}-1\\1\\1\\-1\end{bmatrix},\frac{1}{\sqrt{10}}\begin{bmatrix}-2\\1\\-1\\2\end{bmatrix}$.

(B)

1. C. **2.** D. **3.** D. **4.** A. **5.** A. **6.** C. **7.** D. **8.** D.
9. C. **10.** C. **11.** B. **12.** B. **13.** A. **14.** A. **15.** B. **16.** D.
17. D. **18.** A. **19.** B. **20.** B.

习 题 四

(A)

1. (1) $\boldsymbol{\xi}_1=\begin{bmatrix}-2\\1\\0\\0\end{bmatrix},\boldsymbol{\xi}_2=\begin{bmatrix}1\\0\\2\\1\end{bmatrix}$；(2) $\boldsymbol{\xi}_1=\begin{bmatrix}-\frac{3}{2}\\\frac{7}{2}\\1\\0\\0\end{bmatrix},\boldsymbol{\xi}_2=\begin{bmatrix}-1\\-2\\0\\1\\0\end{bmatrix}$.

2. $\begin{cases}x_1-2x_2+x_3=0,\\2x_1-3x_2+x_4=0\end{cases}$(不唯一).

3. (1) $\boldsymbol{x}=\begin{bmatrix}3\\0\\1\\0\end{bmatrix}+k_1\begin{bmatrix}-2\\1\\0\\0\end{bmatrix}+k_2\begin{bmatrix}1\\0\\2\\1\end{bmatrix}$，$k_1,k_2$ 为任意常数；(2) $\boldsymbol{x}=\begin{bmatrix}7\\-2\\-2\\0\end{bmatrix}+k\begin{bmatrix}5\\0\\-3\\1\end{bmatrix}$，$k$ 为任意常数.

4. $\boldsymbol{x}=k\begin{bmatrix}1\\0\\-1\\1\end{bmatrix}+\begin{bmatrix}2\\1\\-3\\1\end{bmatrix}$，$k$ 为任意常数.

5. 略.

6. $\boldsymbol{x}=k\begin{bmatrix}1\\1\\\vdots\\1\end{bmatrix}$，$k$ 为任意常数.

7. 当 $\lambda=1$ 时，$\boldsymbol{x}=k\begin{bmatrix}-1\\0\\1\end{bmatrix}$，$k$ 为任意常数；当 $\lambda=2$ 时，$\boldsymbol{x}=\begin{bmatrix}0\\1\\-1\end{bmatrix}$.

8. 当 $a=-\frac{4}{5}$ 时,无解;当 $a\neq-\frac{4}{5}$ 且 $a\neq1$ 时,唯一解;当 $a=1$ 时,无穷多解,且通解 $\boldsymbol{x}=\begin{bmatrix}1\\0\\1\end{bmatrix}+k\begin{bmatrix}1\\1\\0\end{bmatrix}$,其中 k 为任意常数.

9. $t\neq\pm1$.

10. $k_1=1,k_2=0,k_3=-1,|\boldsymbol{B}|=0$.

11. (1) $r(\boldsymbol{A})=r(\boldsymbol{A},\boldsymbol{b})<3$ 知,当 $\lambda=1$ 时 $r(\boldsymbol{A})\neq r(\boldsymbol{A},\boldsymbol{b})$,当 $\lambda=-1$ 时 $\boldsymbol{Ax}=\boldsymbol{b}$ 有解可知 $k=-2$;(2) $\boldsymbol{Ax}=\boldsymbol{b}$ 的通解为 $\boldsymbol{x}=\frac{1}{2}\begin{bmatrix}3\\-1\\0\end{bmatrix}+k\begin{bmatrix}1\\0\\1\end{bmatrix}$,其中 k 为任意常数.

12. 由 $\boldsymbol{AB}=\boldsymbol{O}$ 知 $r(\boldsymbol{A})+r(\boldsymbol{B})\leqslant3$,又 $\boldsymbol{A}\neq\boldsymbol{0},\boldsymbol{B}\neq\boldsymbol{0}$,所以 $1\leqslant r(\boldsymbol{A})\leqslant2,1\leqslant r(\boldsymbol{B})\leqslant2$.

(1) 若 $k\neq9$,则 $r(\boldsymbol{B})=2$,此时 $r(\boldsymbol{A})=1$,由 $n-r(\boldsymbol{A})=3-1=2$,又 $\boldsymbol{AB}=\boldsymbol{0}$ 知 $\boldsymbol{B}$ 的列向量是 $\boldsymbol{Ax}=\boldsymbol{0}$ 的解,所以 $\boldsymbol{Ax}=\boldsymbol{0}$ 的通解为 $\boldsymbol{x}=k_1\begin{bmatrix}1\\2\\3\end{bmatrix}+k_2\begin{bmatrix}3\\6\\k\end{bmatrix}$,$k_1,k_2$ 为任意常数;

(2) 若 $k=9$,则 $r(\boldsymbol{B})=1$,此时 $r(\boldsymbol{A})=1$ 或 2,当 $r(\boldsymbol{A})=2$ 时,$n-r(\boldsymbol{A})=3-2=1$,所以 $\boldsymbol{Ax}=\boldsymbol{0}$ 的通解为 $\boldsymbol{x}=k\begin{bmatrix}1\\2\\3\end{bmatrix}$,$k$ 为任意常数;当 $r(\boldsymbol{A})=1$ 时,则 $\boldsymbol{Ax}=\boldsymbol{0}$ 与 $ax+by+cz=0$ 同解,由 $n-r(\boldsymbol{A})=3-1=2$,不妨设 $a\neq0$,则 $\boldsymbol{Ax}=\boldsymbol{0}$ 的通解为 $\boldsymbol{x}=k_1\begin{bmatrix}-b\\a\\0\end{bmatrix}+k_2\begin{bmatrix}-c\\0\\a\end{bmatrix}$,$k_1,k_2$ 为任意常数.

(B)

1. D. 2. B. 3. D. 4. D. 5. C. 6. D. 7. B. 8. D.
9. B. 10. A. 11. AB. 12. B. 13. C. 14. D(注意非零性). 15. B.
16. D. 17. C. 18. A. 19. C. 20. C.

习 题 五

(A)

1.(1) $\lambda_1=-2$, $\boldsymbol{x}=k_1(-4,5),k_1\neq0$.
$\lambda_2=7$, $\boldsymbol{x}=k_2(1,1),k_2\neq0$.

(2) $\lambda_1=-1,\boldsymbol{x}=k_1(-1,1),k_1\neq0$.
$\lambda_2=4,\boldsymbol{x}=k_2(3,2),k_2\neq0$.

(3) $\lambda_1=\lambda_2=1,\boldsymbol{x}=k_1(-1,1,0)+k_2(1,0,1),k_1,k_2$ 不全为 0,
$\lambda_3=-2,\boldsymbol{x}=k_3(1,1,-1),k_3\neq0$.

(4) $\lambda_1=\lambda_2=\lambda_3=-1,\boldsymbol{x}=k(1,1,-1),k\neq0$.

2. 由特征值和特征向量的定义 $\boldsymbol{Ax}=\lambda\boldsymbol{x}$,有

$$\begin{bmatrix}2&-1&2\\5&a&3\\-1&b&-2\end{bmatrix}\begin{bmatrix}1\\1\\-1\end{bmatrix}=\lambda\begin{bmatrix}1\\1\\-1\end{bmatrix},$$

即

$$\begin{bmatrix}-1\\a+2\\b+1\end{bmatrix}=\begin{bmatrix}\lambda\\\lambda\\-\lambda\end{bmatrix}$$

得 $a=-3,b=0,\lambda=-1$.

3. 提示:设 λ 为 $\boldsymbol{A}$ 的一个特征值,由 $\boldsymbol{A}^2=\boldsymbol{A}$,则得 $\lambda^2=\lambda$ 所以 $\boldsymbol{A}$ 的特征值只能是 0 或 1.

4. $|\boldsymbol{A}|=-3$.

5. 提示:因 $\boldsymbol{A}\sim\boldsymbol{B}$,则存在可逆矩阵 $\boldsymbol{P}$,使得 $\boldsymbol{P}^{-1}\boldsymbol{A}\boldsymbol{P}=\boldsymbol{B}$,同理 $\boldsymbol{C}\sim\boldsymbol{D}$,则存在可逆矩阵 $\boldsymbol{Q}$,使得 $\boldsymbol{Q}^{-1}\boldsymbol{C}\boldsymbol{Q}=\boldsymbol{D}$,从而

$$\begin{bmatrix}\boldsymbol{P}^{-1} & \boldsymbol{O}\\ \boldsymbol{O} & \boldsymbol{Q}^{-1}\end{bmatrix}\begin{bmatrix}\boldsymbol{A} & \boldsymbol{O}\\ \boldsymbol{O} & \boldsymbol{C}\end{bmatrix}\begin{bmatrix}\boldsymbol{P} & \boldsymbol{O}\\ \boldsymbol{O} & \boldsymbol{Q}\end{bmatrix}=\begin{bmatrix}\boldsymbol{B} & \boldsymbol{O}\\ \boldsymbol{O} & \boldsymbol{D}\end{bmatrix},$$

所以 $\begin{bmatrix}\boldsymbol{A} & \boldsymbol{O}\\ \boldsymbol{O} & \boldsymbol{C}\end{bmatrix}\sim\begin{bmatrix}\boldsymbol{B} & \boldsymbol{O}\\ \boldsymbol{O} & \boldsymbol{D}\end{bmatrix}$.

6. (1) 不可对角化;

(2) 可对角化 $\boldsymbol{P}=\begin{bmatrix}1 & 1 & 0\\ 0 & -3 & 2\\ 1 & 1 & -1\end{bmatrix}$,$\boldsymbol{\Lambda}=\begin{bmatrix}-1 & 0 & 0\\ 0 & 2 & 0\\ 0 & 0 & 3\end{bmatrix}$;

(3) 可对角化 $\boldsymbol{P}=\begin{bmatrix}1 & 0 & 0\\ 0 & 1 & 1\\ 0 & 1 & -1\end{bmatrix}$,$\boldsymbol{\Lambda}=\begin{bmatrix}2 & 0 & 0\\ 0 & 2 & 0\\ 0 & 0 & -4\end{bmatrix}$.

7. (1) $x=4,y=5$;

(2) $\boldsymbol{P}=\begin{bmatrix}-1 & -1 & 2\\ 2 & 0 & 1\\ 0 & 1 & 2\end{bmatrix}$.

8. (1) $\boldsymbol{P}=\begin{bmatrix}\frac{1}{\sqrt{2}} & \frac{1}{\sqrt{6}} & \frac{1}{\sqrt{3}}\\ -\frac{1}{\sqrt{2}} & \frac{1}{\sqrt{6}} & \frac{1}{\sqrt{3}}\\ 0 & -\frac{2}{\sqrt{6}} & \frac{1}{\sqrt{3}}\end{bmatrix}$,$\boldsymbol{\Lambda}=\begin{bmatrix}0 & 0 & 0\\ 0 & 0 & 0\\ 0 & 0 & 3\end{bmatrix}$;

(2) $\boldsymbol{P}=\begin{bmatrix}\frac{1}{\sqrt{2}} & \frac{1}{\sqrt{6}} & \frac{1}{\sqrt{3}}\\ 0 & \frac{2}{\sqrt{6}} & -\frac{1}{\sqrt{3}}\\ -\frac{1}{\sqrt{2}} & \frac{1}{\sqrt{6}} & \frac{1}{\sqrt{3}}\end{bmatrix}$,$\boldsymbol{\Lambda}=\begin{bmatrix}2 & 0 & 0\\ 0 & 4 & 0\\ 0 & 0 & 1\end{bmatrix}$.

9. $\boldsymbol{A}=\begin{bmatrix}4 & 2 & 2\\ 2 & 4 & -2\\ 2 & -2 & 4\end{bmatrix}$.

10. (1) $\boldsymbol{A}=\begin{bmatrix}1 & \frac{1}{2} & -1\\ \frac{1}{2} & 2 & \frac{3}{2}\\ -1 & \frac{3}{2} & -3\end{bmatrix}$; (2) $\boldsymbol{A}=\begin{bmatrix}1 & \frac{5}{2} & 6\\ \frac{5}{2} & 4 & 7\\ 6 & 7 & 9\end{bmatrix}$.

11. (1) $\boldsymbol{P}=\begin{bmatrix}\frac{1}{\sqrt{3}} & \frac{1}{\sqrt{2}} & \frac{1}{\sqrt{6}}\\ \frac{1}{\sqrt{3}} & -\frac{1}{\sqrt{2}} & \frac{1}{\sqrt{6}}\\ \frac{1}{\sqrt{3}} & 0 & -\frac{2}{\sqrt{6}}\end{bmatrix}$, $f=4y_1^2-y_2^2+y_3^2$;

(2) $\boldsymbol{P}=\begin{bmatrix}\frac{1}{3} & \frac{2}{3\sqrt{5}} & \frac{2}{\sqrt{5}}\\ \frac{2}{3} & \frac{4}{3\sqrt{5}} & -\frac{1}{\sqrt{5}}\\ -\frac{2}{3} & \frac{5}{3\sqrt{5}} & 0\end{bmatrix}$, $f=10y_1^2+y_2^2+y_3^2$.

12. (1) $\boldsymbol{C}=\begin{bmatrix}1 & -\frac{1}{2} & -\frac{11}{7}\\ 0 & 1 & -\frac{8}{7}\\ 0 & 0 & 1\end{bmatrix}$, $f=y_1^2-\frac{7}{4}y_2^2-\frac{44}{7}y_3^2$;

(2) $\boldsymbol{C}=\begin{bmatrix}1 & 1 & 1\\ 0 & \frac{1}{2} & \frac{1}{2}\\ 0 & \frac{1}{2} & \frac{1}{2}\end{bmatrix}$, $f=z_1^2-4z_2^2+4z_3^2$.

13. $\lambda>2$.

14. (1) 利用 $\boldsymbol{e}_i^{\mathrm{T}}\boldsymbol{A}\boldsymbol{e}_i=a_{ii}$,其中 $\boldsymbol{e}_i=(0,\cdots,1,0,\cdots,0)^{\mathrm{T}}$,$\boldsymbol{A}=(a_{ij})_{n\times n}$;

(2) 证:$\boldsymbol{A}$ 为实对称矩阵,则有一正交矩阵 $\boldsymbol{P}$,使得 $\boldsymbol{P}^{-1}\boldsymbol{A}\boldsymbol{P}=\begin{bmatrix}\lambda_1 & 0 & \cdots & 0\\ 0 & \lambda_2 & \cdots & 0\\ \vdots & \vdots & & \vdots\\ 0 & 0 & \cdots & \lambda_n\end{bmatrix}=\boldsymbol{B}$,其中 $\lambda_1,\lambda_2,\cdots,\lambda_n$ 为 $\boldsymbol{A}$ 的特征值.不妨设 λ_1 为 $\max\{\lambda_1,\lambda_2,\cdots,\lambda_n\}$,由于 $\boldsymbol{P}$ 为正交矩阵,则 $\boldsymbol{P}^{-1}=\boldsymbol{P}^T$,因为 $\|x\|=1$,$x=Py$,$\|y\|=1$,

$$f=\lambda_1y_1^2+\lambda_2y_2^2+\cdots+\lambda_ny_n^2\leqslant\lambda_1(y_1^2+y_2^2+\cdots+y_n^2)=\lambda_1.$$

从而 $f_{\max}=\lambda_1$.

15. (1) 当 $a\neq2$ 时,方程组只有零解,当 $a=2$ 时方程组有无穷多解,通解为 $\boldsymbol{x}=k\begin{bmatrix}-2\\-1\\1\end{bmatrix}$,$k$ 为任意常数;

(2) 由(1)知,当 $a\neq2$ 时,$f(x_1,x_2,x_3)$正定,$f(x_1,x_2,x_3)$的标准形为 $y_1^2+y_2^2+y_3^2$,当 $a=2$ 时,

$$f(x_1,x_2,x_3)=2x_1^2+2x_2^2+6x_3^2-2x_1x_2+6x_1x_3=2(x_1-\frac{1}{2}x_2+\frac{3}{2}x_3)^2+\frac{3}{2}(x_2+x_3)^2,$$

$f(x_1,x_2,x_3)$的标准形为 $2y_1^2+\frac{3}{2}y_2^2$.

16. 略.

(**B**)

1. C. **2**. D. **3**. B. **4**. A. **5**. B. **6**. D. **7**. C. **8**. D.
9. C. **10**. A. **11**. B. **12**. A. **13**. D. **14**. D. **15**. A. **16**. C.
17. B. **18**. C. **19**. D. **20**. C. **21**. D.

参考书目

[1] 北京大学数学系前代数小组. 高等代数[M]. 4 版. 北京:高等教育出版社,2013.

[2] 同济大学数学系. 工程数学:线性代数[M]. 6 版. 北京:高等教育出版社,2014.

[3] 赵树嫄. 线性代数[M]. 5 版. 北京:中国人民大学出版社,2017.

[4] 刘二根,谢霖铨. 线性代数[M]. 南昌:江西高校出版社,2015.

[5] 吴传生. 经济数学—线性代数[M]. 3 版. 北京:高等教育出版社,2015.

[6] 杨子胥. 高等代数习题解:上册[M]. 2 版. 济南:山东科学技术出版社,2001.